海洋底地球科学

Ocean Floor Geoscience

中西正男
沖野郷子
[著]

東京大学出版会

Ocean Floor Geoscience

Masao NAKANISHI and Kyoko OKINO

University of Tokyo Press, 2016
ISBN 978-4-13-062723-8

はじめに

　地球科学において，海洋底に関する研究は欠かすことができない．現在の地球科学の基本的な考え方であるプレートテクトニクスにおいて，重要な役割を果たしているのは多くの地学的現象が起こるプレート境界である．プレート境界の大部分は海洋底にある．また，海洋底には過去約2億年の地球環境の歴史が刻まれており，地球環境変動を理解するためにきわめて重要である．地球科学のさらなる発展を目指すためには，海洋底に関して理解を深めることが不可欠である．

　また，現在人類の前には地球温暖化に代表される気候変動，地震および津波災害，新たな資源開発など取り組むべき問題が山積している．これら問題の対策を立てる際に，海洋底に関する研究が重要な役割を果たすと考えられる．たとえば，白亜紀中期の地球温暖化期の海底堆積物や火成活動の研究から，地球温暖化対策のヒントを得ることができるであろう．

　近年の宇宙技術の発達により，太陽系の惑星や衛星に関する情報，特に表面地形の情報はかなり詳細なものが得られるようになった．たとえば，米国の火星探査によって，火星表面の地形的特徴はかなり詳細に明らかにされている．月表面の地形的特徴も日本の月周回衛星「かぐや」により100m以下の精度で明らかになっている．しかし，地球の表面積の約7割を占める海洋底の地形的特徴に関する情報の精度は，火星や月の表面地形に比べて低い．これは，海水が存在するため電磁波による探査が難しく，大部分の海洋底に関する研究は船と音波を使った観測に頼らざるを得ないためである．このような観測には時間がかかるため，最新の観測機器によって観測された海洋底の範囲は限られており，深海底はいまだに人類にとってのフロンティアである．今後，地球システムをより深く理解して人類が生きていくためには，海洋底のさらなる調査研究と観測技術開発が必要である．

海洋底に関する国内の教科書の代表的なものとして，小林和男先生が1977年に書かれた『海洋底地球科学』（東京大学出版会）がある．著者らはこの本から多くのことを学んだ．この本には海洋底地球科学の基礎が網羅されており，現在でも大学の教科書として通用するものである．しかし，その後現在までの40年近い間の観測技術の向上とそれによって得られた海洋底に関する新たな知見について解説した教科書は日本では出版されておらず，そのため，この間の海洋底に関する研究成果を学ぶためには海外の教科書に頼らざるを得ないのが現状である．このような状況を鑑み，新たに海洋底に関する教科書を作成することにした．

　海洋底地球科学は，地質学，地球物理学など総合的な分野であり，知識を広く学ぶ必要がある．そのため，本書は小林先生の『海洋底地球科学』と同じ立場，すなわち地質学や地球物理学といった既成の学問分野にとらわれずに，海洋底とその下にある海洋リソスフェアを広い角度から扱う内容とした．海洋リソスフェアの基本情報は，海底地形，構成物質と構造，年代である．第1章から第3章まではこれらの基本情報を説明した．第4章以降は，これらの情報をもとに，海洋リソスフェアの一生を理解できるような構成にした．研究例については，日本人に馴染みのある西太平洋を中心に，世界の代表的なところを紹介した．国内のこれまでの教科書では海底地形図はあまり使用されていないが，海底地形は海洋底の基本情報という考えに立ち，本書ではできるだけ海底地形図を示すようにした．

　第1章では，海洋底の大地形を概観し，その成り立ちをプレートテクトニクスの視点から解説した．第2章では，海洋リソスフェア，特に海洋地殻の構成物質とその構造を解説した．構造については，地震波速度構造だけでなく，熱構造，弾性構造も扱っている．第3章では，海洋底の基本的な情報である海洋底の年代決定方法として放射年代と磁気異常縞模様について述べる．磁気異常縞模様を理解する上に必要な地球磁場の基礎についても解説した．第4章では，海洋底の形成場である中央海嶺の構造と火成活動・構造運動・熱水活動の実態に加え，背弧拡大系について扱う．第5章では，海洋リソスフェアの沈み込みが起こっている海溝付近の海底地形と地殻構造の特徴，海洋地殻付近で起こる造構性浸食作用と付加作用の基礎を解説した．第6章で

は，海洋リソスフェアが形成後に経験する改変のなかで，最も顕著なプレート内火成活動について述べる．第7章ではプレート運動論の基礎を海洋底観測との関連を踏まえて解説し，海洋プレートの運動史や未解明の問題についても触れた．付録においては，海洋底研究の観測現場を各章とともに深く理解するため必要な観測技術を紹介した．

　本書は大学学部生を主な読者対象とした．第1章から3章までは，学部前半で学んでもらいたい海洋底の基本的な情報を中心に，第4章以降は，学部後半から大学院にかけて理解してもらいたい情報を紹介した．また，本書は海洋リソスフェアのテクトニクスやダイナミクスに関する内容に重点を置いているが，地震や津波などの自然災害や海底資源など海洋底に関するさまざまな業務に携わる方々にも，海洋底観測から得られる情報の基礎の理解に役立つはずである．

　本書で紹介できなかった内容や説明不足な箇所があることは否めない．著者の専門分野は地質学ではないため，地質学からの視点が不足しているところがある．この点を補い，さらに進んだ学習のために役立つと思われる書籍を参考図書としていくつかあげておいたので，参考にしていただきたい．

　本書は，日本国内の海洋底に関する研究の発展にご尽力され，2011年に急逝された玉木賢策先生を追悼するために企画した．小林和男先生には本書の企画と内容について相談に乗っていただき，貴重なご意見をいただいた．本書作成中に小林先生は亡くなられ，先生に本書をお見せすることができなかったことは残念である．両先生から著者らが教わったことは数知れず，著者らの研究者としての基礎をなしている．海底地形の重要性は両先生と航海をともにした経験から得たものの1つである．両先生から賜った数多くのことがらに対するお礼として，両先生が常に願われていた国内における海洋底に関する研究の発展に本書が少しでも貢献できることを願っている．

　本書を世に出すことができたのは，下記の方々のご協力の賜物である．本書の企画の段階で，木村学博士にお世話になった．原稿については，末広潔博士にはすべての原稿，大村亜希子博士には第2章の一部の原稿を，それぞ

れ読んでいただき，大変有益なコメントをいただいた．一部の図面は金原富子氏に作成と整理を担当していただいた．本書の企画から作成まで，東京大学出版会の小松美加さんに大変お世話になった．これらの方々に，改めて厚く感謝申し上げる．

　本書によって海洋底への興味を深める学生が増え，海洋底に関する研究を志す学生が一人でも増えてくれれば，著者らとしてはこの上ない喜びである．

2016年5月

著者

目次

はじめに

第1章　海洋底の地形　……………………………………………………………1

1.1　地球表面の形——陸と海　1
　　　　地球の高度分布　　海と陸の違い
1.2　海洋底の大地形　7
　　1）水深を測る　7
　　　　音波の利用　　音速度を測る　　衛星高度計による推定水深
　　2）海洋底の概観　13
　　3）中央海嶺とトランスフォーム断層　14
　　　　中央海嶺　　トランスフォーム断層　　断裂帯
　　4）大陸縁辺域　18
　　　　活動的縁辺と受動的縁辺　　島弧と海溝
　　　　【コラム】海底地形の命名
　　　　海溝周縁隆起帯（アウターライズ）　　背弧海盆
　　　　大陸棚から大陸斜面基部　　海底谷
　　5）深海底　23
　　　　深海平原　　海山とギヨー　　巨大海台

第2章　海洋地殻・海洋リソスフェアの物質と構造　………………28

2.1　海洋地殻の構成物質　28
　　1）火成岩　29
　　　　玄武岩質の岩石　　玄武岩の分類　　海洋地殻を構成する玄武岩
　　　　海洋地殻の火山岩および半深成岩　　海洋地殻の深成岩
　　2）海底堆積物の種類と堆積環境　34
　　　　海底堆積物　　堆積環境による分類　　構成物質による分類
　　3）浅海堆積物　35

4）深海堆積物　37
　　　　赤粘土
　　5）生物起源堆積物　39
　　　　生物起源物質　　石灰質堆積物　　ケイ質堆積物
　　6）水成堆積物　43
　　　　水成堆積物の分類　　鉄・マンガン酸化物
　　　　鉄・マンガン酸化物以外の水成堆積物
　　7）海底堆積物の分布　46
　　　　大西洋　　太平洋
　　8）ガスハイドレート　48
　　　　ガスハイドレートとは　　ガスハイドレートの存在条件
　　　　メタンの起源　　ガスハイドレートの存在地域
　　　　ガスハイドレート存在指標としての海底擬似反射面
　　9）堆積物から見た気候変動　52
　　　　酸素同位体比
2.2　海洋リソスフェアの構造　55
　　1）地震波速度構造　55
　　　　海洋地殻の地震波速度構造　　上部マントルの地震波速度構造
　　　　海洋地殻の厚さ　　中央海嶺付近の海洋地殻　　断裂帯付近の海洋地殻
　　　　縁海と海洋島弧の地震波速度構造
　　2）海洋リソスフェアの熱構造　63
　　　　半無限媒質冷却モデル　　板冷却モデル　　海洋底の深さと年代の関係
　　　　熱流量　　熱流量および水深の年代変化モデル
　　3）密度構造　71
　　　　残差重力異常　　海上重力観測の例
　　4）海洋リソスフェアの弾性的構造　76
　　　　海洋リソスフェアの弾性的ふるまい　　海洋リソスフェアのたわみ
　　　　海山や海台で生じる海洋リソスフェアのたわみ
　　　　沈み込み帯での海洋リソスフェアのたわみ（屈曲）
　　　　海洋リソスフェアの有効弾性厚

第3章　海洋地殻の年代と磁化　84

3.1　放射年代決定　86
　　1）カリウム-アルゴン法（K-Ar法）　88
　　2）アルゴン-アルゴン法（Ar-Ar法）　89

3.2　地球磁場　93
　　1）地球磁場　93
　　2）国際標準磁場　94
　　3）地磁気双極子　97
　　4）地心双極子　100
　　5）古地磁気極　102
　　6）地球磁場の時間変化　103
　　7）地球磁場の逆転史　104
　　8）磁性鉱物　109
　　9）自然残留磁化　110
3.3　磁気異常縞模様（縞状磁気異常）　111
　　1）磁気異常縞模様の分布　111
　　2）日本周辺の磁気異常縞模様　113
　　3）磁気異常縞模様のモデル計算　118
　　4）磁気異常縞模様の同定方法　124
　　　　　走向の決定　　年代の決定
3.4　海洋地殻の磁化構造　126
　　1）第2層　127
　　2）第3層　128
　　3）マントル最上部　128

第4章　海底拡大と熱水活動——海洋リソスフェアの誕生　130

4.1　中央海嶺の地形的特徴　130
　　1）長波長の地形　130
　　　　　太平洋と大西洋　　リソスフェア（プレート）の冷却と水深
　　　　　中央海嶺の頂部の水深
　　2）短波長の地形　133
　　　　　中軸谷　　アビサルヒル
　　3）拡大速度による分類　136
4.2　海洋リソスフェアの誕生と海底拡大　137
　　1）中央海嶺における火成活動　137
　　　　　なぜ火成活動が起こるのか　　受動的拡大　　中央海嶺の岩石学
　　　　　オフィオライト　　火山活動の様相

2）断層運動と地震活動　146
　　　　　中央海嶺の正断層群　　地震活動と震源メカニズム
　　　3）世界の中央海嶺　148
　　　　　拡大速度の分布　　高速拡大海嶺　　中速拡大海嶺　　低速拡大海嶺
　　　　　超低速拡大海嶺
　4.3　中央海嶺の構造　153
　　　1）セグメンテーション　153
　　　　　海嶺セグメントの概念　　一次のセグメント　　二次のセグメント
　　　　　三次，四次のセグメント　　セグメントとマントル上昇流
　　　　　セグメントの進化
　　　2）構造の多様性　161
　　　　　Mについての考察　　海洋コアコンプレックス
　4.4　背弧拡大　164
　　　1）背弧拡大系の特徴　165
　　　　　背弧リフト　　背弧海盆
　　　2）背弧海盆はなぜどのようにして開くのか　168
　　　　　背弧海盆の2つのモデル　　背弧拡大の進化
　　　　　背弧拡大に伴う火成活動
　　　3）日本周辺の背弧海盆群　171
　　　　　フィリピン海の背弧海盆群　　日本海　　沖縄トラフ
　4.5　海底熱水活動　174
　　　1）海底熱水系の発見　174
　　　2）熱水系のしくみ　176
　　　　　熱水の生成と循環　　熱水循環の果たす役割
　　　3）熱水系の多様性　181
　　　4）資源としての熱水　183
　　　　　熱水鉱床　　日本周辺の熱水鉱床

第5章　海溝での沈み込み——海洋リソスフェアの消滅　186

　5.1　地形的特徴　188
　　　1）海溝海側の海底地形　188
　　　　　海溝周縁隆起帯　　断層地形
　　　2）海溝軸部　195
　　　3）海溝陸側の海底地形　198

5.2 造構性浸食作用と付加作用　199
　　　造構性浸食作用　　付加作用
5.3 海溝付近における物質循環　209
　　1）島弧　210
　　2）泥火山　210
　　3）化学合成生物群集　213

第6章　海洋リソスフェアの改変——プレート内火成活動 …………… 215

6.1 海山　217
　　1）地形的特徴　217
　　2）分布と分類　218
6.2 中央海嶺付近の海山　219
　　1）地形的特徴　219
　　2）ニアリッジ海山の形成過程　220
6.3 海洋プレート内火成活動起源の海山　221
　　1）地形的特徴　221
　　2）地殻構造　225
　　　　地震波速度構造　　堆積物構造
　　3）海洋プレート内海山の形成過程　227
　　　　ホットスポット　　リソスフェアの割れ目による海山形成
6.4 海台　232
　　1）海台の定義　232
　　2）海台の地殻構造　233
　　3）海台形成過程における大規模火成活動　234
　　4）西太平洋の海台　235
　　　　西太平洋の海台　　シャツキーライズ　　オントンジャワ海台
6.5 白亜紀スーパープルームと海洋環境変動　240
　　1）白亜紀スーパープルーム　240
　　　　南太平洋スーパースウェル
　　2）白亜紀海洋環境変動　245

第7章　プレート運動と海洋底 ……… 247

7.1　プレート運動の記述と実測　247
　　1）プレート運動の記述　247
　　2）プレート境界の構造とプレート運動　249
　　　　トランスフォーム断層と断裂帯の走向　　磁気異常縞模様
　　　　地震のスリップベクトル
　　3）グローバルプレートモデル　251
　　4）プレート絶対運動　253
　　　　ホットスポット系　　NNR 系
　　5）古地磁気を利用した過去のプレート運動　256
　　　　古緯度　　ホットスポットの不動性
　　6）宇宙測地を利用したプレートモデル　260
　　7）海洋底でのプレート運動の実測　261

7.2　海洋プレートの生成史　263
　　1）太平洋の歴史　264
　　2）大西洋の歴史　267
　　3）インド洋の歴史　268

7.3　残された問題　268
　　1）なぜプレートテクトニクスなのか　269
　　2）非定常的な運動：沈み込みの開始　270

付録　海洋底観測方法 ……… 274

A1　海で位置をはかる—測位技術　274
A2　地形をはかる—マルチビーム測深機とサイドスキャンソナー　275
A3　地磁気をはかる—磁力計　278
A4　重力をはかる—船上重力計　279
A5　地殻構造を調べる—反射法および屈折法地震探査　280
A6　熱流量をはかる—熱流量計　283
A7　深海底からの岩石採取　285
A8　海底掘削と孔内計測　287
　　　　掘削技術　　孔内計測

A9 何に乗る？—プラットフォーム技術　289
A10 海底設置型観測　290

参考図書　292
引用文献　297
索引　313

主な執筆担当
　中西：2，3，5，6 章，付録
　沖野：1，4，7 章，付録

表紙図解説：　伊豆弧明神礁付近の島弧および背弧リフト海底火山群．カルデラ内には海底熱水系が発見されている．地形データは KR05-11 航海で取得した．三次元図作成にあたり垂直方向を 3.25 倍に強調している．（図提供：本荘千枝氏）

第1章 海洋底の地形

1.1 地球表面の形——陸と海

1968年アポロ8号が月上空から撮影した地球の映像は，私たちが青い海の惑星に住んでいることを教えてくれた．しかし，この美しい写真からは海底の姿はまったくわからない．

ちょうど同じ頃，TharpとHeezenは世界中の海底地形のデータを集める作業を続けていた．彼女らがようやくその集大成として世界ではじめての大洋水深図（図1.1）を刊行したのは，1977年のことである．深海底に長大な山脈や巨大な海山が存在し，太平洋を囲む大陸は深い海溝で縁取られている．青い海の下に，地上にも増してダイナミックな世界が広がっていることは衝撃的であった．

アポロ計画が月の探査を行っていた時代は，地球科学の世界ではプレートテクトニクスの考え方が登場して，私たちの地球観に大きな変革をもたらした時代にあたる．海底の大地形の存在は，プレートテクトニクスの考えを生み出した1つの大きな鍵であり，プレートテクトニクスに基づくと，地球上の大地形がなぜどのように形成されたかをうまく説明できるようになったのである．

地球の高度分布

それでは，現在の地球にはどれくらいの凹凸があるのだろうか．地表の「平均的な」高さというものは存在するのだろうか．地表全体のうち，ある範囲の高度や水深を示す地域の面積を測定し，地球の総表面積に占める割合

図 1.1 世界最初の大洋水深図
海嶺や海溝,断裂帯など,海底の大地形が正確に表現されている.
(World Ocean Floor Panorama, Marie Tharp and Bruce C. Heezen, 1977)

を算出すれば,地球の高度分布を知ることができる.図 1.2 (a) は高度分布を累積したもので,縦軸を高度(水深)とし,横軸にその高さよりも高い地形の総面積の割合を示している.同じデータを表示方法を変えて示したものが図 1.2 (b) 上段である.こちらはそれぞれの高度の範囲の面積が占める割合をヒストグラムで示している.

　図 1.2 (a) の高度累積分布曲線はヒプソメトリックカーブ(hypsometric curve)と呼ばれ,地形学における最も基本的な情報である.ヒプソメトリックカーブを見ると,地球の凹凸の全体像を直感的に把握することができる.まず,最大高度は 8863 m,エベレスト山である.一方,最大深度はマリアナ海溝チャレンジャー海淵の 1 万 920 ± 10 m(1993 年国際水路機関)である.すなわち,おおざっぱにイメージすると,半径 6400 km の地球の表面に最大 20 km 程度のスケールででこぼこがある,ということである.ヒプソメトリックカーブからは,海と陸の占める割合も読み取ることができる.現在,地表総面積の 29% が海水面より上にある陸地部分である.エベレストのような 8000 m 級の山は,1% にも満たない.このカーブで平坦に見えるところは,その高度の地域が広く分布しているということを意味する.図 1.2 (a) に見られる高い方の平坦面はおよそ 0–1000 m の高度であり,大陸の平野にあたる.低い方の平坦面は水深 4000–5000 m であり,ここが深海平原(abyssal plane)である.2 つの平坦面を結ぶ斜面が,大陸斜面(continental slope)である.水深 6000 m を超す超深海域は数% にすぎない.

　図 1.2 では,高度(標高)と水深の基準面は,現在の海水面とした.海水準は地質時代を通じて一定ではなく,固体表面の形状と全海水の体積によって変動する.たとえば過去数百万年の新生代における氷期−間氷期サイクルでは,海水準は 100 m 以上変動した.1 万 8000 年前の最終氷期最盛期(last glacial maxima, LGM)のときには,海水面が現在より 120 m 低下していたことが知られている.LGM と現在では固体地球の表面形状は大きな違いはなく,ヒプソメトリックカーブの形は変わらないと考えてよいが,海水面上にある面積の割合は 36% まで増加する.図 1.2 (a) ではややわかりにくいが,ヒプソメトリックカーブの高い方の平坦面は現在の浅海域まで延長しており,延長部にあたる水深 100–200 m のところは大陸棚(continental shelf)

1.1　地球表面の形——3

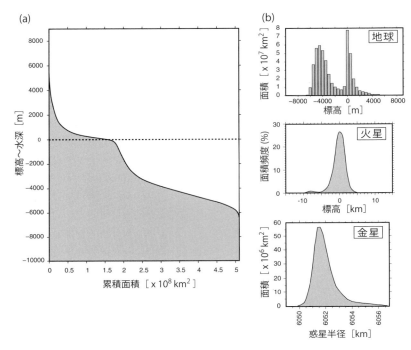

図 1.2 (a) 地球のヒプソメトリックカーブ，(b) 地球，火星，金星の標高頻度分布（火星は Smith *et al.*, 1999 の惑星重心からの標高分布図を改変．金星は Bilotti and Suppe, 1999 を改変）

と呼ばれている．大陸棚は低海水準期に陸として海面上に現れていた地域である．

　大陸の平野と深海平原の2つの平坦面があることは，図 1.2 (b) 上段の柱状グラフで顕著な2つの山があることに対応する．高い山は約 840 m，低い（深い）方の山は水深約 4000 m に対応する．統計学ではデータ群で最も頻繁に出現する値を最頻値（モード）と呼ぶので，地球の高度分布の形は2つのモードをもつバイモーダル分布といえる．これは地球と同じように主に岩石から構成される金星や火星では見られない特徴である．金星の地形高度分布にはモードは1つしか存在しない．火星は一見バイモーダルであるが，火星の形状中心と質量中心にはずれがあり，質量中心から考えると高度分布のモードは1つである（図 1.2 (b) 中・下段）．

地球に特有の性質である2つのモードの意味するところは何だろうか．もし，地球の表層が全体としては同じような性質をもっているのであれば，地形の高度分布のモードは1つになりそうである．この場合，海と陸という概念は，単に海水面の上にあるか下にあるかの違いにすぎない．しかし，現実の地球の地形には2つのモードがあり，この2つのモードの間に4000 m以上の大きな差があるのである．

海と陸の違い

地球の地形のバイモーダル分布と2つのモード間の差は，以下の2つのことから理解することができる．

1つは陸と海の地殻に違いがあることである．陸の地殻（大陸地殻，continental crust）は海の地殻（海洋地殻，oceanic crust）に比べると，平均的な密度が低く，地殻の厚さが厚い．大陸地殻は比較的低密度の安山岩〜花崗岩質の岩石からなり，厚さは20-70 kmである．海洋地殻は玄武岩質であり，厚さは5-7 kmと薄い．これらの事実は，主に地震波探査や岩石学的研究から明らかになっていることである．海洋地殻の組成と厚さについては第2章でさらに詳しく述べることにして，ここでは陸と海で地殻の性質が違うということを理解すればよい．

もう1つ重要なことは，長い時空間スケールで見れば，地球の深部はある種の流体と見なしてもよいということである．つまり，大陸地殻と海洋地殻という2つの異なる性質をもつ地殻が，マントルの上に浮いているという状態である．軽い大陸地殻が重い海洋地殻よりも高く浮かび上がっていることが直感的に理解できるだろう．

このことをもう少し定量的に検討してみよう．地殻が浮いているということは，地殻の質量による荷重と，地殻とマントルの間の密度差により生じる浮力がつりあっているということである．これは見方を変えると，地下深部では大陸下でも海底下でも同じ圧力がかかっているということでもある．地下深部のある深さ（補償面）において，その上部に載っている質量の総和が等しくなっていると考えることを，地殻均衡もしくはアイソスタシー（isostasy）という．地球の表層では，大きな水平方向の応力が地殻に働いている

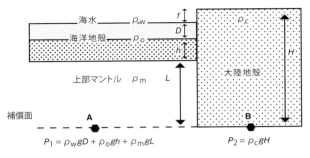

図 1.3 アイソスタシーの概念と海陸の高さの差

場や，氷床のような巨大な質量が消失した後など，アイソスタシーが成り立っていないところもあるが，大半の場所ではアイソスタシーが成り立っていると考えてよい．

図 1.3 のように大陸地殻と海洋地殻がマントルに浮かんでいる状況を考えよう．アイソスタシーが成立していると，海底下の点 A における圧力 P_1 と大陸下の点 B における圧力 P_2 が等しい．これは大陸地殻の底面の深度を補償面としているが，これより下の任意の深さに補償面を考えても同じである．圧力は単位面積あたりの力であるから

$$P = 質量 \times 重量加速度 / 面積 = \rho H S g / S = \rho g H$$
$$\rho：密度 \quad S：面積$$

となる．ここで，海水，海洋地殻，大陸地殻，マントルの密度をそれぞれ ρ_w，ρ_o，ρ_c，ρ_m とし，海洋地殻と大陸地殻の厚さをそれぞれ h と H，海洋地殻上面の深度を D，海洋地殻と大陸地殻それぞれの底面の差を L とする．アイソスタシーが成立していると P_1 と P_2 が等しくなるので

$$P_1 = P_2 \quad \rightarrow \quad \rho_w g D + \rho_o g h + \rho_m g L = \rho_c g H$$

である．大陸部分の高さ f は

$$f = H - (D + h + L)$$
$$= H - (D + h + (\rho_c H - \rho_w D - \rho_o h)/\rho_m)$$

と表される．

実際に密度や厚さに適当な値を入れて，f を推定してみよう．大陸地殻の密度 ρ_c と海洋地殻の密度 ρ_o には，それぞれ花崗岩と玄武岩の平均密度として 2800 kg/m^3，3000 kg/m^3 をあてる．上部マントルの密度は直接的な情報が少ないが，かんらん岩の密度として $\rho_m = 3300$ kg/m^3 とする．海水の密度は 1000 kg/m^3 である．地震波探査によって得られるモホ面の深度から，平均的な大陸地殻と海洋地殻の厚さをそれぞれ 30 km と 7 km，海底の平均水深を 4 km とする．これらの値を代入すると，f はおよそ 1 km となり，図 1.2（a）で示される高い方のモードとほぼ同じオーダーとなる．

このように，地球の地形のバイモーダル分布と海陸の平均高度の差は，海底と大陸が本質的に異なること，そして地球全体としてはアイソスタシーが成立していることで説明できるのである．このように本質的に異なる海底と大陸が生み出される過程は，地球表面に海（液体の水）があること，そしてプレートテクトニクスに支配されていることに深く関わっている．本書では，海洋地殻の生成過程を第 4 章で詳しく説明し，大陸地殻の生成については第 5 章でその一端に触れる．

1.2 海洋底の大地形

海底では陸上のように風化・浸食が進まないため，地形はその形成プロセスをそのまま反映していることが多い．海底地形は海底で起こるさまざまな地学現象のメカニズム，海底下の構造，地球の進化を直接記録している最も基本的なデータであり，海底地形を知ることは，すなわちその海域の成り立ちと構造を知ることである．さらに，海底地形の内包する情報の重要性に加え，海底地形はそのほかの調査研究の準備計画において必須のデータでもある．以下の節では，まずどのように海底地形を計測するかについて説明する．

1）水深を測る

図 1.4 は海底も含めた地球全体の地形図である．これを見ると，私たちはすでに海底の地形についても陸地同様に詳細なデータをもっているように思うかもしれない．しかし，現在のところ地球全体をカバーする海底地形（水

深) データセットの水平方向の解像度は，およそ 1.8 km である．Mars Global Surveyor による火星の高度分布は，解像度 1/128°（赤道付近で 0.4 km 弱）のデータが公開されているから，いかに私たちが海底について限られた情報しかもっていないかがわかるだろう．これは惑星探査などで利用される電磁波が海水中ではすぐに減衰して深海底に到達できないためである．

　海底地形を知る，すなわち水深を測るには，古くはおもりを付けた紐を垂らして，その長さを測る方法がとられていた．現在では主に海中での減衰が少ない粗密波である音波（超音波）を利用して水深測量が行われている．船を走らせて音波探査を行うことにより，数十 m から 100 m 程度の分解能で深海底の地形を測ることが可能である．しかし，船での調査には時間も費用もかかるため，詳しい海底の探査が行われている場所は，産業・社会的利用価値の高い沿岸部や，科学的興味が集中する地震・火山の多発する海域に限られているのが実情である．

音波の利用

　一般に音波を利用した探査装置をソナー（sonar）と呼ぶ．機器自体は音波を発せずに対象物が発信する音波を検知するのみの受動的ソナーと，自ら発した音波が対象にあたって返ってくる波を検知する能動的ソナーに大別される．海底地形調査に用いられている測深機は後者のタイプで，音波を海底に向かって送信し，それが海底面で反射・散乱した波を受信する．この送受信の時間差を計測し，時間差の 1/2 に海水中での音波の伝播速度（以下，音速度）を掛けることにより，水深値を得るのである．

　実際の測深機では，用途に応じてさまざまな周波数の音波が利用されている．一般に波を利用して物体を識別する場合，波長の短い（＝周波数の高い）波ほど小さなものを識別できる．すなわち地形調査の分解能を上げるためには，高い周波数の波を使うほうがよい．一方，周波数が高いほど水中での減衰が激しく，水深が深い場合は海底からの信号が途中で減衰し検知できなくなってしまう．そのため，数百 m までの浅海用の測深機や潜水船等に装着するタイプの測深機（深海であっても測深機を海底近くまで持ち込むの

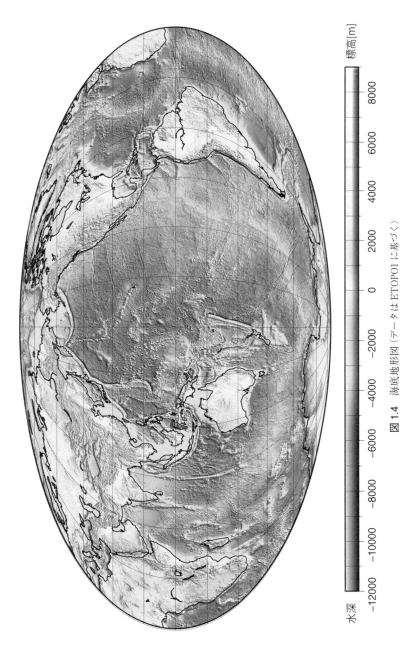

図 1.4 海底地形図（データは ETOPO1 に基づく）

で音波の伝播距離は短い)では数百 kHz オーダーの波を，数千 m までの中深海用では 20-50 kHz の波を，1 万 m を超える海溝域まで含めた深海用には 12 kHz の波を利用することが多い．

音波を用いた測深機（音響測深機，echo sounder）の初期のものは，船からただ音波を発信して最初に波が返ってくるまでの時間を計るのみであった（図 1.5 (a)）．図 1.1 に示した Tharp と Heezen の大洋水深図は，このような初期の音響測深機によるアナログ記録を丁寧に編集して完成させたものである．初期の測深器には，2 つの大きな問題があった．1 つは，1 回の発信からは 1 つの水深値しか得られず，船の直下の地形しかわからないという点である．地形図を作成するためには細かい測線間隔で船が往復を繰り返す必要があり，広い範囲を調査するためには大変な時間と労力がかかる．もう 1 つは，船の直下の水深を測っていると仮定しているものの，実際に波がどこから返ったものかわからないという点である．音波は水中を球面状に伝播する．海底面が平坦であれば，最初に返ってくる波は船の直下で反射した波であり，計測しているのは船の直下の水深となる．しかし，仮にやや離れたところに高まりがあった場合，受信機は直下からの反射よりも先に側方からの反射（散乱）を先に検知することになる．測深機はどちらの方向から返ってきた波かを判別していないので，誤って直下の水深が浅いとしてしまう．

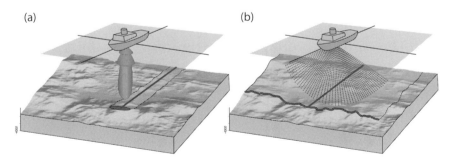

図 1.5 水深を測る技術の進歩
　（a）シングルビーム測深．船の直下の水深しか測れない上に，測深点が正確にわからない．
　（b）マルチビーム（ミルズクロス方式）測深．指向性のよいビームを複数扇型に形成することにより，一度に複数の測深値を得て面的な調査が可能となった．

このような不都合を解消するために開発されたのが，現在の海底地形調査の主流であるマルチビーム音響測深機（multibeam echo sounder）である（付録 A2）．マルチビーム音響測深機では，複数の音響ビームを扇形に出して一度にたくさんの水深値を測り，面的に調査ができる（図1.5（b））．

音速度を測る
　正確な水深を得るためのもう1つの重要な情報は，正確な音速度を利用することである．海水中の音速度 V は波長によらず

$$V=\sqrt{\gamma/(\rho K)}$$
　　　$\gamma：C_\mathrm{p}/C_\mathrm{v}$ 定圧比熱と定容比熱の比，ρ：密度，K：等温圧縮率

で与えられる．γ, ρ, K はいずれも深さ（圧力）と温度，塩分の関数であることが知られており，温度変化の影響が最も大きい．一般に使われている音速度を求める経験式はいくつかあるが，その1つ Wilson の式（1960）を以下に示す．

$$V=1449.22 + V_\mathrm{t} + V_\mathrm{pr} + V_\mathrm{sal} + V_\mathrm{t,pr,sal}$$
$$V_\mathrm{t}=4.6233T - 5.4585\times10^{-2}T^2 + 2.822\times10^{-4}T^3 - 5.07\times10^{-7}T^4$$
$$V_\mathrm{pr}=1.60518\times10^{-1}P + 1.0279\times10^{-5}P^2 + 3.451\times10^{-9}P^3 - 3.503\times10^{-12}P^4$$
$$V_\mathrm{sal}=1.391(S-35) - 7.8\times10^{-2}(S-35)^2$$
$$\begin{aligned}V_\mathrm{t,pr,sal}=&(S-35)(-1.197\times10^{-2}T + 2.61\times10^{-4}P - 1.96\times10^{-7}P^2 \\
&- 2.09\times10^{-6}PT) \\
&+ P(-2.796\times10^{-4}T + 1.3302\times10^{-5}T^2 - 6.644\times10^{-8}T^3) \\
&+ P^2(-2.391\times10^{-7}T + 9.286\times10^{-10}T^2) - 1.745\times10^{-10}T^3T\end{aligned}$$

　　V：音速[m/s]，T：温度[℃]，S：塩分濃度[‰]，
　　P：圧力[kg/cm^2]

　水温が1度上昇すると海中の音速度は約3m/s速くなり，塩分が1‰上昇すると音速度は約1.3m/s速くなる．海水温は地域や季節・深度によっても

ちろん異なるが，海面付近で天候や時刻により非常に大きく変化するので，正確な測深を行うためには，適切な音速度情報を随時取り入れなければならない．このため，測深機の一部として表層海水を連続的に採取して音速度を計測し，そのデータを取り入れている機種も多い．深層の水温・塩分はそれほど激しく変化しないと考えられるので，調査時に適切な間隔でXBT (expendable bathythermograph, 投棄型センサーで水温の鉛直分布を計測する) や XCTD (expendable conductivity temperature depth meter, 水温のほか電気伝導度 (＝塩分に換算) も計測する) 観測を行い，測深機に入力する．これらの投棄型センサーは簡便であるが，最大測定深度が2000 m程度のため，さらに深層についてはCTD観測や過去の統計値等を利用することになる．

衛星高度計による推定水深

　現在では音響測深の技術が向上し，Tharpらが大洋水深図を作成した時代に比べると，飛躍的に高解像度の水深データが効率的に取得できるようになった．それでも船舶による探査が世界中の海底をくまなくカバーしているわけではない．特に，高緯度域は海況条件が厳しく，調査船が作業することが困難なことが多くある．図1.4に示した海底地形図は，実は，音響測深で実際に計測した水深と，以下に述べる方法で推定した水深をあわせて作成したものだ．

　海底に山や谷といった大きな起伏があると，そこでは周囲に比べて質量が多かったり少なかったりするので，重力分布に異常が現れる．直感的には図1.6に示すように，大きな海山の周囲では鉛直線 (重力の方向) が海山に引っ張られる方向に偏る．水面は常に鉛直方向に対して直交するので (コップに水を入れて傾けても水面は変わらないことを想像せよ)，海水面はちょうど海山の形をなぞるように盛り上がるのである．海面の起伏は，人工衛星からレーザーを使って高い精度で地球をくまなく測ることができる．海面は等ポテンシャル面であるから，海面の起伏はジオイドの起伏であり，ジオイドの傾きは厳密に重力異常と結び付けることができる．ここで，海底下の密度構造を適当に仮定してやると，重力異常から地形が推定できるのである．こ

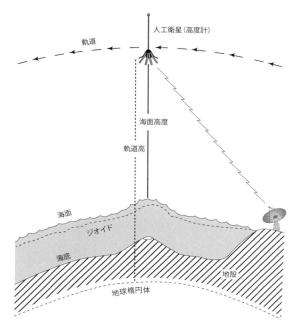

図 1.6 衛星高度計海面高度の測定とジオイド (Smith and Sandwell, 2004 を改訂)

のようにして得られる水深値を衛星高度計データから得られた推定水深 (predicted bathymetry using satellite altimetry) と呼び，1990 年代以降にデータが広く公開され利用されるようになった (Smith and Sandwell, 1997). ただし，この測定方法で直接得られるデータは重力異常であり，水深はあくまで推定である．現在では，水深を推定するにあたって，音響測深による観測値をモデルに取り入れて現実になるべく近い値が出るように工夫されている．

2) 海洋底の概観

1.1 節で見てきたように，地球全体の高度分布からは海底の平均的な（正確には最も頻度の高い）水深は約 4000 m であることがわかる．これはあくまでも統計的に見た平均像であり，実際の海底は図 1.4 に示すようにさまざまな地形要素から成り立っている．この図は擬似的に影を付けることによっ

て海底も含めた地球全体の地形の凹凸が直感的にわかるように工夫してある.

太平洋やインド洋などの大きな海（大洋）のかなりの部分は，水深 4000–5000 m 程度の比較的平坦な海底，深海平原（abyssal plane）である．この部分がヒプソメトリックカーブ（図 1.2 (a)）の低い方の平坦面に対応している．深海平原の中には大小の海山（seamount）や海台（oceanic plateau）が分布しており，海山が列をなして海山列を形成している場所も多く見られる．

また，大洋のなかにまるで地球の縫い目のように長大な海底山脈が連なっていることもわかる．この海底山脈を中央海嶺（mid-ocean ridge）と呼ぶ．中央海嶺は太平洋のほぼ中央部から，太平洋の東部，インド洋，北極海の氷の下まで連なっている．中央海嶺頂部の水深は 2400 m 程度であり，深海平原から 3000 m 級の大山脈が何万 km も連なっているところを想像してほしい．

一方，太平洋を取り巻く大陸縁辺には，幅が狭く深い谷が陸を縁取るようにつながっていることもわかるだろう．このような大規模な深い谷地形を海溝（trench）と呼ぶ．海溝はおおむね 8000 m 程度の水深をもつが，マリアナ海溝の世界最深部は 1 万 m を超える．海嶺や海溝の存在は，大洋を渡る船舶の調査や，海底ケーブル敷設のための調査を通じてだんだん明らかになってきたが，このような大規模な地形がどのようにしてできたのかを私たちが理解したのは，実は比較的最近の 1960 年代で，プレートテクトニクスの考え方が成立した後のことである．

3）中央海嶺とトランスフォーム断層

中央海嶺

世界の海底地形図（図 1.4）のなかで，最も目をひく特徴は中央海嶺であろう．この海底の大山脈は総延長 7 万 km に及び，地球上で最も長く連続した山脈である．プレートテクトニクスの枠組みに立つと，中央海嶺は発散型のプレート境界，すなわち隣りあうプレート同士が互いに離れていく境界として捉えられる．離れていくプレート同士の隙間を埋めるようにマントル物質が上昇し，その一部が溶融してマグマとなり，噴出して作られた火山の連

なりが中央海嶺である．中央海嶺における諸現象は第4章で詳しく解説するので，ここでは地形の概要のみを見ていこう．

中央海嶺は必ずしも大洋の中央にあるわけではない．大西洋の中央海嶺はまさに大西洋の中心を走っているが，太平洋では中央海嶺は南東側によっている．インド洋では，比較的アフリカ大陸に近い西側に中央海嶺が位置する．これらの中央海嶺は分岐しながら互いに連続し，南大洋では南極プレートを取り囲むように伸びている．図1.7は太平洋と大西洋を東西に横断する地形断面図である．中央海嶺から深海底へと山脈の裾野が広がっていくことがわかるだろう．

図1.7を見ると，太平洋と大西洋では，中央海嶺の位置だけではなく地形的な特徴が異なることがわかる．太平洋では山脈の裾野が長く，なだらかな斜面が続いて海嶺頂部にいたる．頂部は大局的に上に凸の形をしている．比較的なだらかなため，地形名は「海嶺」ではなく，東太平洋海膨と呼んでいる（p.21のコラム参照）．一方，大西洋は太平洋に比べてはるかに急峻であり，

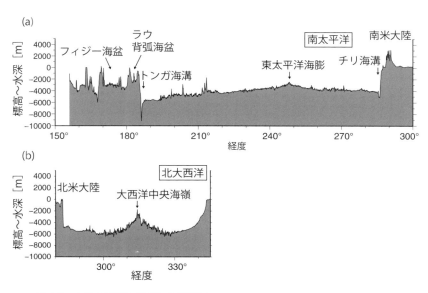

図1.7 大洋の海嶺に直交した断面図
 (a) 太平洋の横断面．中央海嶺は東よりにあり，両側に海溝が存在する．
 (b) 大西洋の横断面．中央に中央海嶺があり，両側は大陸へと遷移する．

1.2 海洋底の大地形── 15

頂部に小規模な谷が存在する．この谷は中軸谷（axial valley）と呼ばれ，幅 10 km 深さ 1 km 程度の谷である．中央海嶺の地形のうち，長波長の成分は第 2 章で説明するプレートの冷却による海底の沈降に起因する．太平洋の中央海嶺の裾野が長くなだらかな斜面となるのは，太平洋の中央海嶺では海底拡大速度が大西洋中央海嶺に比べて 5-7 倍速く，中央海嶺から遠く離れてもプレートが若く暖かいため，海底が沈降しないからである．

　一方，短波長の地形は，火成活動による火山地形と断層運動による構造地形の組みあわせにより形成されている．大西洋の中央海嶺に見られるような中軸谷は，正断層によって作られた地形である．中央海嶺での火成活動と断層運動は，海嶺軸周辺の比較的狭い範囲（10 km オーダー）でのみ起こっている．海嶺軸周辺で形成された短波長の地形の凹凸は，やがてプレートの冷却により沈降しつつ深海底へと移動していく．海底では風化や浸食はほとんど起こらないので，地形はよく保存される．ただし，中央海嶺の中軸部から離れていくと，海底は徐々に堆積物に覆われる．太平洋北部のファンデフカ海嶺は大陸が近く，陸源堆積物が供給されるために，中軸部もすぐに堆積物で埋まる．一方，大西洋の中央海嶺では稜線に沿った底層流の影響で，中軸部からかなり離れても堆積物が非常に薄い．

トランスフォーム断層

　中央海嶺は大局的には連続した山脈だが，正確には軸部は連続的でなくところどころに大小のずれがある．軸部のずれのうち，比較的大規模なもの（おおむねずれが 30 km 以上）は，海嶺にほぼ直交する直線的な細く深い谷や崖となっている（図 1.8）．この直線的な構造はトランスフォーム断層（transform fault）と呼ばれ，すれ違い型のプレート境界である．トランスフォーム断層をはさむ両側の海底は，それぞれ異なるプレートに属することになる．図 1.8 は北部大西洋の例であるが，中央海嶺の軸部は右にずれた形となっていて，トランスフォーム断層の北側は海嶺の西側で北米プレート，トランスフォーム断層の南側は海嶺の東側でユーラシアプレートである．海嶺の地形は右にずれているが，プレートの運動方向を考えると，トランスフォーム断層での断層運動の向きは左ずれであり，この点が通常の横ずれ断層

との大きな違いである．トランスフォーム断層はきわめて急峻な谷地形をなすことが多く，谷は一般に海嶺との交点付近で最も深い．谷は複数のほぼ平行な断層崖から構成されているが，谷底に断層にほぼ平行に伸びる比高数百m程度の高まりがある場合もある．このような高まりはメディアンリッジ（median ridge）と総称されるが，その成因についてはあまりよくわかっていない．

ここでは海嶺軸部を分断するトランスフォーム断層を説明したが，海嶺と海溝，海溝と海溝をつなぐすれ違い型プレート境界もトランスフォーム断層と呼ぶ．このような例は少ないが，トンガ海溝とニューヘブリデス海溝をつないでいるハンター断裂帯がそれにあたると考えられている．

断裂帯

図1.8をもう一度見ると，トランスフォーム断層の直線的な地形は，海嶺と海嶺をつなぐ部分だけでなく，その外側にも連続して伸びていることがわ

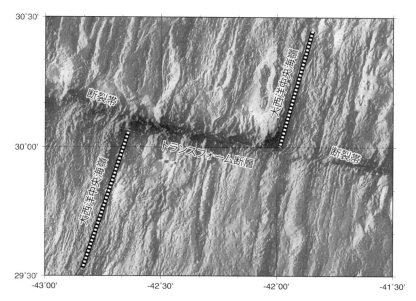

図1.8 大西洋30°N付近の中央海嶺とトランスフォーム断層，断裂帯の配置

かる．この部分は，トランスフォーム断層の軌跡にあたり，断裂帯（fracture zone）と呼ばれる．断裂帯は時に数千 km にわたって連続し，図1.4 の海底地形図でも追跡できる海底の顕著な地形の1つである．断裂帯をはさんだ両側は同じプレートに属し一体として運動しているので，トランスフォーム断層のようなプレート境界ではなく，地震活動などは伴わない．トランスフォーム断層と断裂帯は区別して理解するべきであるが，両者を総称して断裂帯と呼ぶ場合もある．

　太平洋では，断裂帯をはさむ両側の海底の深さにはっきりとした差があり，顕著な崖をなしていることが多い．断裂帯をはさむ両側の海底は，水平方向には1つのプレートとして一体化して動いているが，それぞれ中央海嶺からの距離が異なり（海嶺軸のずれと対応している），年齢の違う海底である．プレートは年齢とともに冷却して海底が沈降するので，年齢の違う海底は沈降量が異なり，水深が異なってくるのである．太平洋に見られる断裂帯の崖地形の主な成因は，両側の海底の沈降史の差と考えてよい．

　一方，大西洋の断裂帯は幾筋かの崖によって細い溝状の地形をなしている場合が多い．詳しくは第4章で述べるが，大西洋の中央海嶺では，海嶺軸に沿って火成活動の様子が大きく変化し，一般にトランスフォーム断層に近い場所では火成活動が不活発で構造運動が卓越し，地殻が薄い．大西洋の断裂帯でも両側の海底の年齢差による水深の違いはあるのだが，海嶺軸方向の地殻やリソスフェアの構造の違いの効果の方が顕著に出ているものと考えられる．

4）大陸縁辺域

活動的縁辺と受動的縁辺

　再び図1.7 の太平洋と大西洋を横断する地形断面図を見よう．断面図の両端，海から陸へと変わる大陸縁辺域はどのような地形をしているだろうか．太平洋では，大陸縁辺は水深 8000 m を超える深い溝状の地形が発達している．一方，大西洋では海底の傾斜が急になって大陸へとつながるが，溝状の地形は存在しない．深い溝状の地形は海溝（trench）と呼ばれ，収束型プレート境界である．太平洋の周囲のような，プレート境界にあたる大陸縁辺を

活動的縁辺域（active margin）と呼ぶ（図1.9 (a)）．ここでは地震活動や火山活動が活発に起こっている．一方，大西洋の両側のようにプレート境界ではなく地震や火山活動を伴わない縁辺域は，非活動的もしくは受動的縁辺域（passive margin）と呼ばれる（図1.9 (b)）．

島弧と海溝

活動的縁辺域で最も顕著な海底地形は，海溝と海溝に沿って発達する火山列である．火山列は弧状に並ぶので，全体をあわせて（島）弧-海溝系（arc-trench system）という（図1.9 (a)）．太平洋の西側縁辺では，弧状の火山は海底火山や弧状列島を形成するので，島弧（island arc）と呼ばれる．一方，中南米ではこれらの火山が大陸縁の陸上部に並ぶので，陸弧（continen-

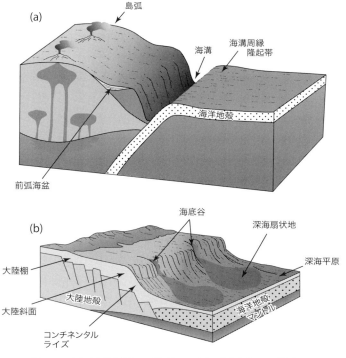

図1.9 (a) 活動的縁辺の模式図, (b) 受動的縁辺の模式図

tal arc）となる．弧の活動的な火山帯は，スラブ（slab，沈み込む側のプレートの，地下深部に沈み込んでいる部分を指す）面の深度が約 110 km となる位置に並ぶ．活動的な火山帯（火山弧）から海溝までの間を前弧（forearc），海溝から遠い側を背弧（backarc）と呼ぶ．

海溝はプレートの沈み込みに起因する深く細い溝状の地形である．海溝の長さは時に数千 km に及び，弧を描くように伸びている．ほとんどの海溝は環太平洋と西太平洋からインドネシアへと続くインド洋北縁にあるが，大西洋のカリブプレートやスコチアプレートの縁辺にも海溝が存在する．海溝の最深部の水深は 8000 m 程度のことが多く，地球の最深点はマリアナ海溝の底のチャレンジャー海淵と呼ばれる 1 万 920 m の窪みである．

地形断面を見ると，海溝は非対称的な V 字形をしていることが多い．沈み込むプレートは海溝軸に向かって緩やかに傾斜して海溝底に達するのに対し，上盤側のプレートは比較的急傾斜である．海側の斜面には，海溝に平行して正断層による地溝状の窪みが発達する．上盤プレート側の斜面から前弧域にかけては大別すると 2 つの類型がある．1 つは南海トラフに見られるように，海溝堆積物が上盤側に付加（accretion）して付加体が発達しているタイプで，褶曲と逆断層の繰り返しからなる，海溝に平行なしわ状の地形が発達する．もう 1 つは日本海溝で見られるように，造構性浸食（tectonic erosion）が進行して上盤側が削られているタイプで，海溝にいたる急斜面には大規模な斜面崩壊の痕跡がしばしば見られる．これらの詳細については第 5 章で述べる．

海溝底は通常は平坦で堆積物に覆われていることが多い．西南日本の南側に位置する南海トラフは，フィリピン海プレートとユーラシアプレートの収束型境界で，成因としては海溝と同じである．南海トラフでは中部日本から多量の陸源堆積物が供給されて深部にたまっている．溝地形の底が広く平坦になって全体として舟のような形になっているため舟状海盆（trough トラフとカタカナ書きされるが，発音はトロフに近い）という名前が付いているのである．一般に，地形は成因ではなく形態によって分類・命名される．舟状海盆の名前がついている地形でも，南海トラフは沈み込み帯の海溝の仲間であり，南海トラフの陸側にある熊野トラフは前弧海盆，さらにカリブ海の

ケイマントラフは中央海嶺を中心にもつ盆地である.

コラム　海底地形の命名

　海底地形の名称は，固有名＋属名の形をとる．属名とは地形の種類を表す単語で，たとえば「日本海溝」では「日本」が固有名で「海溝」が属名である．歴史的には，属名は地形の形態のみで定義され，成因に言及することはなかった．そのため，海底の細長い凹地を指す「トラフ」（trough, 舟状海盆）の属名が，南海トラフ（Nankai Trough；収束型プレート境界），沖縄トラフ（Okinawa Trough；背弧海盆）のように，異なる成因の地形に対して付与され，混乱をきたしていることは否めない．「海嶺」（ridge, 伸張した狭い高まり）の属名も，発散型プレート境界である大西洋中央海嶺と，古島弧である九州パラオ海嶺の双方に使われている．

　海底地形名や命名規則は，国際水路機関と UNESCO の共同プロジェクトである大洋総深図（GEBCO）において国際的な統一がはかられている．最近では，「カルデラ」の属名に対して，従来の円形の凹地という形態だけでなく，「火山噴火および噴火後に形成された」という成因を定義に付け加えるといった改訂もなされている．

海溝周縁隆起帯（アウターライズ）

　図 1.7 (a) で太平洋の西縁の海溝付近の地形断面を見ると，海溝の東側に深海底から 500-1000 m 浅くなったごく緩やかな高まりが存在することがわかる．この高まりは海溝に平行に伸び，海溝周縁隆起帯（アウターライズ，outer rise）と呼ばれる．アウターライズの形は，沈み込みに際してプレートが上に凸に曲げられる（bending）ことで説明することができる．アウターライズの高さはプレートの弾性体としての性質によるので，海溝によって異なり，アウターライズが非常にはっきりと見られる例として三陸沖がある．

背弧海盆

　太平洋西縁の弧-海溝系では，背弧側に向かって，活動的な島弧〜盆地状の比較的平坦な海底〜非活動的な海底山脈という連なりが見られることが多い．背弧が伸張場となる場合，島弧地殻が引き伸ばされてリフト地形ができ，やがて海底拡大に発展していく．これを背弧拡大（backarc spreading/opening），背弧拡大によって形成される盆地状の地形を背弧海盆（backarc basin）と呼ぶ（図 1.9 (a)）．背弧拡大の場で起こっていることは基本的に

中央海嶺で起こることと変わりはないが，拡大が継続する時間が千数百万年のことが多く，盆地状の形態をとる．背弧海盆の島弧と反対側に伸びる非活動的な海底山脈は，背弧拡大開始時の島弧の一部であり，古島弧と呼ばれる．背弧に伸張場が生じるメカニズムについてはいまだ定説がない．背弧拡大については第5章で改めて解説する．

　日本の南に広がるフィリピン海プレートは，背弧拡大が繰り返し起こってできた背弧海盆と古島弧の集合体である．日本海は薄化した大陸地殻が点在しているものの，背弧拡大によって形成されたと考えてよい．大陸の縁辺に位置する盆地状の閉じた海を，縁辺海もしくは縁海（marginal sea, marginal basin）と呼ぶこともある．縁辺海の語は背弧海盆と同義で使われることもあるが，南シナ海など成因がやや異なると思われるものまで含めた地形の総称として捉えたほうがよいだろう．

大陸棚から大陸斜面基部

　図1.7（b）で示す大西洋の縁辺は，太平洋の縁辺とはまったく異なる様相を示す．海溝は存在せず，深海底から急な斜面を経て大陸へとつながっていく．海底下の構造も，海洋性地殻から大陸地殻へと急激に変化する．このような場を大陸海境界（continental ocean boundary, COB）と呼ぶ．大陸側からより細かく地形断面を見ていこう（図1.9（b））．まず海岸平野は浅海域にそのまま伸びていき，水深100-200 mの平坦面が続く．ここが大陸棚（continental shelf）で，氷期の低海水準期には水面上にあった地域である．大陸棚は漁場として，また石油・天然ガス等の資源の地として，経済的に非常に重要である．大陸棚から深海底にかけては斜面が続く．斜面の上部は比較的傾斜が急な大陸斜面（continental slope，平均斜度3°-4°），斜面の下部は傾斜が緩やかなコンチネンタルライズである．大陸斜面には，しばしば海底谷が発達し，堆積物の運搬経路となっている．コンチネンタルライズは，海底谷などを通じてもたらされる陸源堆積物や大陸棚や大陸斜面の再堆積物からなる．コンチネンタルライズの下は，大陸地殻と海洋地殻が遷移する場所でもあり，陸源堆積物の下には遠洋性・半遠洋性の堆積物が存在し，さらにその下には海洋地殻が存在することが多い．

大陸棚は太平洋のような活動的縁辺域にも存在するが，活動的縁辺域では深海底との間に深い海溝が存在するため，コンチネンタルライズは普通見られない．

海底谷

　海底には陸上同様にさまざまな種類の谷地形が存在する．大陸棚に刻まれる比較的浅い谷は，低海水準期すなわち大陸棚が陸化していた時代の河川や氷河が浸食した谷が沈んだ溺れ谷である．東京湾の湾口まで続く東京海底谷はこの例である．大陸斜面の急傾斜の海底にも海底谷（submarine canyon）が発達し，海底谷の麓には海底扇状地（submarine fan）がしばしば見られる．これらは比較的狭く深い谷で，両側の壁は急峻であり，蛇行や分流を重ね深海底や前弧海盆へと続く．断層などにより，その形態や特徴が規制されているものも多い．海底谷は，陸起源の砂や泥が海水と一緒に混濁流（turbidity current）となって大陸棚と大陸斜面を流れ下って削られたものである．地震や洪水などをきっかけに陸から一度に大量の土砂が供給されると，これらの土砂を含んだ水は密度が高いために海底の近くを速い速度で流れる．この流れ（混濁流）が斜面では海底谷を刻み，その後海底の傾斜が緩くなったところで粗粒の砂が堆積をはじめ，深海扇状地を形成する．

　大陸斜面だけでなく，深海扇状地や深海平原のなかを数百 km に及んで刻まれる長大な深海長谷（deep sea channel）と呼ばれるものもある．片側もしくは両側に自然堤防があることが普通で，黒部川の延長部で富山湾から日本海の深海底へと総延長 550 km に及ぶ富山深海長谷や，ガンジス川三角州からベンガル湾扇状地を約 3000 km にわたってインド洋の深海へとつながるチャンネルが代表的な例である．

5）深海底

深海平原

　中央海嶺と大陸縁辺域との間には，深海平原（abyssal plane）と呼ばれる非常に平坦な海底が広がっている．深海平原はプレート境界からは遠く離れ，基本的に沈降と堆積の場である．中央海嶺で生まれた海底は，プレート

運動によって中央海嶺から徐々に離れていく．プレートは年齢とともに冷却して平均密度を増していくので，アイソスタシーが成立していると考えると，海底は年齢とともに沈降し，水深は深くなる．海底の年齢と水深の間には一般に

$$D = d_0 + \sqrt{k(\mathrm{age})} \qquad d_0：中央海嶺での水深$$

の関係が成り立つことが知られており，年齢の平方根に比例して水深は深くなっていく．この関係は熱伝導方程式をきわめて単純な境界条件と仮定の下に解いて得られるプレートの熱構造から説明できる．熱構造と導出については第2章で詳しく述べる．プレートテクトニクスにより海底は海溝で再び地球深部に戻ることで常に新しくなっているため，現在の地球上で最も古い海底もたかだか2億年である．海底の深さは年齢とともに深くなるものの，古い海底では沈降速度は遅くなるため，おおむね4000–5000 m の平坦な深海平原が海底のおよそ3割を占め，広がっているのである．

　深海平原では，次に述べるような孤立した，もしくは列状の高まりも数多く存在するが，大局的には火成活動や構造運動が起こらない静かな堆積の場である．遠洋性堆積物中の鉱物の一部は，陸から風などによって運搬されて遠洋で沈積したもので，カオリナイトやイライトなどの粘土鉱物（第2章参照）がこれにあたる．また，深海の火山の多くは爆発的な噴火を伴わないため軽石や火山灰の放出は少ないが，マグマが海底に噴出して急激に冷却された際に爆発的に粉砕された破片や，それらがさらに海水と反応して再結晶したものが堆積物中に含まれることがある．

　遠洋性堆積物のなかには，生物起源のものも多く含まれる．海洋中に生息するプランクトンや底生生物の遺骸は，大部分は海水中で分解されてしまうが，固い殻や骨格の一部は溶けずに残って堆積物となる．特に，有孔虫（foraminifera）の殻や，藻類の一種の破片であるココリスが堆積したものを石灰質軟泥（calcareous ooze）と呼び，そのほとんどが水深4000 m より浅い海底に分布することが知られている．浮遊性有孔虫などは主に海洋表層に生息するので，石灰質軟泥が深い海に存在しないという事実は，海水中のある深さ以深では炭酸カルシウムの海水中への溶解速度が供給速度に勝るために，

石灰質の殻がすべて消失してしまうことを示唆している．この深さを炭酸塩補償深度（carbonate compensation depth, CCD）と呼ぶ．CCDの変動は海底の沈降，海水準の変動，深層水塊の変化や表層の生物生産力の変動と密接に関わっており，古環境復元において重要な情報となる．

　石灰質軟泥とは別に，珪藻や放散虫の殻が沈降して海底に堆積したケイ質軟泥（siliceous ooze）もまた広く世界の海底に分布する．ケイ質軟泥は海溝底のようなきわめて深い海底にも存在し，続成作用を経てSiO_2を主成分としたチャートと呼ばれる岩石となる．さらに，堆積物と海水の化学反応によってできた重金属鉱床やマンガン団塊なども深海底堆積物の一種である．

　遠洋性堆積物の堆積速度はおおむね1000年で数mm程度であり，年齢1億年の海底にはおよそ1kmの堆積層が海洋地殻を覆う．陸上は風化・浸食の場であり，連続的な堆積物は基本的に水中でのみ形成されると考えてよい．湖などの陸水は大洋に比較すると寿命が短く，1億年以上の長い連続的な堆積物試料が得られるのは深海平原のみである．ピストンコアラーや深海掘削によって得られた海底堆積物を細かく測定することにより，古水温をはじめとする地球の環境変動を正確に詳しく復元することができるのである．

海山とギヨー

　深海平原のなかには多くの海山（seamount）が点在していることがわかる．一般に，比高1000m以下の高まりを海丘（sea knoll），それ以上の高さのものを海山と呼ぶ．最近の集計によると，世界中の海山の総数は12万5000にのぼるという．海山が直線上に並び，海山列（seamount chain, island chain）を形成していることもよく見られる．海山の形態は，円錐形に近いものから小海嶺状に伸びたものまで多様である．円錐の頂部が切られたように平坦面になっているギヨー（平頂海山 guyot）は，かつては頂部が海水面上に出た大洋島で，陸上で風化浸食されて頂部が平坦になり，後に沈水したものと考えられる．暖かい海では，ギヨーの頂部がまだ水面近くの浅い場所にある時代にサンゴ礁が形成され，厚い石灰岩層が形成されていることがよくある．

　海山の多くは深海平原が形成されたあとでプレート内火成活動によって形

成された火山で，その形成メカニズムにはいくつかの種類があると考えられている．1963年にWilsonが提唱したホットスポット（hotspot）仮説は，マントル深部からマントルプルームが上昇し，その過程でメルトが生じてプレート表面に噴出してプレート内火山ができるというものである．Morganはホットスポットを不動のものとし，長期的に安定なマントルプルームの上をプレートが運動することにより海山列が形成されると考えた．現在では，深部から直接プルームが上昇して形成された海山はハワイやインド洋のレユニオンなど数個のホットスポットを起源とするものに限られるのではないかと考えられている．

その他多くの，一般にはホットスポットと呼ばれるものを含むプレート内火山は，マントル内の比較的浅い場所を起源として寿命も短い．このタイプの海山は，海山群あるいは海山区として特定の範囲に密集して分布することがよくある．代表例としては南太平洋のフレンチポリネシア地域で，ここではスーパープルーム（第6章参照）が核マントル境界から上昇し，深さ約1000 kmに達すると小規模で短命のマントルプルームに分かれて表層に向かい，海山群を形成すると考えられている．

第3のタイプとしては，海洋プレートに裂け目や伸張が生じた際に小規模なマグマポケットが生成され，噴出して海山を作るものである．これらは小規模な海山列や小海嶺状の連なりを形成する．プレート内の裂け目の成因としては，テクトニックな伸張や熱収縮のほか，プレート下のマントル流や小規模対流などが考えられる．これらのプレート内火成活動の例は第6章で取り上げる．

巨大海台

深海底には，海山や海山列とはスケールが異なる巨大な台地もまた存在する．これらの台地は，過去のある時期にきわめて激しい火成活動が起こり，比較的短期間に多量の溶岩が噴出した痕跡で，総称して巨大火成岩岩石区（large igneous provinces, LIPs）と呼ばれるものである．深海底では巨大海台（oceanic plateau），陸上では洪水玄武岩（flood basalt）を形成する．最大の海台である西太平洋のオントンジャワ海台は，実に427万 km^2 に広が

る玄武岩溶岩からなっている．

　巨大火成岩岩石区がホットスポット海山列のはじまりに位置する例も複数ある．大規模なマントルプルームが発生し，プルームの傘（頭）の部分が地表に達したときに巨大海台を形成するような噴火があり，プルームが衰退して軸の部分が残って点状の噴火が続いているのが現在のホットスポットであるとのモデルが提唱されているが，成因については未解明の部分が多い．巨大火成岩岩石区を形成するような火成活動は現在の地球では起こっていないが，過去にこのような規模の活動があった場合には，海洋環境と生態系にも大きな影響を与えたであろう．形態的には台地状をしていない非地震性海嶺（aseismic ridge）と呼ばれる大規模な高まりも，LIPSの一種とされる．

第2章 海洋地殻・海洋リソスフェアの物質と構造

　海洋リソスフェアは海洋地殻と上部マントルの上層部から構成されている．地球の半径（赤道半径：6378 km）に比べると，一般的な海洋地殻の厚さは7 km 程度で非常に薄い．海洋リソスフェアの厚さは最大 100 km 程度である．海洋リソスフェアの構成物質やその構造を明らかにする最も直接的な方法は，深海掘削などによって岩石試料を採取することである．しかし，深海掘削における最深掘削地点の深度は 2 km 程度であり，また掘削地点もごく一部に限られている．そのため，海洋リソスフェアに関する研究には，地震震波速度，熱，密度，弾性的性質などの物理量も利用されている．この章では，海洋リソスフェアの構成物質だけでなく，上記の物理量の基礎を紹介する．なお，解析に使用する物理量によって，厚さなど海洋リソフェアの構造に関する情報が異なる場合があることに注意されたい．なお第4章で紹介するように，海洋地殻の断片と考えられているオフィオライトに関する研究も，海洋地殻の構造に関する研究に役立っている．

2.1　海洋地殻の構成物質

　海洋地殻は，火成岩と堆積物によって構成されている．1872 年から 1876 年にかけてイギリスの帆船チャレンジャー号（HMS Challenger）により実施された世界周航探検によって，海洋底には放散虫の遺骸を多量に含む堆積物やマンガン団塊など，さまざまな物質が分布していることが明らかにされた．
　海洋地殻から岩石を採取するために広く使われている方法は，ドレッジ

（付録A7参照）による岩石採取である．この方法で採取される岩石の多くは斜面の裾に落ちている岩片などで，変質あるいは変成していることが多く，その場所の典型的な構成物質であるとは限らない．ドレッジ以外にも潜水船やROV（remotely operated vehicle，無人遠隔探査機；付録A9参照）等による潜航調査や深海掘削によっても岩石試料が採取されてきたが，岩石採取地点は一部に限られている．1968年に深海掘削計画（Deep Sea Drilling Program, DSDP）がはじまって以来，2013年までの間に，海洋地殻を100 m以上掘削した地点は全掘削地点（624地点）中37地点である（Ildefonse et al., 2014）．これらの掘削地点は，北東太平洋や大西洋中央海嶺北部に偏っている．

1）火成岩

玄武岩質の岩石

海洋地殻の主要構成物質である玄武岩質の岩石は火成岩のグループの1つである．火成岩は基本的にSiO$_2$の含有量と粒度により分類される（図2.1）．SiO$_2$の重量％に基づいた分類では，玄武岩質の岩石は塩基性（basic）に分

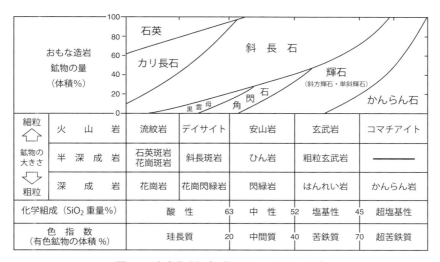

図2.1　火成岩分類表（西村ほか，2010を改変）

類される．色指数（岩石全体において有色鉱物が占める割合を体積％で表したもの）では苦鉄質（mafic）に分類される．

　玄武岩質の岩石を生み出す玄武岩質マグマの大部分は，上部マントルを構成している超苦鉄質のかんらん岩が部分溶融することによって発生したものである．海洋地殻の上部は噴出岩である玄武岩溶岩で構成されている．その下は粗粒玄武岩（ドレイライト）の平行岩脈群（sheeted dykes）で構成されている．ほとんどの場合，溶岩と岩脈の境界は明瞭ではなく，両者が混じっている遷移層が存在する．海洋地殻下部は，深成岩であるはんれい岩で構成されている．はんれい岩は玄武岩質マグマが地殻深部で非常にゆっくり冷えて固まってできるため，玄武岩より斑晶が大きく，等粒状組織を示す．

玄武岩の分類

　海洋地殻から採取される岩石の多くは火山岩である玄武岩である．ここでは，玄武岩の2つの分類方法を紹介する．

　CIPWノルム組成[1]を基準に玄武岩を分類する方法がある．玄武岩のノルム組成の多くは，透輝石（$CaMgSi_2O_6$），霞石（$NaAlSiO_4$），苦土かんらん石（Mg_2SiO_4），石英（SiO_2）の組みあわせで表現することができる．霞石（nepheline）を含む玄武岩（SiO_2 不飽和臨界面より霞石側）はアルカリ玄武岩，そうでないものはソレアイト（tholeiite）に分類される（図2.2；Yoder and Tilley, 1962）．さらにソレアイトは，石英（quartz）を含むソレアイト（SiO_2 飽和面より石英側）は石英ソレアイト，そうでないソレアイトはかんらん石ソレアイトに分類される．

　Na_2O+K_2Oの含有量（重量％）による分類方法もある（図2.3；Macdonald and Katsura, 1964）．この方法では，Na_2O+K_2OとSiO_2の関係図を用いて，アルカリ玄武岩とソレアイトを分類する．同じSiO_2重量％の場合，Na_2O+K_2Oの含有量が多い玄武岩はアルカリ玄武岩，少ない玄武岩はソレアイトに分類される．図2.3からはハワイ島キラウエア火山でできる岩石には，アルカリ玄武岩とソレアイトがあることがわかる．

---

[1] CIPWノルム組成： マグマから岩石を1気圧でゆっくりと結晶化させたときの鉱物の量比．CIPWは提案者4人の科学者の名字の頭文字を並べたもの．

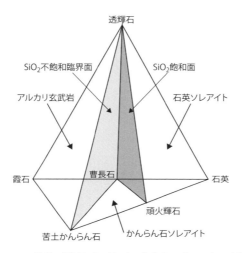

図 2.2 CIPW ノルム鉱物（透輝石，霞石，苦土かんらん石，石英）による玄武岩の 4 面体での分類（Yoder and Tilley, 1962 を改変）

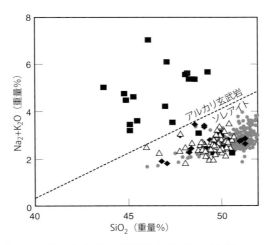

図 2.3 $Na_2O + K_2O$（縦軸）と SiO_2（横軸）の関係図の例（Sherrod *et al.*, 2007 を改変）

グラフ中の破線が Macdonald and Katsura (1964) で定義されたアルカリ玄武岩とソレアイトの境界を示す．この図で示している岩石試料はハワイ島キラウエア火山から採取されたもの．シンボルの違いは採取地点の違いを示す．

2.1 海洋地殻の構成物質——31

海洋地殻を構成する玄武岩

現在活動中の中央海嶺から採取されたソレアイトとジュラ紀にできた海洋底から採取されたソレアイトとでは，化学組成の違いはほとんど見られない．海洋地殻で見られるソレアイトは深海性ソレアイト（abyssal tholeiite）あるいは中央海嶺玄武岩（mid-ocean ridge basalt, MORB）と呼ばれている．中央海嶺玄武岩は約 50％の SiO_2 を含み，TiO_2，Fe_2O_3，K_2O などは少ない（表 2.1）．

中央海嶺玄武岩は厳密に見ると化学組成の若干の違いがあり，不適合元素[2]に乏しく代表的な MORB の化学組成を示す N-MORB（normal-MORB），不適合元素が N-MORB より富む E-MORB（enriched-MORB），両者の中間的な T-MORB（transitional-MORB）に細分されている．アイスランド，アゾレス諸島などマントルプルームの近くにある中央海嶺では，E-MORB タイプの岩石試料が採取されている．

ホットスポット起源の海洋島や海山で採取される海洋島玄武岩（oceanic

表 2.1 深海性ソレアイトとアルカリ玄武岩の化学組成（重量％）（Kennett, 1982 より）

	深海性ソレアイト	アルカリ玄武岩
SiO_2	49.34	47.41
TiO_2	1.49	2.87
Al_2O_3	17.04	18.02
Fe_2O_3	1.99	4.17
FeO	6.82	5.80
MnO	0.17	0.16
MgO	7.19	4.79
CaO	11.72	8.65
Na_2O	2.73	3.99
K_2O	0.16	1.66
H_2O^+	0.69	0.79
H_2O^-	0.58	0.61
P_2O_5	0.16	0.92

---

[2] 不適合元素： 液相濃集元素ともいう．イオン半径やイオン価が大きいため鉱物格子の陽イオンの位置に入りにくい元素のこと．

island basalt, OIB) の多くは，アルカリ玄武岩である．アルカリ玄武岩は中央海嶺玄武岩に比べて K や Na などアルカリ成分を比較的多く含み，SiO_2 が少ない（表 2.1）．アルカリ玄武岩の起源マグマは，中央海嶺玄武岩の起源マグマに比べてより地球深部に存在する部分溶融度の低いマントルかんらん岩と考えられている．

　海山より規模の大きい海台で採取される玄武岩のなかには，海洋島玄武岩に比べて HFSE 元素[3]にやや富み，$^{238}U/^{204}Pb$（μ 値），$^{232}Th/^{204}Pb$ および Pb 同位体比が高いものがある．そのため，HIMU 玄武岩（high μ basalt）と呼ぶことがある．HIMU 玄武岩の起源であるマントル物質は，核とマントルの境界付近で生成すると考えられている．

　南半球のインド洋や南大西洋で採取された中央海嶺玄武岩や海洋島玄武岩は，高い Pb 同位体比と Sr 同位体比を示す（Dupré and Allègre, 1983；Hart, 1984）．この同位体比異常は高い鉛同位体比を初めに発見者した研究者 2 名（Dupré と Allègre）の名前を合わせてデューパル異常（Dupal anomaly）と呼ばれている．デューパル異常はインド洋を中心として，赤道と南緯 60 度の間の南半球に広がっている．デューパル異常が見られる地域では，活動中のホットスポットが存在する．さらにそこでは，下部マントルにおける地震波の低速度，正ジオイド高が観測されている．そのため，デューパル異常の原因は地球深部にあると考えられている（Hart, 1988）．しかし，デューパル異常の原因は上部マントルにおける大陸地殻のリサイクルにあるとする研究結果も報告されている（たとえば，Escrig et al., 2004）．

海洋地殻の火山岩および半深成岩

　赤道東太平洋のコスタリカリフト（Costa Rica Rift）の南約 200 km に位置する DSDP ホール 504B（水深 2640 m）は一般的な海洋地殻を最も深くまで掘削した掘削地点であり，その深さは海底下 2111 m に達する．採取された噴出岩のなかには中央海嶺付近の熱水活動による変質あるいは変成作用を受けたものもある．この掘削孔からは，噴出岩以外に，玄武岩質の半深成

---

[3] HFSE 元素： high-field-strength elements，イオン価が大きい不適合元素のこと．Zr, Nb, Th, U など．

岩（輝緑岩）のシート状岩脈も採取されている．

　東太平洋海膨で形成された海洋底に位置する統合国際掘削計画（Integrated Ocean Drilling Program, IODP）ホール1256Dでは，海底下1257mの深さまで掘削され，噴出岩や岩脈だけでなく，はんれい岩もわずかであるが採取された．噴出岩のほとんどはシート状溶岩や塊状（massive）溶岩であり，枕状溶岩は2％程度であった．

海洋地殻の深成岩

　南西インド洋海嶺付近のトランスフォーム断層（Atlantis II 断裂帯）付近の高まりアトランティスバンク（Atlantis Bank）上のODP（Ocean Drilling Program）ホール735B（深さ1508m）や，大西洋中央海嶺とトランスフォーム断層の交点付近の海洋コアコンプレックス（oceanic core complex；第4章）であるアトランティス山塊（Atlantis Massif）上のIODPホールU1309D（深さ1415m）では，玄武岩質の深成岩であるはんれい岩が採取され，その厚さは1km以上である（Ildefonse and the IODP Expeditions 304 and 305 Scientists, 2005）．ガラパゴス三重会合点付近のココス－ナスカ海嶺のヘスディープ（Hess Deep）では，形成直後と考えられる層状はんれい岩が採取された（Gills *et al.*, 2014）．また，トランスフォーム断層沿いの露頭では，ドレッジや潜水船調査によって，はんれい岩が採取されているところがある（たとえば，Auzende *et al.*, 1989）．

　超低速拡大海嶺の1つである北極海のガッケル海嶺（Gakkel Ridge）や，南西インド洋海嶺からは，ドレッジによって玄武岩やはんれい岩ではなく，かんらん岩が採取されている（Dick *et al.*, 2003）．これは，超低速拡大海嶺の海洋底形成過程は低速から高速までの拡大海嶺のものとは異なることを示している．

2）海底堆積物の種類と堆積環境

海底堆積物

　中央海嶺付近を除いて海洋底表面のほとんどは，堆積物あるいは堆積物が固化してできた堆積岩で覆われている．海底堆積物は地球の過去の状態に関

する貴重な情報を記録している．特に深海底の堆積物は，その保存状態と連続性がよいため，過去の海水の変遷（海水面変動や海水面付近の温度変化など），気候変動，プレート運動などに関する研究に重要な役割を果たしている．

一般に，堆積物は構成粒子の粒径によって，礫（2 mm 以上），砂（$1/2^4$-2 mm），泥（$1/2^4$ mm 以下）に分類される．多くの海底堆積物は砂あるいは泥で構成されている．深海底で堆積物に礫が含まれるのは海山周辺で見られる火山性砕屑物などに限られる．

堆積環境による分類

堆積環境による分類では，浅い海で堆積した堆積物（浅海堆積物，neritic sediment），深海底で堆積した堆積物（深海堆積物，abyssal sediment）に大きく分けられる．ここでの浅海とは，主に海岸から深さ200 m 未満である大陸棚までの海洋底を指している．浅海堆積物の堆積速度は，河口付近では 1000 年あたり数 m 以上，大陸棚では 1000 年あたり数十 cm 程度である．深海堆積物の1つである遠洋性堆積物の堆積速度は 1000 年あたり 1 cm 以下程度である．

構成物質による分類

海底堆積物の構成物質には，陸起源の砕屑物（陸起源物質），プランクトンや微生物の遺骸（生物起源物質），海水から析出する物質（水成起源物質），火山灰や軽石などの火山噴出物起源物質，宇宙起源物質などがある（表2.2）．

生物起源堆積物は含まれる生物起源物質の質量割合によって，軟泥（ooze，30％より多い）と粘土（clay，30％より少ない）に分類される．また，生物起源堆積物は含まれている生物遺骸から，石灰質堆積物（calcareous sediment）とケイ質堆積物（siliceous sediment）に分離される．

3）浅海堆積物

浅海堆積物の多くは陸起源物質からなる．それらの多くは，陸上での風化作用，浸食作用，続成作用などによってできた岩片が，河川，氷河，風など

表 2.2 海底堆積物の起源物質による分類

種類	構成粒子		原因（物質）		主な堆積場所
陸起源	大陸縁辺部	岩片 石英砂 石英シルト粘土	河川，海岸浸食，地すべり		大陸棚
			氷河		高緯度地域の大陸棚
			混濁流		大陸棚 コンチネンタルライズ
	海洋	石英シルト粘土	風塵，河川		深海底
		火山灰	火山噴火		
生物起源	石灰質 （CaCO$_3$）	石灰質軟泥 （顕微鏡で見える大きさ）	暖かい海面付近に生息	コッコリス 有孔虫	低緯度地域 CCDより浅いところ
		サンゴや貝の断片 （肉眼で見える大きさ）		生物遺骸	大陸棚 海岸
				サンゴ礁	低緯度地域浅海
	ケイ質 （SiO$_2$）	ケイ質軟泥	冷たい海面付近に生息	珪藻 放散虫	高緯度地域 CCDより深い海底赤道付近で冷たい深層水が上昇するところ
水成起源	鉄・マンガン酸化物		化学反応によって海水に溶けている物質が析出		深海底
	リン灰土				大陸棚
	魚卵石（CaCO$_3$）				低緯度地域の浅い大陸棚
	Fe, Ni, Cu などの金属硫化物				中央海嶺の熱水噴出地帯
	岩塩，石こうなどの蒸発岩				低緯度地域で蒸発が激しい浅い海底
宇宙起源	鉄ニッケル球状テクタイト		宇宙塵		すべての海洋堆積物中にほんのわずかであるが見られる
	鉄ニッケル隕石		隕石		隕石クレータ付近

により海に運搬されたものである．海洋底まで運ばれた岩片は，波，海流，混濁流などによって，大陸棚に堆積する．そのため，堆積物の粒子サイズは海岸から離れるにしたがって小さくなる傾向がある．火山噴出物起源の浅海堆積物は砂質であることが多いが，それ以外のほとんどはシルト質（$1/2^8$-

$1/2^4$ mm）か粘土質（$1/2^8$ mm 以下）である．混濁流起源の堆積物では級化層理が見られることが多い．

　氷河期において当時存在した氷河の上あるいはそのなかに存在していた粒子が，氷河が溶けた後に大陸棚付近の浅海の海洋底に堆積したものを特に氷河性堆積物（glacial sediment）という．氷河性堆積物はさまざまな大きさの粒子からなる．この氷河性堆積物のように，大陸棚では現在と異なる環境で堆積したものが見られることがある．このような堆積物を残存堆積物（relict sediment）と呼ぶ．残存堆積物の多くは海水面が現在より低いときに堆積したものである．

4）深海堆積物

　深海堆積物は，陸から遠く離れた海洋底に堆積する遠洋性堆積物（pelagic sediment）と，コンチネンタルライズから大陸棚までの海底など陸地に近い海洋底に堆積する半遠洋性堆積物（hemipelagic sediment）に分類される．半遠洋性堆積物には遠洋性堆積物より陸起源物質の粒子が多く含まれることがある．Berger（1974）では平均粒径 5 μm 以下の堆積物を遠洋性堆積物，それ以上を半遠洋性堆積物としている．

赤粘土

　赤粘土（red clay）は褐色粘土，深海泥，遠洋性粘土とも呼ばれ，深海底だけに見られる，主に非生物起源物質からなる堆積物である．赤粘土の赤っぽい色は鉄（3価）とマンガンの水酸化物によるものであり，赤粘土が酸化的環境で堆積したことを示す．北西太平洋では，オリーブ色をした粘土（blue clay）が見られる．この色は堆積環境がより還元的で，鉄の2価イオンが優越しているためである．赤粘土の90％以上が平均粒径 2 μm 以下のごく細かな粘土鉱物であり，それ以外は沸石（zeolite）などの火山性砕屑物，水成鉱物（鉄・マンガン酸化物など），生物起源物質などの粒子である．赤粘土の起源を知るためには，含まれている粘土鉱物を明らかにすることが必要である．粘土鉱物は風化作用や続成作用などによって二次的にできた水を含んだケイ酸塩からなる．主な粘土鉱物は，カオリナイト（kaolinite），イ

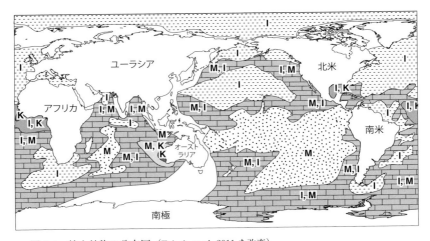

図 2.4 粘土鉱物の分布図（Frisch *et al*., 2011 を改変）
それぞれの海域で卓越して存在する粘土鉱物の分布を示す．I：イライト，K：カオリナイト，M：モンモリロナイト．2つの粘土鉱物名が示されているところは，1番目の粘土鉱物が2番目のものより多く存在するところ．

ライト（illite），モンモリロナイト（montmorillonite），緑泥石（chlorite）である．粘土鉱物は，赤粘土だけでなく軟泥にも含まれている．

　カオリナイトは赤道および熱帯地域に多く存在する．そのためカオリナイトの存在は低緯度での形成を示す指標として用いられる（図2.4；Griffin *et al*., 1968）．イライトは海洋底の堆積物中で最も多く存在する．イライトは陸起源物質であるため，南太平洋より陸地の占める面積の割合が大きい北太平洋の中緯度付近の堆積物中に多く濃集する傾向がある．スメクタイト（smectite）は火山活動起源と考えられている．そのため，スメクタイトが高濃度であることは，スメクタイトを含む物質が堆積したときの場所の近くに火山活動が高いところがあったことを示している．スメクタイトグループであるモンモリロナイトは，南太平洋中央部に広く分布しており，東太平洋海膨の火山活動にその起源があると考えられる．北太平洋の大陸周辺部に分布しているモンモリロナイトは，陸起源物質のものが河川などによって供給されたと考えられる．緑泥石は海洋底に一様に分布しているが，氷河の浸食，運搬作用の激しい極地方起源の粘土に特に多く含まれている（Griffin *et al*.,

1968).

5) 生物起源堆積物

生物起源物質

　生物起源物質が生産される海洋域の水生生物圏として重要なところは，海水表層付近と海底付近である．海水表層付近の生物には，自力で泳ぐことができる遊泳生物（ネクトン，nekton）と自力では海水の流れに逆らって泳ぐことができず，ほぼ浮かんでいるだけの浮遊生物（プランクトン，plankton）がある．プランクトンのなかには植物プランクトンと動物プランクトンがある．一次生産者である植物プランクトンが，光合成を行うことができるほどの強さをもつ光が届く水深（補償深度，compensation depth）は，深くて200 m程度である（海面から補償深度までの層を真光層（euphotic zone）と呼ぶ）．そのため，海面付近の生物圏としては，真光層付近を考えればよい．

　海底付近で活動している生物の1つとして，底生生物（ベントス，benthos）がある．地球上最も深いところであるチャレンジャー海淵（水深約1万920 m）でも，底生生物が見付かっている．底生生物には，海底表面に生息するものと，海底表面から堆積物中に潜り込んで生息しているものがある．底生生物によって海底表面の堆積構造が乱されることがある．

石灰質堆積物

　石灰質堆積物は炭酸塩堆積物の一種であり，方解石（calcite）やあられ石（aragonite）などの石灰質の鉱物を含む．カルシウムの一部がマグネシウムに置き換わった苦灰石（ドロマイト，dolomite）を含む炭酸塩堆積物は苦灰質堆積物と呼ぶ．

　浮遊性有孔虫や円石藻（コッコリス），翼足類などの石灰質（$CaCO_3$）の殻をもった生物（主にプランクトン）の遺骸の質量が30％以上である堆積物を石灰質軟泥（calcite oozeあるいはcalcareous ooze）と呼ぶ（図2.5）．石灰質軟泥は多く含まれる生物にしたがって，有孔虫軟泥（foraminifera ooze）や翼足類軟泥（pteropod ooze）などと呼ばれる．石灰質軟泥が固化

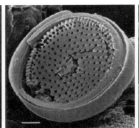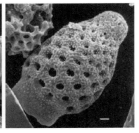

図 2.5 浮遊性生物遺骸の走査型電子顕微鏡写真（Fütterer, 2006）
左から円石藻（コッコリス），珪藻，放散虫．写真中のスケールは 5 μm.

すると遠洋性石灰岩になる．

　有孔虫に関する研究から，堆積物の堆積環境や堆積史の情報を得ることが可能である．海水の表面付近に生息している浮遊性有孔虫は，骨格を形成するときに必要な炭酸カルシウムの元になる元素を海水中から体内に取り込む．そのため，有孔虫の骨格には形成当時の海水の環境，すなわち海洋環境が記録されている．海洋環境の代表的な指標は酸素同位体比である．後述するように酸素同位体比の変動から，海水の温度変化を知ることができる．また，同じ時代の浮遊性有孔虫と底生有孔虫から得られた酸素同位体比変動を比較することから，得られた温度変化が，局所的なものか，地球規模のものかを判断することが可能である．一方，底生有孔虫は水深に伴って種が異なるため，その群集組成から当時の海底の深さを推定することができる．浮遊性有孔虫には非常に多くの種類がこれまで見付かっていて，それぞれ生きていた時代が異なる．浮遊性有孔虫は世界中の海に広く分布しているため，その化石は示準化石としても有用である．

　浅海性の石灰質堆積物の代表に，サンゴ礁起源のものがある．大陸縁辺部を除き，現在大洋の真ん中に存在するサンゴ礁の多くは，海洋島の頂上部付近で見られる．そこでは，浅海性の石灰質堆積物が見られる．サンゴ礁が発達していた海洋島がリソスフェアの冷却（第3章）により海水中に没したものが，ギヨーである．第6章で説明するように，西太平洋には多くのギヨーが存在する．頂上部の水深は 1000-2000 m 程度で，そこには石灰質堆積物が固化した石灰岩が存在する．石灰岩に含まれている化石の分析から，ギヨ

一の石灰岩の年代は白亜紀であることがわかっている（たとえば，Hamilton, 1956；Winterer et al., 1993）．このことは，西太平洋のギヨーは白亜紀から現在までの間に少なくとも 1000-2000 m 沈降したことを示している．

石灰質堆積物の分布を考える上で，重要な情報は炭酸塩補償深度（CCD：第1章参照）である．CCD とは，海水に供給される炭酸塩量と海水中に溶解する炭酸塩量が釣り合う深さのことである．海水は基本的に炭酸塩に対して不飽和であるため，炭酸塩物質の殻をもった生物の遺骸などの炭酸塩物質は，沈降するにしたがって，徐々に溶けていく．水温が低いほど，また圧力が高いほど炭酸塩物質は溶けやすくなる．急激に炭酸塩物質の溶解が進む深度を炭酸塩溶解躍層（リソクライン，lysocline）と呼ぶ．さらに溶解が進み，ついには海水中の炭酸塩物質がすべて溶解するようになる．この深度が，CCD である．

CCD より深い深海底では，石灰質物質は海水中にほとんどすべて溶解するため，石灰質物質は堆積せず，ケイ質物質や赤粘土が堆積する．CCD は海面付近での生物生産量や石灰質に不飽和な低層水を含む底層流等によって決まる．CCD は高緯度域より赤道域の方が深い．赤道付近を除いて，太平洋（4000-5000 m）の CCD の方が大西洋（5000-5500 m）より浅い．太平洋の CCD は赤道付近で深く（約 5000 m），極に向かうほど浅くなる傾向がある．しかし，東西方向の顕著な変化は見られない．一方，南大西洋の CCD は，南アメリカ大陸東岸沖の方がアフリカ大陸西岸沖より浅く，東西方向で非対称の特徴を示している．

ケイ質堆積物

単細胞の藻類である珪藻（diatom）や放散虫（radiolarian）のようなケイ質の殻をもった生物起源の物質を含む軟泥をケイ質軟泥（siliceous ooze）と呼ぶ．海中の珪藻の大部分は浮遊性であり，その殻は水分を含んだ無定型の二酸化ケイ酸（$SiO_2 \cdot nH_2O$）の鉱物からできている．珪藻は温度・塩分・各種無機塩類などに応じて棲み分けるため，その化石は古環境復元の指標になっている．珪藻は，ケイ質殻壁の形状，殻壁にある胞紋の構造と配列，突起物などによって分類される．分類体系としては Hustedt（1930）や Round *et al.*（1990）などが一般に用いられる．放散虫の骨格の形態と構造は浮遊性有孔虫と同じように年代とともに大きく変化するため，放散虫化石も有孔虫化石と同じく示準化石として有用である．

　太平洋やインド洋においては，赤道付近では珪藻を多く含む珪藻軟泥が，高緯度では放散虫を多く含む放散虫軟泥が多く存在する傾向がある．海水との境界付近のケイ質軟泥は最も高い空隙率（80-90％）を示しているが，堆積物自体の重さによりわずかに圧密されている．堆積物表面より200-300 m程度下では，その空隙率は75-80％であることが一般的である．

　さらに深度が増し，圧力と温度が増加すると，ケイ質の殻は非結晶質のオパール質シリカA（オパールA，opal A）になる．オパールとは非結晶質あるいはそれに近いケイ酸に，質量で3-10％程度までのH_2Oを含んだケイ質鉱物のことである．40-50℃程度まで温度上昇が続くと，オパールAは，オパールCT（opal CT）に相転移する．オパールCTではクリストバライト構造が卓越する．オパールCTは温度が60℃程度になると，石英に相転移する．

　日本海などでは，オパールAとオパールCTの境界層は反射法地震波探査において，強い反射面として認められることがある（Kuramoto *et al.*, 1992）．この反射面は実際の地層面と必ずしも平行でないが，海底面とはほぼ平行であるため，海底擬似反射面（bottom simulating reflector, BSR）と呼ぶ．オパールAからオパールCTへの相転移は，温度に依存するため，オパールAとオパールCTの境界層は等温面を表している．そのため，海底擬似反射面の深度を調べることから，地殻内の温度構造を明らかにすることも可能である．たとえば，日本海の大和海盆においてオパールAとオパールCTの境界層から求められた地殻内の温度構造から期待される熱流量（後述）と，実際の観測から求められた熱流量が整合的である（Kuramoto *et al.*, 1992）．

　さらに続成作用が続くと，チャート（chert）と呼ばれる劈開をもたない非常に堅い岩石が形成される．チャートに含まれているSiO_2の含有率は90％以上であるが，石英だけでなくオパールも含まれている．チャートはその産状に基づいて，層状チャート（bedded chert）とノジュール状チャート

(nodular chert）に大別される．層状チャートでは，厚さ数 mm から数 cm の SiO_2 を多く含むチャート層と厚さ数 mm の泥質層が互層になっている．ノジュール状チャートの典型的なものとして，石灰質堆積物中に形成されるケイ質ノジュールがある．

6）水成堆積物

水成堆積物の分類

水成堆積物は海水中あるいは海洋底表面付近における化学反応によって新たに生じる鉱物が堆積したものであり，水成堆積物と呼ばれることもある．水成堆積物の起源は金属が析出する海水起源（hydrogenetic），堆積物中の間隙水中で析出する酸化的続成起源（oxic diagenetic），亜酸化的続成起源（sub-oxic diagenetic）および熱水起源に分類される．化学反応では，海水から直接鉱物が析出する場合と既存の物質が変化する場合がある．水成堆積物としては，鉄・マンガン酸化物，魚卵石，リン灰土（phosphorites），金属硫化物（metal sulfide），蒸発岩などがある．

鉄・マンガン酸化物

深海底の広い範囲で見られる水成堆積物として，鉄・マンガン酸化物がある．赤粘土のなかに直径数 μm 程度の鉄・マンガン酸化物のマイクロマンガンノジュール（micro manganese nodule）が含まれることがある．また，海底表面には鉄・マンガン酸化物の被覆で覆われた堆積物（ferromanganese deposit）が存在するところがあり，その産状から，マンガン団塊（manganese nodule）とマンガンクラスト（manganese crust）に大きく分けられる．マンガン団塊は鉄・マンガン酸化物で覆われている球状あるいは塊状のもの（図2.6），マンガンクラストは海底を覆うように存在している鉄・マンガン酸化物のことである．マンガン被覆にはマンガンが30％程度，鉄酸化物が20％程度含まれている．資源として重要な銅，ニッケル，コバルトがそれぞれ1％程度，レアメタル（Ti, Hf, Nb, Ta, Zr）も含まれている．コバルトの含有量が多いマンガン団塊はコバルトリッチマンガン団塊（cobalt-rich manganese nodule）と呼ばれている．^{10}Be や ^{230}Th などの放射性年代から，

鉄・マンガン酸化物の被覆の成長速度は100万年間で数mm程度であると見積もられている（臼井ほか，2015）．鉄・マンガン酸化物に含まれている鉄とマンガンは海水中起源と考えられているため，鉄・マンガン酸化物の被覆が定常的に成長するための条件は，海底表面が常に海水と接している必要がある．したがって，鉄・マンガン酸化物の被覆が成長するためには，海底堆積物の堆積速度が非常に遅い，あるいは底層流などにより海洋底表層部の堆積物が定常的に取り除かれることが必要である．

　マンガン団塊の形状は球状あるいは塊状である（図2.6）．直径10 cm以下のものが多いが，20 cm程度のものもある．その多くは，堆積物表層付近に存在するが，なかには深く埋没しているものもある．

　マンガン団塊を割ると，核となる物質の周りに同心円状の白黒の層状構造が見られることが多い．核となる物質は堆積物，火成岩，サンゴなどさまざまである．核が存在しないものが採取されることがあるが，これは核が鉄・マンガン酸化物によって置換されたと考えられる．層状構造の層の幅は一様ではない．黒色の層は海水起源の鉱物が多く含まれ，鉄の濃度が高い．白色の層は続成起源の鉱物が多く含まれ，マンガンの濃度が高い．層構造が見られることは海水起源作用と続成起源作用のいずれかが周期的に卓越することを示している．

　北西太平洋にあるギヨーの頂上部にはマンガン団塊が密集している．また，東太平洋の深海底にはマンガン団塊が密集しているところがある．代表的な例としては，北東太平洋のクラリオン断裂帯とクリッパートン断裂帯に挟ま

図2.6　マンガン団塊とその断面（Hein *et al.*, 2012）

れた北緯5度から20度まで，東経175度から西経120度までの海域がある．この海域はマンガン団塊ベルト（manganese nodule belt）と呼ばれている．

マンガンクラストは海山，断裂帯の崖，熱水域の丘のような地形的高まりの斜面を覆い，その厚さは数十 cm を超えることもある．堆積物が少なく火成岩が露出している海山の山頂や山腹には，コバルトの濃度の高いクラスト（コバルトリッチクラスト，Co-rich ferromanganese crust）が存在しているところもある．北西大西洋西部のブレイク（Blake）海台に存在するマンガンクラスト（厚さ7 cm 程度）の広さは5000 km^2 程度である（Pratt and Mc-Farlin, 1966）．

海山や海台以外の大西洋の海洋底における鉄・マンガン酸化物の堆積物の分布は，海底堆積物の堆積速度と関係がある．大陸縁辺部では，陸起源物質の堆積速度が大きいため，鉄・マンガン酸化物はあまり存在しない．また石灰質軟泥の堆積速度が大きい海洋底においても，鉄・マンガン酸化物はあまり存在しない．堆積速度が1000年あたり数 mm 程度の赤粘土やケイ質軟泥が分布しているところでは，鉄・マンガン酸化物は多く存在する傾向がある．南極大陸周辺の海洋底では，南極周海流（Antarctic Circumpolar Current）下の海水の流れにより表面の堆積物が取り除かれるため，鉄・マンガン酸化物が多く存在するところがある．

鉄・マンガン酸化物以外の水成堆積物

熱帯付近では強い太陽光線によって浅瀬の海水が熱せられる．これによって海水から水成炭酸塩鉱物が直接析出することがある．水成炭酸塩鉱物の代表は球状をした魚卵石（ウーライト，oolite）で，その直径は2 mm 以下である．バハマ諸島の浅瀬で水成炭酸塩鉱物が存在することが知られている．

リン灰土で覆われた団塊が，大陸棚や1000 m より浅い大陸斜面で見られることがある．リンの含有率は重量比で30％に達する．この高い濃集は海面付近での生物活動がその起源であると考えられている．

金属硫化物は，中央海嶺付近の熱水噴出孔付近において熱水に含まれている硫化物が沈殿することで形成される．この金属硫化物には Fe，Ni，Cu，Zn，Ag なども含まれている．

蒸発岩は海水の蒸発が激しいところで，海水より重い物質が海洋底に沈殿することで形成される．岩塩（halite, NaCl）がその代表的である．中新世の末期（5.97-5.33 Ma）に地中海において膨大な量の蒸発岩が形成されたことが知られている（黒田ほか，2014）．

7）海底堆積物の分布

大西洋

大西洋では，堆積物は古い年代の海洋底ほど厚くなる傾向がある（図 2.7 (a)）．この傾向は大西洋ではわかりやすいが，太平洋では，必ずしもそのような傾向は見られない（図 2.7 (b)）．大陸縁辺部付近では，堆積物の厚さは 1000 m を超えている．また，大きな河川の河口付近においても堆積物は厚い．大西洋の海底堆積物の分布は中央海嶺に対してほぼ対称に分布している（図 2.8）．第 1 章で説明した通り，海洋底の水深は中央海嶺から離れるにしたがって深くなる．そのため，大西洋の海底堆積物の分布は主に海洋底の水深に規制されていることがわかる．

大西洋中央海嶺でできた海洋底には，その深さが CCD より浅いため石灰質軟泥が堆積しはじめる（図 2.8）．堆積作用が継続すると，石灰質軟泥は下部から固化が始まり，石灰岩になる．石灰質軟泥の堆積作用は海洋底の深さが CCD より深くなるまで続くため，石灰質軟泥の厚さは，海洋底の年代とともに（中央海嶺から離れるにしたがって）厚くなる．海洋底の深さが CCD より深くなった後は，赤粘土の堆積がはじまる．これらの堆積作用の結果，大西洋の堆積物層序は 2 層構造をもつことになる．

太平洋

大西洋と異なり太平洋の海底堆積物の厚さと分布は，水深だけでなく緯度にも規制されている（図 2.7 (b)，図 2.8）．緯度に規制される要因の 1 つは，生物生産性である．太平洋の赤道域と高緯度域は，中緯度域に比べて生物生産性が高い．そのため，赤道域と高緯度域の海洋底には中緯度域に比べて多くの生物起源堆積物が供給され堆積する．

東太平洋海膨でできた海洋底も大西洋と同じく，その水深が CCD より浅

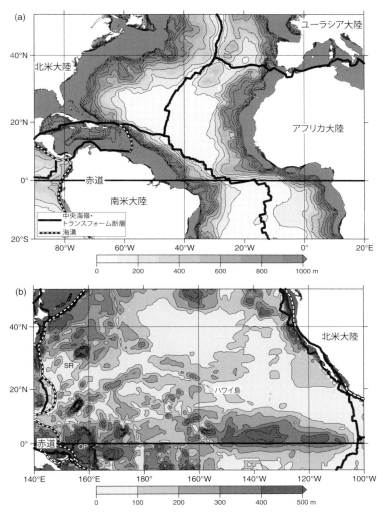

図 2.7 大西洋中央部（a）と北太平洋（b）の海底堆積物の厚さ（Whittaker *et al.*, 2013 のデータを使用して作成）

等値線の間隔は 100 m. 黒色の実線と白色の破線は，それぞれ中央海嶺と海溝を示す．SR：シャツキーライズ，OP：オントンジャワ海台．

2.1 海洋地殻の構成物質 —— 47

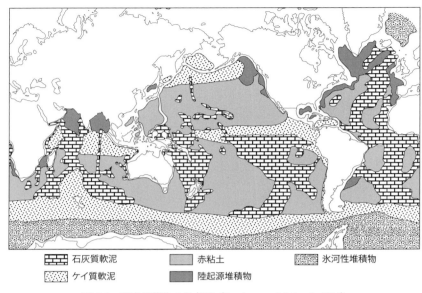

| 石灰質軟泥 | 赤粘土 | 氷河性堆積物 |
| ケイ質軟泥 | 陸起源堆積物 | |

図 2.8　海底堆積物の分布図（Prothero and Schwab, 2014）

いため石灰質軟泥が堆積しはじめる（図 2.9）．水深が CCD より深くなった後は，赤粘土が堆積する．しかし，海洋底が生物起源堆積物の供給が多い赤道付近を通過するときは，CCD が深くなるため，石灰質軟泥が再び堆積しはじめる．赤道から離れ，CCD が浅くなると，再び赤粘土の堆積がはじまる．海洋底が日本付近までやってきたときには，日本列島付近の火山噴出物起源物質が赤粘土に含まれるようになる．

8）ガスハイドレート

ガスハイドレートとは

　南海トラフ（高橋ほか，2001），日本海（Matsumoto, 2005），オホーツク海（庄子ほか，2009）などで，包接化合物（clathrate）の一種であるガスハイドレート（gas hydrate）が発見されている．ガスハイドレートでは，氷状の水分子がカゴ状の構造をしていて，そのカゴのなかに低分子ガスを含んでいる．ガス分子と水分子とは弱い分子間力（ファンデルワールス力）で結び付

48──第 2 章　海洋地殻・海洋リソスフェアの物質と構造

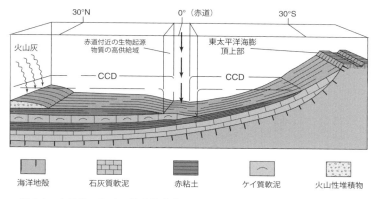

図 2.9 太平洋における海底堆積物の堆積形成過程の模式図 (Pinet, 2009)

いている．一般的な氷の結晶は六方晶系であるが，ハイドレートの水の結晶格子は等軸晶系である．ガスハイドレートには 2 つの等軸晶系構造（体心格子構造；構造 I，正四面体構造；構造 II）が存在するが，構造 I をもつハイドレートが多く見られる．構造 I においては 1 モルのメタンに対して，水は 5.75 モルが存在することになる．標準状態では 1 m^3 のメタンハイドレートが融解すると，164 m^3 のメタンガスが放出される．ガス分子として代表的なものはメタンであるが，硫化水素（H_2S），二酸化炭素，メタン以外の炭化水素が含まれることもある．

ガスハイドレートの存在条件

海面下では図 2.10 に示すように，水深がある深さ（図 2.10 では約 450 m）より深くなると，海水の温度がハイドレート相に変化する温度（図 2.10 中の実線）より低くなるため，低分子ガスが過飽和状態になりガスハイドレートが形成される．しかし，ガスハイドレートの密度は海水より小さいため，形成すると上昇しはじめる．上昇すると，ガスハイドレートの温度は上がり圧力は下がるので，ガスハイドレートは溶けてしまう．したがって，海水中ではガスハイドレートは安定に存在することができない．一方，ガスハイドレートは堆積物中に形成された場合は，形成後の温度と圧力の変化がほとんどないため溶けることはなく安定に存在する．堆積物の温度は深度とともに

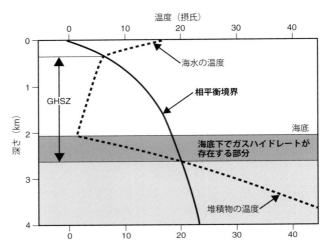

図 2.10 純粋メタンハイドレートの普通海水における安定領域（gas hydrate stability zone, GHSZ）を温度と圧力（水深）で示す（Bohrmann and Torres, 2006）

増加するため，ガスハイドレート安定領域（gas hydrate stability zone, GHSZ）には下限がある．なお，ガスの組成と水分中の塩分濃度によっても，ガスハイドレート安定領域の下限の位置は変化する．

北米大陸東岸沖のハイドレート海嶺（Hydrate Ridge）の麓での掘削結果（ODP サイト 1245）では，ガスハイドレート安定領域内の上部 40 m ではハイドレートが期待される量より少ないことが明らかになった（Tréhu et al., 2003）．実際に掘削によってハイドレートの存在が確認された領域（gas hydrate occurrence zone, GHOZ）は 45-134 m までであった．また，深海底のほとんどではハイドレートが安定に存在する物理条件を満たすが，ハイドレートはこれまであまり見付かっていない．これは，ハイドレート構造に適したガスが過飽和状態で存在するところが少ないためであると考えられている．

メタンの起源

ガスハイドレートの代表であるメタンハイドレートを構成しているメタンの起源について，2つのモデルが提唱されている．Claypool and Kaplan

(1974) は，ガスハイドレート安定領域下の堆積物中において有機物が微生物により分解されることによってメタンが生じるとした．Hyndman and Davis (1992) は，ガスハイドレート安定領域より深いところから上昇してきたメタンがハイドレートの起源とした．地殻深部では有機物の熱変質によってメタンが生じ，間隙流体に溶け込む．メタンを含んだ間隙流体は，付加体の衝上断層などの断層面などに沿ってガスハイドレート安定領域まで上昇すると考えられている（第5章）．南海トラフなどの活動的大陸縁辺部で見られるメタンハイドレートの多くは，このモデルで形成したと考えられている．

ガスハイドレートの存在地域

これまで大陸斜面やコンチネンタルライズの堆積物中でガスハイドレートが発見されている．深海掘削によってはじめてガスハイドレートが採取されたのは 1982 年のメキシコ沖の中部アメリカ海溝の大陸斜面の堆積物中である（Shipley and Didyk, 1982）．その後，ペルー沖，コスタリカ沖，アメリカ合衆国西岸沖，メキシコ湾でガスハイドレートの存在が確認されている．さらに，黒海，カスピ海，北カリフォルニア沖，メキシコ湾北部などの浅海でもガスハイドレートの存在が確認されている．

日本海東縁上越沖のガスハイドレートは海洋底表層付近（海洋底下数 m ～数十 m）に塊状に密集している．同じような表層型塊状ガスハイドレートはメキシコ湾，ノルウェー沖，サハリン沖などの大陸縁辺部でも確認されている．

ガスハイドレート存在指標としての海底擬似反射面

堆積物中のガスハイドレートの存在を示す指標としては，ケイ質堆積物のところで説明した海底擬似反射面が用いられることがある．ガスハイドレートの存在を示すところでの海底擬似反射面は，ガスハイドレートが詰まった堆積層（地震波速度が速い）と詰まっていない（ガスは気体状態）堆積層（地震波速度が遅い）の境界，すなわちガスハイドレート安定領域の下限を示す（図 2.11；Shipley *et al.*, 1979）．北米西岸沖の掘削地点（ODP サイト

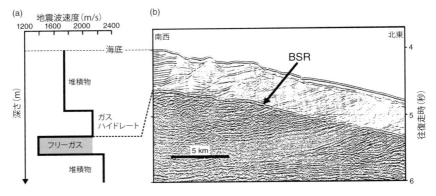

図 2.11 地震波速度グラフ (a) と反射法地震探査記録 (b) (Bohrmann and Torres, 2006 を改変)

889, 892) では数百 m/s 程度の地震波速度の低下が見られる (MacKay et al., 1994). しかし, ガスハイドレートが存在するところで, 必ずしも海底擬似反射面が確認されるとは限らない. 中米海溝陸側斜面では, 掘削前の反射法地震探査では海底擬似反射面が観測されなかったが, ガスハイドレートを含む堆積物が採取された (たとえば, Mathews and von Huene, 1985). 海底擬似反射面が観測されなかったのは, おそらくガスハイドレートが詰まっている地層とガスが気体で存在する地層の間に別の地層が挟まっているためと考えられる. この場合, 急激には地震波速度が低下しないので, 明瞭な反射面は観測されない.

9) 堆積物から見た気候変動

酸素同位体比

過去に起こった環境変動は, 海底堆積物にさまざまな形で記録されている. 海水の温度は, 気候変動の影響を受け変化する. したがって, 過去の海水の温度変動からその当時の気候変動に関する情報を得ることが可能であるが, 過去の海水の温度は直接測定することはできない. 海底堆積物の化学成分や堆積物に含まれている化石をもとにして, さまざまな方法で海水の温度の復元が行われている. 代表的なものとして, 酸素同位体比や珪藻温度指数があ

る.珪藻温度指数については,小泉(2011)に詳しく説明されているため,ここでは酸素同位体比について簡単に説明する.

大気圏の酸素には3つの質量数の安定同位体が存在する.質量数16,17,18の酸素の存在比はそれぞれ,99.759%,0.037%,0.204%である.質量数17の酸素の存在比はかなり少ないので,海洋底堆積物中の酸素同位体比を考える場合は,質量数16と18の酸素についてのみ考えればよい.酸素同位体比は試料と標準試料の酸素同位体比との偏差($\delta^{18}O$)の千分率(‰)として下記の式で求める.

$$\delta^{18}O = 1000 \left\{ \frac{\left(^{18}O/_{16}O\right)_x}{\left(^{18}O/_{16}O\right)_{std}} - 1 \right\}$$

ここで,$\left(^{18}O/_{16}O\right)_x$ は試料の酸素同位体比,$\left(^{18}O/_{16}O\right)_{std}$ は標準試料の酸素同位体比である.

質量の軽い ^{16}O を含む H_2O は,^{18}O を含む H_2O より海水面から多く蒸発する.したがって,降雨や降雪により大陸氷床が形成されやすい寒冷期(氷期)には,海水中にもどる蒸発した ^{16}O を含む H_2O の量が減少するため,海水の ^{16}O に対する ^{18}O 濃度は高くなる.そのため,寒冷期の海水の ^{18}O 濃度は高くなる.すなわち,海水の酸素同位体比は大陸氷床の拡大あるいは縮小に対応した海水温の変化を反映している.そのため,酸素同位体比曲線は海水量変化曲線であり,古氷床変化曲線でもある.

浮遊性有孔虫殻の酸素同位体比の偏差($\delta^{18}O$)は,石灰質殻が形成されるときの海水の ^{18}O 濃度と海水温度によって決定される.一方,海洋底付近の海水温は海面付近の温度影響をほとんど受けず,ほぼ一定であるため,底生有孔虫の殻に含まれる酸素同位体比は海水の ^{18}O 濃度だけによって決まる.すなわち,底生有孔虫殻の酸素同位体比の変化は,地球規模の海水の温度変動,つまり気候変動の指標になる.酸素同位体比と海水の温度(℃)との関係については,Epstein *et al.*(1953)によって下記の式が提案された.

$$T = 16.5 - 4.3\left(\delta^{18}O_{CaCO_3} - \delta^{18}O_w\right) + 0.14\left(\delta^{18}O_{CaCO_3} - \delta^{18}O_w\right)^2 \tag{2.1}$$

ここで，$\delta^{18}O_{CaCO_3}$ は $CaCO_3$ 中の酸素同位体比，$\delta^{18}O_w$ は周辺海水の酸素同位体比である．

その後の研究によってさまざまな酸素同位体比と海水の温度（℃）との関係式が提案されている．それらの多くは，(2.1) 式のような（$\delta^{18}O_{CaCO_3} - \delta^{18}O_w$）の二次関数の形を基本にしている．第3項の定数はほかの項の定数に比べて小さいため，第3項を省略した（$\delta^{18}O_{CaCO_3} - \delta^{18}O_w$）の一次関数の形をした関係式もある．

標準試料としては，標準平均海水（standard mean ocean water, SMOW）あるいは米国サウスカロライナ州の上部白亜系ピーディー（Peedee）層で産出するベレムナイト（Belemnite）類化石（Pee Dee Belemnite, PDB）の $^{18}O/^{16}O$ が使われていた．近年標準海水や PDB の試料がなくなったため，新たな標準平均海水としては，SMOW とほとんど同じ $^{18}O/^{16}O$ をもつ Vienna SMOW（VSMOW）が使われている（Gröning, 2004）．PDB の代わりとしては，PDB との同位体比の差が求められている国際標準鉱物試料（NBS-19 や NBS-20）が用いられる（Vienna PDB, VDB；Coplen, 1988）．

Emiliani（1955）は深海底の堆積物に含まれている浮遊性有孔虫化石の酸素同位体比から表面海水温変化を明らかにした．彼は，求めた海水温変化曲線を温暖期と寒冷期に区分けし，それぞれを間氷期と氷期に対応させた．時代区分の境界は酸素同位体比が温暖期から寒冷期，あるいは寒冷期から温暖期へと大きく変化する期間の中間としている．また彼は，この時代区分に対して現在から順に温暖期に奇数，寒冷期に偶数の番号を付けた．この区分を海洋酸素同位体ステージ（marine isotope stage, MIS）と呼ぶ．1つの時代区分内の細かい変動を示すときは，海洋酸素同位体ステージ番号に小数点と数字，あるいは小文字のアルファベットを付ける．たとえば，海洋酸素同位体ステージ5内の変動は，5.1，5.2などとしている．約1万1000年前から現在までの温暖期はステージ1，最も新しい氷期（最終氷期）はステージ2，3，4に細分されている．ステージ3は最終氷期中で相対的に温暖であった時期（亜間氷期）である．

Lisiecki and Raymo（2005）は，57地点の底生有孔虫化石を用いて 5.3 Ma から現在までの酸素同位体比曲線を明らかにした（図 2.12）．彼らの酸

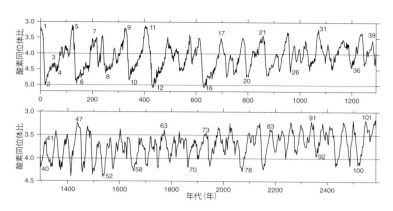

図 2.12 第四紀の海洋酸素同位体ステージ（Lisiecki and Raymo, 2005 のデータを使って作成）
氷期と間氷期にそれぞれ偶数番号と奇数番号を付けている.

素同位体比曲線では，現在から松山逆磁極期（第3章）までのステージについて，1から104番までの番号が付けられている．それより過去の海洋酸素同位体ステージには，地球磁場の磁極期（chron，第3章）名あるいは磁極亜期（subchron）名の頭文字に番号を付けている（Lisiecki and Raymo, 2005）．たとえば，ガウス正磁極期中のKaena正磁極亜期とその直前の逆磁極亜期内の温暖期には，新しい方からK1，K3，K5のように番号が付けられている．海洋酸素同位体ステージ番号に磁極期名が使われているのは，古地磁気学層序研究と対比することが多いためである．

2.2 海洋リソスフェアの構造

1）地震波速度構造

海洋地殻の地震波速度構造

　地震波を使った研究では，弾性波（主にP波）の速度の情報を使って地殻とその下のマントルの構造を調べている．地震波速度が急激に変化するところが構造の境界面として認識される．P波速度（V_p）は，下式のように，

密度（ρ），体積弾性率（K），剛性率（μ）の関数である．

$$V_\mathrm{p} = \sqrt{\frac{K + \frac{4}{3}\mu}{\rho}} \qquad (2.2)$$

屈折法地震探査（付録 A5 参照）によって求められた深海海盆下の構造の初期モデル（提案者の名前から，Raitt-Hill layering と呼ばれることがある）では各層内の速度が一定であったが，その後の研究から求められたモデルでは，深くなるにしたがってほぼ連続的に速度が変化する（図2.13）．表2.3 は，世界各地における地震波探査の結果を基に作成された標準的な海洋地殻の地震波速度構造を示す（White *et al.*, 1992）．海洋地殻は上から順に第1層（layer 1），第2層（layer 2），第3層（layer 3）と呼ばれている．なお，マントルを含めた地震波速度構造を議論するときにマントル最上部を第4層とする場合もある．

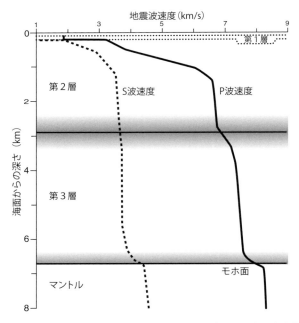

図 2.13 16 Ma に東太平洋海膨で形成された海洋地殻の地震波速度構造（McClain, 2003 を改変）

第1層は堆積物によって構成される．海底堆積物のところで述べたように第1層の厚さは地域性がある（図2.7）．第1層内のP波速度は最上部では海水とほぼ同様の1.5 km/s程度である．深くなるにしたがい堆積物中の水分が抜けて固結度が上昇するにつれて，P波速度は2.0-2.5 km/s程度まで速くなる．

　第2層は1-3 kmの厚さをもち，玄武岩質の溶岩と岩脈で構成されている．1970年代にはP波速度の違いによって第2層は3つの層（2A，2B，2C）に細分されていた．各層におけるP波速度は，それぞれ，2.5-5.24 km/s，4.8-5.5 km/s，5.8-6.2 km/sとされた．その後の研究では，第2層は3層に分けるのではなく，P波速度の深さ方向の速度変化が大きい1つの層とした方がよいと考えられるようになった（たとえば，White *et al.*, 1992：Fowler, 2005）．White *et al.* (1992) は，第2層をP波速度が2.5 km/sから6.6 km/sまで連続的に変化する1つの層とした（表2.3）．第2層内における速度の多様性は地殻上部の破砕，空隙率，風化の程度の多様性を反映していると考えられている．中央海嶺付近の若い海洋地殻では，第2層上部で明瞭な速度境界面が見付かっているところもあり，第2A層，第2B層という分類が使われていることもある．

　第2層最上部は溶岩が海洋底に噴出してできた枕状溶岩やシート状溶岩などの噴出岩で構成されている．噴出岩には多くの割れ目が入っていて，そこに海水や堆積物が詰まっている．そのため，この部分のP波速度は第1層最下部の速度とあまり変わらない．

　第3層は5 kmの厚さをもつ．P波速度は6.6-7.6 km/s程度であるが，第2層に比べてP波速度の深さ方向の勾配は小さく，1 kmあたり0.1-0.2 km/sである．第3層の上部は等方性はんれい岩（isotropic gabbro），下部は層

表2.3　堆積層（第1層）を除く海洋地殻の平均的な層構造（White *et al.*, 1992）

層	厚さ (km)	地震波速度 (km/s)
第2層	2.11 ± 0.55	2.5-6.6
第3層	4.97 ± 0.90	6.6-7.6

状はんれい岩（layered gabbro）からなる．等方性はんれい岩はマグマだまりにおいてマグマが一様に固化することでできると考えられている．層状はんれい岩はマグマだまり中での結晶分化作用によってできると推定されている．地殻最下部の速いP波速度（7.2-7.6 km/s）は層状はんれい岩の存在を示している．これまでの深海掘削で採取されたはんれい岩の多くは等方性はんれい岩である．

コスタリカ沖のDSDPホール504Bでは，地震波探査から推定された第2層と第3層の境界は，はんれい岩の最上面ではなく，噴出岩と岩脈が共存する遷移層中に位置する（Swift et al., 1998）．掘削試料と孔内計測の研究から，地震波探査から推定された第2層と第3層の境界は空隙率と熱水変質の程度の差によるものであると推定された（Detrick et al., 1994）．IODPホール1256Dでは，地震波探査から推定された第2層と第3層の境界ははんれい岩層内に位置することが判明した（Swift et al., 2008）．このように，地震波探査から決定された海洋地殻構造は岩石学から決められた海洋地殻構造とは一致しないことがある．

上部マントルの地震波速度構造

White et al.（1992）は，太平洋と大西洋の最上部マントルのP波速度は，7.6-8.3 km/sであることを示した．近年の白亜紀前期からジュラ紀中期までの北西太平洋の探査では8.5 km/sを超えるものが見付かっている．年代の古さがこの高速度の原因かと考えられるが，White et al.（1992）が使用したデータにおいては，P波速度と海洋地殻の年代に明瞭な関係は見られない．チリ海溝に沈み込む前の若い（10-18.5 Ma）ナスカプレートにおける海洋地殻下のモホ面直下のP波速度は8.3 km/s程度であり，海溝に近付くにしたがって7.8 km/sまで減少する（Contreras-Reyes et al., 2007）．これは，海溝に近付くにしたがって発達する断層に沿って海水が海洋地殻に浸透するためと考えられている（第5章）．海溝に向けてのP波速度の低下は千島海溝沖でも見られる（Fujie et al., 2013）．

上部マントルのP波速度は深さとともに増加するが，その増加率は1 kmあたり0.01 km/s程度ととても小さい．最上部マントルではP波速度の異方

性が存在することが知られている（Hess, 1964）．たとえば，北西太平洋の上部マントルにおいてプレート運動方向の地震波速度はそれに直交する方向より大きいという速度異方性が発見されている（たとえば，Kodaira *et al.*, 2014）．この地震波速度の異方性はマントルの流動方向にオリビンの結晶の方向がそろうためと考えられている．

　モホ面は，地震波速度の不連続面として定義した場合非常に薄い層であると考えられるが，実際はある程度の厚さをもつ地殻（玄武岩質）から上部マントル（かんらん岩）への遷移層であるかもしれない．はんれい岩層の下には，マグマだまり下部において玄武岩質メルトから重たい鉱物が沈積してできる超苦鉄質の集積岩が存在すると推定されている．地震波探査においては，はんれい岩とこの集積岩の境界付近で地震波速度の不連続面が観測され，その面がモホ面と認識される．集積岩直下には平均的マントル成分から部分溶融によって地殻成分が抜け出た後に残る超苦鉄質岩が存在する．

海洋地殻の厚さ

　第2層と第3層をあわせた平均的な海洋地殻の厚さは 7.1 ± 0.8 km である（表2.3）．マントルプルームやホットスポットで形成された海台や海山列の地殻の厚さは20 km を超えるところがある（第6章）．東太平洋の形成直後から白亜紀後期（約85 Ma）までの海洋地殻の厚さは，海洋底面からモホ面までのP波の往復走時で約2秒とほぼ一定であった（Eittreim *et al.*, 1994）．海洋地殻全体のP波速度の平均を 6.0 km/s とすると，海洋地殻の厚さは約6 km になる．一方，日本列島東方沖の白亜紀前期の太平洋プレート上部の海洋地殻の厚さは 6-7 km（たとえば，Reston *et al.*, 1999；Kodaira *et al.*, 2014）である．このように海洋地殻の厚さと年代との間に明瞭な相関は見られない（McClain and Atallah, 1986）．

中央海嶺付近の海洋地殻

　両側拡大速度が 2.0 cm/年以上の中央海嶺付近の海洋地殻の厚さは 6 km 程度で一定であり，拡大速度との相関は見られない（図2.14；White and Klein, 2014）．しかし，拡大速度が 2.0 cm/年以下の中央海嶺（超低速拡大海

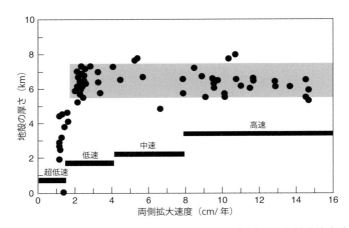

図 2.14 地震波速度から決定された海洋地殻の厚さ (km) と両側拡大速度 (cm/年) (White and Klein, 2014)
　ホットスポットの影響を受けていないところだけの情報である．太線は中央海嶺の拡大速度による分類（超低速海嶺，低速海嶺，中速海嶺，高速海嶺）を示す．

嶺）では，海洋地殻の厚さは 5 km 以下であり，ばらつきがある．拡大速度と中央海嶺下のマグマだまりの高さとの関係も同じような相関関係がある (Chen, 2004)．これらのことは，低速拡大海嶺から高速拡大海嶺の地殻形成過程はほぼ同じであると考えられるが，超低速拡大海嶺のものとは異なることを示している．

　北緯 9 度 30 分付近の東太平洋海膨近傍の地殻構造は第 2A 層，第 2B 層，第 2C 層，第 3 層から構成されているとした（図 2.15；Vera *et al.*, 1990）．第 2A 層の厚さは 150-200 m，その上部の P 波速度は 2.5 km/s 程度である．深さとともに P 波速度は 5 km/s まで上昇する．第 2B 層上部（厚さ約 400 m）の P 波速度は約 5.3 km/s でほぼ一定だが，第 2C 層（厚さ約 800 m）では約 5.5 から 6.5 km/s まで上昇する．中央海嶺直下では，P 波速度が遅い部分（約 3 km/s）が存在し，この低速度層はマグマだまりの頂上部であると考えられている．この P 波速度が遅い部分より下でも P 波速度は標準的な海洋地殻に比べて遅い．通常の海洋地殻と同じ速度構造は，中央海嶺から 7 km 程度離れたところから見られる．深さ 9-10 km において，P 波速度は 7 km/

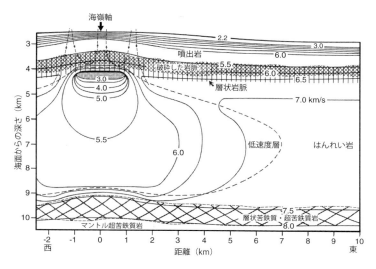

図 2.15 東太平洋海膨付近の P 波速度構造（Vera et al., 1990）
断面の方向は中央海嶺に対して垂直方向である．

s から 8 km/s まで変化している．Vera et al.（1990）はこの部分がモホ面であるとした．

超低速拡大海嶺である南西インド洋海嶺では第 2 層の P 波速度は深さとともに 2.4-3.5 km/s から 6.5 km/s まで上昇する．第 3 層の P 波速度は 6.5-7.0 km/s である（Minshull et al., 2006）．3 Ma 程度まで地殻の厚さが増加しているが，その原因は主に第 3 層の厚さが増加していることによる．

断裂帯付近の海洋地殻

断裂帯付近の海洋地殻は通常の海洋地殻とは異なる地震波速度構造をもっていることがある．断裂帯付近の地殻の厚さは通常の地殻の半分程度まで薄くなっていて，地殻が薄いところは数十 km 程度の幅をもっている．ブレイクススプール断裂帯（Blakes Spur Fracture Zone）では，幅 10-20 km 程度にわたり地殻下部に一部が蛇紋岩化したかんらん岩が存在すると考えられている（図 2.16）（White et al., 1990）．一方，太平洋では，クリッパートン断裂帯のように，断裂帯でも通常の海洋地殻と同じ厚さをもつところがある

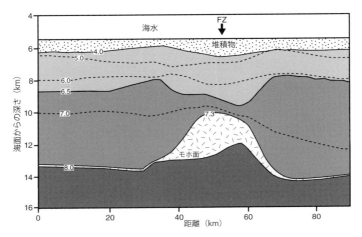

図2.16 ブレイクススプール断裂帯付近のP波速度構造（Fowler, 2005を改変）FZは断裂帯の位置を示す．

（たとえば，Begnaud et al., 1997）．

縁海と海洋島弧の地震波速度構造

　縁海において海洋底拡大により海洋地殻が誕生しているところでは，太平洋や大西洋の海洋地殻と同じような構造をもっている．日本海北部の日本海盆には厚い堆積物（最大2km程度）を含む海洋地殻が存在することが屈折法地震波探査で判明している（Hirata et al., 1992）．堆積層を含めた海洋地殻の厚さは約8.5kmである．

　四国海盆の地殻も海洋地殻の構造をもつ．海盆中央部の紀南火山列付近以外では5-7kmの厚さをもつ（Nishizawa et al., 2011）．第2層と第3層の厚さは，それぞれ，2-3.5km，2-6kmである．第2層と第3層のP波速度は，それぞれ3.5-6.8km/s，6.8-7.2km/sである．

　海洋島弧の厚さと構造は地域によって異なる（Tetreault and Buiter, 2014）．海洋島弧の地殻構造の地域多様性は，地殻発達成熟度のレベル，背弧海盆の拡大過程，マグマ生産量などによると考えられている．海洋島弧地殻の平均的厚さは26±6km程度であり，海台と同程度である．地殻は大きく上部地

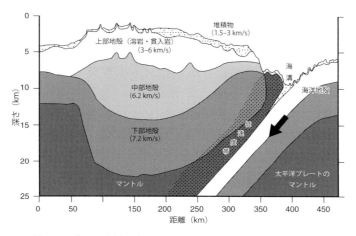

図 2.17 伊豆・小笠原島弧の地震波速度構造（平，2001 を改変）

殻，中部地殻，下部地殻の3つに分けられている．上部地殻のP波速度は 3-6 km/s 程度で，速度勾配が大きい．構成物質は堆積物，溶岩流，火山性砕屑物である．中部地殻のP波速度は 6-6.5 km/s 程度であり，構成物質は酸性から中性の火成岩と推定されている（図 2.17）．酸性の中部地殻は塩基性下部地殻の度重なる変成作用によってできていると考えられている．下部地殻のP波速度は 6.7-7.3 km/s 程度である．構成物質は主にはんれい岩質であり，最下部には海洋地殻と同じように塩基性から超塩基性の集積岩があると推定されている．

2）海洋リソスフェアの熱構造

海洋底拡大説が提唱され，プレートテクトニクスの考え方が発展する過程で，海洋リソスフェアの発達過程に関するモデルがいくつか提唱されてきた．海洋リソスフェアは中央海嶺付近においてアセノスフェア物質が固くなることによって形成される．海洋リソスフェア上面は冷たい海水によって冷却され，その年代とともに沈降する．このような海洋リソスフェアの発達過程に関するモデルとして，半無限媒質冷却モデルと板冷却モデルなどが提唱されている（図 2.18）．

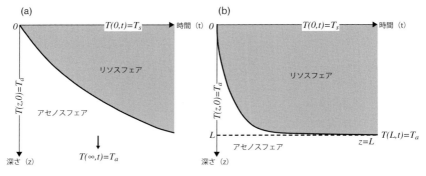

図2.18 半無限媒質冷却モデル（a）と板冷却モデル（b）の模式図
温度（$T(z,t)$）は深さ（z）と時間（t）の関数．

海洋リソスフェアとアセノスフェアの境界付近にはマントル物質が一部溶けている（部分融解が進んでいる）ところがあるとする説（Lambert and Wyllie, 1970）や H_2O が鉱物中に溶けているとする説（Karato and Jung, 1998）等があるが，以下では，単に熱境界としての海洋リソスフェアとアセノスフェアの境界と考える．

半無限媒質冷却モデル

半無限媒質冷却モデルでは，中央海嶺でできた海洋リソスフェアは徐々に熱を放出して冷えていく（図2.18（a））．アセノスフェアの温度を T_a，海洋リソスフェア表面の温度を T_s とする．中央海嶺で形成した直後（$t=0$）の海洋リソスフェアの温度はアセノスフェアの温度（T_a）に等しい．海洋リソスフェア形成直後にその表面温度は T_s になる．そのあとの表面温度は常に T_s で一定である．海洋リソスフェア内部の温度は時間が経過するに従って T_a から徐々に低下する．なお，以下では，海洋リソスフェアは中央海嶺軸方向に無限に伸びているとする．また，水平方向には熱は伝わらないとする．このモデルにおける一次元熱伝導方程式は，

$$\frac{\partial T}{\partial t} = \kappa \frac{\partial^2 T}{\partial z^2}$$
$$\kappa = \frac{k}{\rho c}$$
(2.3)

である．ここで，t は時間，κ は熱拡散率，k は熱伝導率，ρ は密度，c は比熱，z は深さ方向を示す．この微分方程式を解くときの初期条件と境界条件は，

$T = T_a$　at $t = 0$　$z > 0$（形成直後の海洋リソスフェア全体の温度は T_a）

$T = T_s$　at $z = 0$　$t > 0$（海洋リソスフェア表面の温度は常に T_s）

$T \to T_a$　at $z \to \infty$　$t > 0$（海洋リソスフェア底部の温度は z 方向の無限遠で T_a に近付く）

である．このときの (2.3) 式の解は，

$$\frac{T - T_a}{T_s - T_a} = \mathrm{erfc}\left(\frac{z}{2\sqrt{\kappa t}}\right)$$
(2.4)

である．ここで，erfc は相補誤差関数（complementary error function）という．T について式を変形すると

$$T = T_a + (T_s - T_a)\,\mathrm{erfc}\left(\frac{z}{2\sqrt{\kappa t}}\right)$$
(2.5)

である．ここで，海洋リソスフェアとアセノスフェアの境界は，次式が成り立つところとする．

$$\frac{T - T_a}{T_s - T_a} = 0.1$$
(2.6)

これは，アセノスフェアの温度の 9 割程度であるところを海洋リソスフェアとアセノスフェアの境界とすることを意味する．この式を (2.5) 式に代入すると，海洋リソスフェアの厚さと年代の関係は，

$$z = 2.32\sqrt{\kappa t}$$
(2.7)

となる．この式は海洋リソスフェアの厚さはその年代の平方根に比例することを示している．この式に $\kappa = 10^{-6}\,\mathrm{m^2/s}$ を代入すると，

$$z = 2.32 \times 10^{-3} \sqrt{t} \qquad (2.8)$$

となる．ここでは z と t の単位は，それぞれ m と秒である．z と t の単位を，それぞれ km と Ma とした場合は，

$$z = 13\sqrt{t} \qquad (2.9)$$

となる．この式から 60 Ma のときの海洋リソスフェアの厚さは約 100 km であることがわかる．

海洋リソスフェア表面（$z=0$）での熱流量 q は（2.5）式において，T を z について微分することから求められる．

$$\begin{aligned} q &= -k\left(\frac{\partial T}{\partial z}\right)_{z=0} \\ &= \frac{k(T_s - T_a)}{\sqrt{\pi \kappa t}} \end{aligned} \qquad (2.10)$$

T_s は T_a より低いため，（2.10）式の右辺の値は負になる．これは熱流量の流れの方向が上方向であることを示している．

板冷却モデル

半無限媒質冷却モデルでは，年代とともにリソスフェアは無限に厚くなる．実際の観測から，リソスフェアの厚さは，ある程度年代が経過するとあまり変化しないと考えられている．そのため，ある深さでの温度を一定とした冷却モデル（板冷却モデル，あるいはプレート冷却モデル）が提案されている．このモデルでは海洋リソスフェアはその誕生とほぼ同時に一定の厚さ（L）をもつ（図 2.18 (b)）．このモデルでは水平方向の熱伝導はないとする．このモデルにおいて（2.1）式を解くときの初期条件と境界条件は，

$T = T_a$　at $t = 0$　$z > 0$（形成直後の海洋リソスフェア全体の温度は T_a）
$T = T_s$　at $z = 0$　$t > 0$（海洋リソスフェア表面の温度は常に T_s）
$T \to T_a$　at $z \to L$　$t > 0$（海洋リソスフェア底部の温度は T_a に近付く）

である．このとき，（2.3）式の解は，

$$T = T_\mathrm{s} + (T_\mathrm{a} - T_\mathrm{s})\left\{\frac{z}{L} + \frac{2}{\pi}\sum_{n=1}^{\infty}\frac{1}{n}\exp\left(-\frac{\kappa\pi^2 n^2}{L^2}t\right)\sin\left(\frac{n\pi}{L}z\right)\right\} \quad (2.11)$$

となる．海洋リソスフェア表面（$z=0$）での熱流量は，

$$\begin{aligned}q &= -k\left(\frac{\partial T}{\partial z}\right)_{z=0} \\ &= \frac{k(T_\mathrm{a}-T_\mathrm{s})}{L}\left\{1 + \sum_{n=1}^{\infty}\exp\left(-\frac{\kappa\pi^2 n^2}{L^2}t\right)\right\}\end{aligned} \quad (2.12)$$

となる．海洋リソスフェアが十分に古くなった場合の熱流量の漸近値は $\dfrac{k(T_\mathrm{a}-T_\mathrm{s})}{L}$ である．

海洋底の深さと年代の関係

　海洋底の深さと年代の関係を知るために，中央海嶺と年代 t の地点においてアイソスタシーを考える（図 2.19）．アセノスフェア，海洋リソスフェア，海水の密度を，それぞれ ρ_a，ρ，ρ_w とする．アイソスタシーが成立するためには，中央海嶺において，図 2.19 に描かれている補償面において単位面積の広さのところにかかっている荷重と，年代 t の地点での海洋リソスフェアの底の単位面積にかかっている荷重とが互いに等しくなければならない．そのため以下の関係式が成り立つ．

$$d_0\rho_\mathrm{w} + (d+L+A-d_0)\rho_\mathrm{a} = d\rho_\mathrm{w} + \int_0^{d+L}\rho dz + A\rho_\mathrm{a} \quad (2.13)$$

ここで，d_0 と d は，それぞれ中央海嶺と年代 t の地点の水深である．右辺の積分を行うためには海洋リソスフェア冷却に伴う密度変化を求める必要がある．圧力変化による密度変化はないとする．熱膨張率 α_v は，アセノスフェアの温度を基準に考えると，

$$\begin{aligned}\alpha_v &= \frac{1}{V}\left(\frac{\partial V}{\partial T}\right)_P \\ &= -\frac{1}{\rho_\mathrm{a}}\frac{\rho-\rho_\mathrm{a}}{T-T_\mathrm{a}}\end{aligned} \quad (2.14)$$

となる．ここで V は体積である．ρ について整理すると，

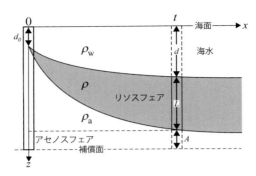

図 2.19 中央海嶺から周辺海盆までの海洋リソスフェアの断面図（Lowrie, 2007 を改変）

$$\rho = \rho_a \{1 - \alpha_v (T - T_a)\} \tag{2.15}$$

となる．この式を（2.13）式に代入し，水深 d について式を整理すると，

$$d = d_0 - \frac{\rho_a \alpha_v}{\rho_a - \rho_w} \int_d^{d+L} (T - T_a) dz \tag{2.16}$$

となる．半無限媒質冷却モデルの場合は，上式の T に（2.5）式を代入すると，

$$d = d_0 + \frac{\rho_a \alpha_v (T_a - T_s)}{\rho_a - \rho_w} \int_0^L \mathrm{erfc}\left(\frac{z'}{2\sqrt{\kappa t}}\right) dz' \tag{2.17}$$

となる．ただし，ここで $z' = z - d$．相補誤差関数は引数が 2 を超えるとその値はほぼ 0 である．そのため，積分の範囲 0 から L を 0 から ∞ まで広げても（2.17）式は成り立つ．したがって，（2.17）式は，

$$d = d_0 + \frac{\rho_a \alpha_v (T_a - T_s)}{\rho_a - \rho_w} \int_0^\infty \mathrm{erfc}\left(\frac{z'}{2\sqrt{\kappa t}}\right) dz' \tag{2.18}$$

と書き換えることができる．0 から ∞ までの相補誤差関数の積分は，

$$\int_0^\infty (\mathrm{erfc}(\eta)) d\eta = \frac{1}{\sqrt{\pi}} \tag{2.19}$$

であるため，（2.18）式は，

$$d = d_0 + \frac{2\rho_a \alpha_v (T_a - T_s)}{\rho_a - \rho_w} \sqrt{\frac{\kappa}{\pi}} \sqrt{t} \tag{2.20}$$

となる．この式から，半無限媒質冷却モデルの場合は，海洋底の水深は年代の平方根に比例して深くなることがわかる．

板冷却モデルの場合の水深 d は，(2.16) 式の T に (2.11) 式を代入することによって求めることができる．

$$d = d_0 + \frac{\rho_a \alpha_v L(T_a - T_s)}{\rho_a - \rho_w} \left\{ \frac{1}{2} - \frac{4}{\pi^2} \sum_{n=1}^{\infty} n^2 \exp\left(-\frac{\kappa \pi^2 n^2}{L^2} t\right) \right\} \quad (2.21)$$

この式から，このモデルの場合は，海洋底は年齢の指数関数に比例して深くなることがわかる．なお，海洋リソスフェアが十分に古くなった場合の海洋底の水深の漸近値は，

$$d_0 + \frac{\rho_a \alpha_v L(T_a - T_s)}{2(\rho_a - \rho_w)} \quad (2.22)$$

である．

熱流量

水深 1500 m を超える海洋底付近の海水温の時間変化は非常に小さいため，海洋底下 1-5 m までの堆積物中で温度勾配を測ることで，海洋地殻内の熱流量を論ずることができると考えられている．地球科学における熱流量とは，熱勾配に沿って伝導的に，あるいは物質の移動によって移流的に，媒体中を伝わる単位面積あたりの熱エネルギーの割合のことであり，地殻熱流量 (crustal heat flow) と呼ばれている．その単位は mW/m^2 である．

熱流量の測定は 1950 年代頃からこれまで多くの地点において実施されている．2011 年に編集された熱流量のデータベース (Hasterok *et al.*, 2011) には，1 万 5000 点近い観測点における熱流量データが集録されている．このデータベースをもとに海洋底の年代と熱流量の関係を示したものが図 2.20 (a) である．より正確に熱流量と海洋底の年代の関係を明らかにするため，Hasterok *et al.* (2011) はすべての観測値から，熱水活動と堆積物の厚さの影響を見積もり，熱流量の値を補正した．彼らはさらに正確さを向上させるために，海山から 60 km 離れた海洋底での観測結果のみを使用した．これは，海山を形成した火成活動により海洋リソスフェアが再加熱された影響を取り除くためである．最終的に得られた結果（図 2.20 (b)）では，補正前に比べ

て 50 Ma より若い海洋底における熱流量の値が半無限媒質冷却モデルから期待される値に近くなった.

　しかし，若い海洋底における熱流量の多くは，半無限媒質冷却モデルより期待される値より低い.中央海嶺付近に関しては熱水活動のため，熱流量が低くなると考えられている（第5章）.熱水活動が停止した若い海洋リソスフェアにおいても，海底堆積物が少ない場合は，断層などの割れ目に沿って海水が海洋リソスフェア内に侵入することで，海洋リソスフェアは冷却され，その結果熱流量が低くなる.堆積物がある程度の厚さになると，このような影響はほとんどなくなる.そのため，ある程度古くなった海洋底における熱流量は，半無限媒質冷却モデルから期待される値に近付く.1億年前より古い海洋底の地殻熱流量は 50 mW/m^2 程度でほぼ一定である.この原因は，マントルプルーム活動あるいはアセノスフェアから伝導的な熱供給などによる海洋リソスフェアの再加熱であると考えられている（Nagihara et al., 1996）.

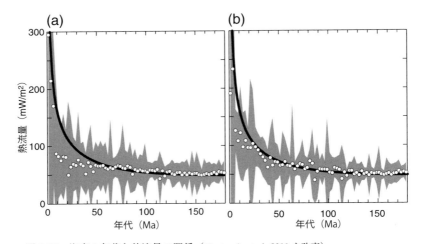

図 2.20　海底の年代と熱流量の関係（Hasterok et al., 2011 を改変）
　　（a）観測結果，（b）堆積層の厚さ，熱水活動，海山形成過程の影響を補正した後.黒色の実線は Stein and Stein（1992）のモデルから計算された熱流量.

熱流量および水深の年代変化モデル

　海洋リソスフェアの年代と水深および地殻熱流量の具体的な関係式に関して，代表的な2つの例（Parsons and Sclater, 1977；Stein and Stein, 1992）を紹介する．

　Parsons and Sclater（1977）は実際に観測された水深と地殻熱流量の年代変化に関して，下式を提案した．彼らが使用したパラメータを表2.4に示す．なお，海洋底の年代 t，水深 d，熱流量 q の単位は，それぞれ Ma, m, mW/m^2 である．

$$\begin{aligned}
d &= 2500+350\sqrt{t} \quad (t < 70 \text{ Ma}) \\
d &= 6400-3200\exp\left(-\frac{t}{62.8}\right) \quad (t > 70 \text{ Ma}) \\
q &= \frac{473}{\sqrt{t}} \quad (t < 120 \text{ Ma})
\end{aligned} \tag{2.23}$$

　Stein and Stein（1992）は Parsons and Sclater（1977）とは異なる条件で水深と熱流量のデータを整理し，水深と熱流量の年代変化に関して下式のモデルを提案した．彼らが使用したパラメータも表2.4に示す．

$$\begin{aligned}
d &= 2600+365\sqrt{t} \quad (t < 20 \text{ Ma}) \\
d &= 5651-2473\exp(-0.0278t) \quad (t \geq 20 \text{ Ma}) \\
q &= \frac{510}{\sqrt{t}} \quad (t \leq 55 \text{ Ma}) \\
q &= 48+96\exp(-0.0278t) \quad (t > 55 \text{ Ma})
\end{aligned} \tag{2.24}$$

　Parsons and Sclater（1977）と Stein and Stein（1992）のいずれのモデルも，海洋リソスフェア形成後しばらくは半無限媒質冷却モデルに従うが，古くなると板冷却モデルに従うとしている．実際に観測された水深と海洋底の年代の関係は，図2.21では Stein and Stein（1992）のモデルの方が観測結果をよりよく説明しているように見えるが，海域ごとに比較すると，Parsons and Sclater（1977）のモデルの方がよい場合もある．

3）密度構造

残差重力異常

　海洋地殻や海洋リソスフェアの密度構造に関する情報を得るために使われ

表2.4 Parsons and Sclater (1977) と Stein and Stein (1992) において使用されたパラメータ

パラメータ	式中の文字	Parsons and Sclater (1977)	Stein and Stein (1992)
プレートの厚さ (km)	L	125 ± 10	95 ± 15
プレート上部の温度 (℃)	T_0	0	0
プレート底部の温度 (℃)	T_m	1350 ± 275	1450 ± 250
熱膨張率 (/℃)	α_v	$3.2 \pm 1.1 \times 10^{-5}$	$3.1 \pm 0.8 \times 10^{-5}$
熱伝導率 (W/m)	k	3.18	3.18
比熱 (kJ/kg)	c	1.171	1.171
熱拡散率 (m²/s)	κ	0.804×10^{-6}	0.804×10^{-6}
アセノスフェアの密度 (kg/m³)	ρ_a	3300	3300
水の密度 (kg/m³)	ρ_c	1000	1000
中央海嶺の水深 (km)	d_0	2.5	2.6

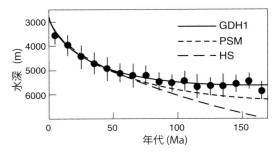

図 2.21 海洋底の深さと年代の変化 (Fowler, 2005)
GDH1, PSM, HS は, それぞれ Stein and Stein (1992) のモデル, Parsons and Sclater (1977) のモデル, 半無限媒質冷却モデルを示す.

るフリーエア重力異常の算出には, 下式を用いる.

$$\Delta g_{fa} = g_{obs} - g_r - EC - AC - TC \tag{2.25}$$

ここで, Δg_{fa} はフリーエア重力異常, g_{obs} は観測値, g_r は正規重力, EC はエトベス補正, AC は大気補正, TC は潮汐補正である. 正規重力は, 地球楕円体による重力である. 潮汐補正や大気補正の補正値は 1 mGal 以下であることが多く, 研究船における重力測定の結果を解析する場合は省略する場合が多い. なお, 研究船による重力観測は, ジオイド面 (平均海水面) 上

での観測と見なすことができるため，陸域での重力観測において必要な高度補正（フリーエア補正）を行う必要はない．一方，研究船による重力観測は航走中に行うのが一般的であるため，コリオリ力や地球の遠心力の変化分の鉛直成分を考慮した補正（エトベス補正，Eötvös correction）を行う必要がある．精度の高いエトベス補正を行うためには，研究船の位置，速度，進行方向等の測位情報を高い精度で決定する必要がある．1990年代後半以降のGNSS技術の発達により測位精度が飛躍的に向上したため，エトベス補正の精度も高くなった．

エトベス補正の簡単な例として赤道上を地球の自転と同じ東向きに，速度 v で航走する研究船上での重力観測の場合を考える．ここでは地球を球体として，その半径を R とする．この場合，地球の自転角速度 ω が v/R だけ増えることになるため，静止時との遠心力の差は次式になる．

$$\left(\omega+\frac{v}{R}\right)^2 R - \omega^2 R = 2v\omega + \frac{v^2}{R} \tag{2.26}$$
$$v = \omega r$$

v を10ノット（時速約18.52 km）とすると，エトベス補正値は約75 mGalになる．実際の観測結果によく使用されるエトベス補正の式は以下の通りである．

$$EC = 2\omega v \cos\phi \sin\alpha + 0.004154 v^2 \ (\mathrm{mGal}) \tag{2.27}$$
$$v: 船速(ノット), \phi: 観測地点の緯度(度),$$
$$\alpha: 進行方向(真北からの角度, 度), \omega: 地球の自転角速度(\mathrm{rad/s})$$

たとえば，北緯45度で東に10ノットで進む場合，エトベス補正値は53.5 mGalとなる．研究船の速さはせいぜい15ノット程度であり，上式の第2項は1 mGal以下である．通常の研究船における重力測定において要求される観測精度は数mGal程度であるため，上式の2項目を省略することがある．

陸域での重力異常から長波長成分や特定の構造による引力成分を取り除いた重力異常を残差重力異常（residual gravity anomalies, RGA）と呼ぶが，Yoshii（1972）によって提案されたRGAは地殻物質の引力の成分を取り除いたものである．彼は地震波探査結果を基に地殻物質の引力を下記に式を用

いて計算した．

$$\Delta g_{\text{RGA}} = \Delta g_{\text{fa}} - 2\pi G \sum_i H_i(\rho_i - \rho_{\text{m}}) \tag{2.28}$$

ここで，H_i は地殻内の層の厚さ，ρ_i は地殻の各層内の密度，ρ_{m} は上部マントルの密度である．ρ_i は，地震波速度と密度の関係式を使って地震波速度から計算することができる．この残差重力異常からは，モホ面直下の上部マントルの密度構造に関する情報を得ることができるため，マントルブーゲー異常（mantle Bouguer anomalies, MBA）と呼ばれることがある．

Yoshii（1973）は，残差重力異常（単位 mGal）と海洋リソスフェアの厚さ L（km）に下式の関係があることを示した．

$$L = \frac{\Delta g_{\text{RGA}}}{4.5} + C \tag{2.29}$$

ここで，C は比例定数である．さらに，Yoshii（1973）は 5 Ma から 150 Ma までの間の海洋リソスフェアの年代と残差重力異常の関係は，

$$\Delta g_{\text{RGA}} = 33.7\sqrt{t} + 398 \tag{2.30}$$

であることを示した．ここで年代 t の単位は Ma である．

中央海嶺（$t=0$）において $L=0$ であるとする場合，(2.30) 式を (2.29) 式に代入すると，

$$L = 7.5\sqrt{t} \tag{2.31}$$

となる．この式は (2.9) 式と同じように，海洋リソスフェアの厚さはその年代の平方根に比例することを示している（図 2.22）．(2.31) 式から得られる海洋リソスフェアの厚さは，(2.9) 式から得られる厚さの約 60% になっている．これは，熱的構造から見た海洋リソスフェアの深部では，重力異常が生じるほど密度変化が見られないことを示している．

1980 年代後半から中央海嶺に関する研究でよく使われているマントルブーゲー異常は，Yoshii（1972）のマントルブーゲー異常とは異なり，地殻を厚さと密度が一定である 1 つの層として，地殻物質の引力の成分を取り除いている（たとえば，Prince and Forsyth, 1988）．Kuo and Forsyth（1988）では海洋地殻の厚さを 6 km，地殻の密度は 2700 kg/m^3 としている．この場合のマントルブーゲー異常からは，地殻の厚さの変化やマントル上部の密度の

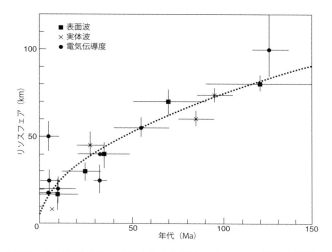

図 2.22 地震波と電気伝導度から求められた海洋リソスフェアの厚さと年代の関係（小林，1977 を改変）．
破線は Yoshii（1975）によって残差重力異常から求められた海洋リソスフェアの厚さ．

不均質に関する情報を得ることができる．また，プレート冷却の効果によるマントルの密度変化の影響を取り除いたマントルブーゲー異常を，残差マントルブーゲー異常（residual mantle Bouguer anomaly, RMBA）と呼ぶ．残差マントルブーゲー異常が小さいところは大きいところに比べて地殻が厚いと解釈される．第 4 章で説明する通り，中央海嶺に関する研究においては，残差マントルブーゲー異常から中央海嶺付近の地殻の厚さの不均質性を示し，火成活動やメルト供給の時間的あるいは空間的不均質性を議論している．

海上重力観測の例

図 2.23 はマリアナ海溝南部付近での重力観測からフリーエア重力異常を求めた例を示す．1 本の測線の長さは約 170 km であり，測線間隔は約 20 km である．この観測の測線は北西方向（真北から 330 度）の航走からはじまり，南西方向（真北から 240 度方向）に変針（方向転換）した後，さらに南東方向（真北から 150 度方向）に変針し航走した測線である（図 2.23(a)）．研究船の速度は 12 ノット前後であった（図 2.23(b)）．速度が大きく

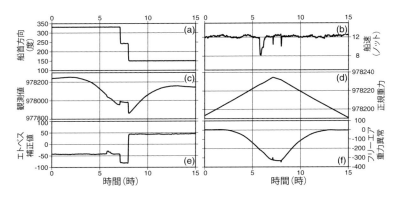

図 2.23 重力観測の例
(a) 船首方向, (b) 船速, (c) 観測値, (d) 正規重力, (e) エトベス補正値, (f) フリーエア重力異常. 重力の単位は mGal.

変わっているところは,船の位置情報が乱れたためである.観測値は約97万7800 mGalから97万8300 mGalの間である(図 2.23 (c)).正規重力式から算出した正規重力は,約97万8180 mGalから97万8240 mGalの間である(図 2.23 (d)).(2.27)式にしたがって計算したエトベス補正値は±50 mGal程度である(図 2.23 (e)).この値は大気補正と潮汐補正に比べて1桁以上大きく,エトベス補正の精度の重要性を示している.大気補正と潮汐補正を省略した (2.25) 式から,フリーエア重力異常を求めた結果が図 2.23 (f) である.フリーエア重力異常の大きさは −400 mGal から 0 mGal である.変針点付近で重力異常の値が乱れている理由は,変針により重力計の姿勢が安定しなかったためと考えられる.このような場合は,変針後一定時間内のデータは解析には使用しない方がよい.

4) 海洋リソスフェアの弾性的構造

海洋リソスフェアの弾性的ふるまい

海洋リソスフェアは地質学的時間スケールにおいて,弾性体としてふるまうことが知られている(たとえば,Watts, 2011).地質学的時間スケールにおける海洋リソスフェアの弾性的な厚さ(弾性層厚,elastic thickness)の指標として,荷重に対する海洋リソスフェアのたわみ(flexure;たとえば,

Watts and Daly, 1981）がある．

海洋リソスフェアは下部ほど高温になるため，次第に弾性的にふるまうことができなくなる．また，海洋リソスフェア最上部は断層などが存在するため不連続な構造になっているところがある．そのため，海洋リソスフェア全体が弾性的ふるまいを示すわけではない．弾性的ふるまいを示す海洋リソスフェアの厚さを有効弾性層厚（effective elastic thickness）と呼ぶことがある．

以下の海洋リソスフェアのたわみに関する数学的取り扱いは，Lowrie（2007）に基づいて説明する．

海洋リソスフェアのたわみ

一般に知られているエアリー型あるいはプラット型のアイソスタシーは，局所アイソスタシー（local isostasy）と呼ばれる．第1章で紹介したアイソスタシーはエアリー型アイソスタシーである．局所アイソスタシーの場合は，海洋リソスフェアの弾性的ふるまい（たわみ）はないものとして，荷重の真下だけの質量（密度）変動だけでアイソスタシーが成立すると考える．しかし，荷重がある程度大きい場合などは，荷重周辺の海洋リソスフェアのたわみを考慮に入れる必要がある．このような状態のアイソスタシーを地域アイソスタシー（regional isostasy）という．

海洋リソスフェアのたわみの例として，海山，海台などの荷重（loading）によるもの，沈み込みに伴う屈曲によるものがある．たとえば，ハワイ諸島の周りには数百 m 程度までに達するくぼみ（ハワイトラフ，Hawaii Trough）があり，その外側には水深が浅くなっているところがある（ハワイアンアーチ，Hawaiian Arch；図 2.24）．これは，ハワイ諸島の荷重を支えるために，その下の海洋リソスフェアが島周辺でたわむことで生じた地形である．

海山や海台で生じる海洋リソスフェアのたわみ

海山や海台で生じる海洋リソスフェアのたわみをモデル化するために，密度 ρ_m の上に厚さ h の弾性体である薄い板が存在する場合を考える（図2.25）．この板の上に海山に見立てた荷重 $L(x, y)$ が載ることにより板がた

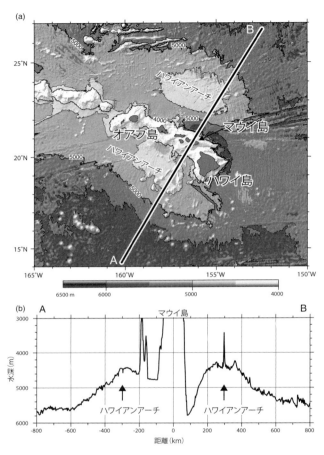

図 2.24 ハワイアンアーチ（Hawaiian Arch）付近の（a）海底地形図と（b）断面図．(a) の等深線は 5500 m から 4000 m までを示す．等深線の間隔は 500 m．

わむとする．板の弾性的性質は均質であるとする．この場合，荷重による下向きの力を支えるように 2 つの力が作用する．1 つ目の力は板の弾性的性質から生じるもの，2 番目の力はアイソスタシー原理に基づく浮力 $[(\rho_m - \rho_i)gw]$ である．ここで ρ_i は板のたわみでできたくぼみに満たされた物質の密度である．弾性論（たとえば，山路，2000）に基づくと，1 つ目の力はたわみによる板の変位量（w）の 4 回微分に比例する．これら 3 つの力が等しいと

78 —— 第 2 章 海洋地殻・海洋リソスフェアの物質と構造

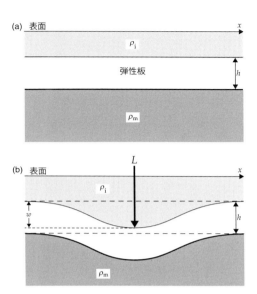

図 2.25 荷重により生じる薄い板（弾性板）のたわみに関する模式図
(a) 荷重がかかる前の状態，(b) 荷重がかかりたわみが生じた状態．

考えると，

$$D\left(\frac{\partial^4 w}{\partial x^4} + 2\frac{\partial^4 w}{\partial x^4 \partial y^4} + \frac{\partial^4 w}{\partial y^4}\right) + (\rho_m - \rho_i)gw = L(x, y) \quad (2.32)$$

となる．ここで，D は，

$$D = \frac{Eh^3}{12(1-\nu^2)} \ [\mathrm{N \cdot m}] \quad (2.33)$$

であり，曲げ剛性率と呼ぶ．h はリソスフェアの厚さ，E はヤング率，ν はポアソン比である．曲げ剛性率は板の曲がりにくさの程度を示す．曲げ剛性率が大きいことは，板が曲がりにくいことを示す．

海山列のように直線的に伸びている地形に関しては，その伸びの方向に直交する断面では，たわみの形状はほぼ同じであると考え，二次元問題として取り扱うことができる．いま，荷重が y 方向に伸びているとすると，(2.32)式は，

$$D\frac{\partial^4 w}{\partial x^4} + (\rho_m - \rho_i)gw = L(x) \tag{2.34}$$

となる．荷重 $L(x)$ が $x=0$ に集中している場合の上式の解は，

$$w = w_0 e^{-\frac{x}{\alpha}}(\cos\frac{x}{\alpha} + \sin\frac{x}{\alpha}) \tag{2.35}$$

となる．ここで w_0 最大変位量の大きさ（$x=0$ の屈曲の大きさ），α はたわみパラメータ (flexure parameter) と呼ばれ，下記の式で表す．

$$\alpha^4 = \frac{4D}{(\rho_m - \rho_i)g} \tag{2.36}$$

(2.35) 式から，たわみの波長は $2\pi\alpha$ であることがわかる．また，たわみの振幅は荷重から離れる（x が増加する）と，急激に減少することもわかる．そのため，実際の解析は，荷重のすぐ両側にある隆起帯までのたわみ（1 波長分程度）を解析対象とすることが多い．

海底地形観測や地震波観測から海洋リソスフェアの形状を求め，(2.35) 式と比較することから，α を求める．求められた α から (2.36) 式と (2.33) 式に代入し海洋リソスフェアの有効弾性厚 h を求める．たとえば，ハワイ諸島のハワイアンアーチまでの距離は 300 km 程度であり，有効弾性厚は 30 km 程度と推定されている（Wessel, 1993）．

沈み込み帯での海洋リソスフェアのたわみ（屈曲）

第 1 章で説明したように，沈み込む直前の海洋底は盛り上がって，海溝周縁隆起帯を形成していることがある．海溝周縁隆起帯を海洋リソスフェアが沈み込む際に生じるたわみ（屈曲）で説明することができる．海洋リソスフェアには水平方向の応力 P，沈み込み帯で海洋リソスフェアに直交する方向の力（荷重）L，海洋リソスフェアにはモーメント M が作用しているとする（図 2.26 (a)）．P は M や L に比べて小さいため無視する．海溝軸方向のたわみの形状は同じであるとすると，海山の場合と同じように二次元として取り扱うことができる．この場合，(2.32) 式から，x 座標の原点は海溝軸側でたわみ（変位）のないところ（図 2.26 (a)）とすると，海洋リソスフェアの鉛直方向の変位 w は，

$$w = \sqrt{2} w_b \sin\left(\frac{\pi}{4} \cdot \frac{(x-x_0)}{(x_b-x_0)}\right) \exp\left\{\frac{\pi}{4}\left(1 - \frac{(x-x_0)}{(x_b-x_0)}\right)\right\} \quad (2.37)$$

となる.ここで,x_b は変位量が極大値になる地点であり,w_b はその変位量を示す.x_0 はたわみの変位量がない海溝海側斜面の地点を示す.たわみパラメータ α を用いると,$x_b = \frac{\pi}{4}\alpha$ となる.

マリアナ海溝,トンガ海溝のたわみの例を図 2.26 に示す(Turcotte *et al.*, 1978).マリアナ海溝の解析結果から,曲げ剛性率 D は 10^{23} Nm 程度,有効弾性厚は 20-30 km であることが判明した.トンガ海溝付近では,モデルの曲線より実際の地形の方が屈曲の程度が大きい.これは,海溝付近で海洋リ

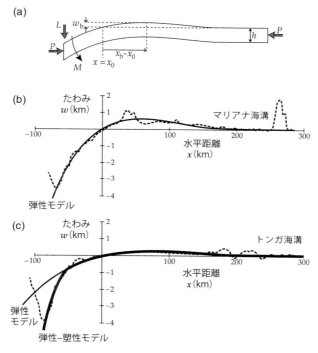

図 2.26 沈み込み帯における海底地形断面(細線)とたわみモデルから期待される海底地形(太線)の比較(Lowrie, 2007 を改変)
 (a) 屈曲するリソスフェアにかかる力を示した模式図.(b) マリアナ海溝.(c) トンガ海溝.

ソスフェア下部の曲げ剛性率が低下しているためと推定されている（Garcia-Castellanos *et al.*, 2000）．Garcia-Castellanos *et al.*（2000）は，沈む込む海洋リソスフェアは単なる弾性体ではなく，弾性を示す部分と塑性を示す部分から構成されているとして，モデルと実際の地形との違いを説明した．塑性を示すところは，リソスフェア下部である．彼らはトンガ海溝の南にあるケルマディック海溝に関しても，同じような結果を得ている．

海洋リソスフェアの有効弾性厚

　海洋リソスフェアの有効弾性厚は，海山などの荷重が海洋リソスフェアにかかったときの海洋リソスフェアの年代と関係がある（図2.27）．フレンチポリネシアを除いた海山から求めた海洋リソスフェアの有効弾性厚（黒丸印）は，半無限媒質冷却モデルに基づく300度から600度の等温線の間に位置する．これは，海山の荷重に対しては，この温度帯までの海洋リソスフェアが弾性体としてふるまっていることを示している．フレンチポリネシアはマントル下部からの大規模な上昇流（南太平洋スーパースウェル，South Pacific Superswell；McNutt and Fisher, 1987）が存在するところであり（第6章），その上昇流によって海洋リソスフェア内の熱構造がその他のところとは異なり，その結果として有効弾性厚が薄くなっていると考えられている．

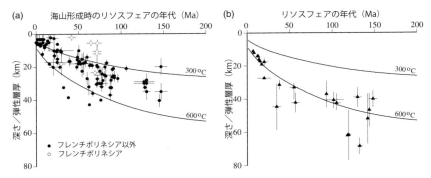

図2.27　荷重がかかったときのリソスフェアの年代（Ma）と弾性層厚（km）の関係（Watts, 2011を改変）
　　(a) 荷重が海山の場合．(b) 沈み込むリソスフェアのたわみの場合．

地震学から決定されるリソスフェアは深さ 100 km 程度までのところにある低速度層より上の層である（図 2.22）．地震学的リソスフェアは海洋リソスフェアの弾性層厚より厚い．この結果は，地震波が伝わるような短い時間スケール（数秒から数十秒）の荷重に対して弾性的挙動を示すリソスフェアの厚さは，たわみが起こるような長い時間スケールの荷重に対する場合より厚いとする従来の考えと整合的である（Watts *et al.*, 2013）．

第3章 海洋地殻の年代と磁化

　図3.1は海洋地殻の年代を示している．ここでの年代は中央海嶺で火成岩が形成された年代のことである．図面の端であるため少しわかりにくいが，大西洋における海洋地殻の年代分布は大西洋中央海嶺に対してほぼ対称である．インド洋の年代分布は大陸縁辺付近を除いては，3つの中央海嶺に対して対称である．すなわち，大西洋とインド洋に関しては，海洋地殻の年代分布の対称軸が中央海嶺になっている．

　一方，太平洋における海洋地殻の年代分布は，大西洋やインド洋とは異なっている．海洋地殻が誕生している中央海嶺（東太平洋海膨）は太平洋の東

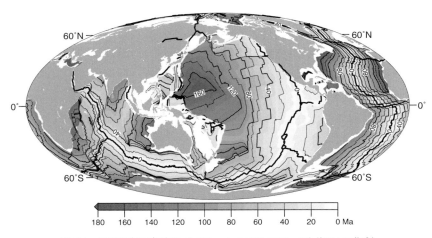

図 3.1　海洋地殻の年代図（Müller *et al.*, 2008 のデータを使用して作成）等年代線の間隔は 10 m.y. である．太線は中央海嶺を示す．

側に存在し，若い海洋地殻は東側に偏って存在する．南北アメリカ大陸西岸沖の海洋地殻の年代は現在から 30 Ma 程度までである．誕生して間もない海洋地殻が，チリ海溝に沈み込んでいるところもある．反対に，北太平洋の西側にある海溝付近の沈み込む直前の海洋地殻の年代は，おおよそ 130-160 Ma（ジュラ紀後期から白亜紀前期）である．南西太平洋のトンガ・ケルマディック海溝では海洋地殻の年代は白亜紀中期である．

　海洋地殻の最も古いところは，大西洋やインド洋では大陸縁辺部付近に位置するが，太平洋ではマリアナ海溝東方の東マリアナ海盆（East Mariana Basin）に存在し，その年代は約 190 Ma である（Nakanishi et al., 1992）．これは，大西洋やインド洋の形成は大陸分裂からはじまっていることに対して，現在太平洋の大部分を占める太平洋プレートは大陸から離れた海洋底でその形成がはじまったことによると考えられている．

　西太平洋の海溝より西側には，背弧海盆（縁海）が存在する．これらの背弧海盆の年代は，海溝に沈み込んでいる海洋地殻に比べて若い．日本海や四国海盆は後述するように，20 Ma 前後である．マリアナ海盆は約 6 Ma に海底拡大がはじまり，その活動は現在まで続いている．

　このように海洋地殻の年代分布の概略はおおよそわかっている．海洋地殻の年代決定に大きな役割を果たしたのは，この章の後半で説明する磁気異常縞模様（magnetic anomaly lineation）である．磁気異常とは地球磁場の空間的分布において，観測値と平均的地球磁場との差のことである．磁気異常縞模様は，海域で縞状に観測される磁気異常のうち，海底拡大と地球磁場の反転がその成因と考えられる磁気異常のことである．磁気異常縞模様は海洋地殻あるいは海洋リソスフェアに関する研究において，その年代や過去のプレート運動に関する情報を提供する．そのため，現在の地球科学の基礎となっているプレートテクトニクスの考え方が確立されるときに，磁気異常縞模様は重要な役割を果たした．この章では磁気異常縞模様を地球磁場の基礎とともに紹介する．その前に，磁気異常縞模様から海洋地殻の年代を決定する際によくあわせて用いられている放射年代決定について説明する．

3.1 放射年代決定

多くの原子は質量数の異なる同位体をもつ．これらの同位体のなかには不安定で，放射線を出して壊変し，別の原子に変化するものがある．このように放射線を出して壊変する原子を放射性核種あるいは放射性同位体元素（radioactive isotope element）と呼ぶ．放射性壊変の原子は親核種，壊変後の原子は娘核種と呼ばれる．放射性核種の半減期（もとの数から半分の数になるまでにかかる時間）は原子ごとに異なる．たとえば，^{40}K と ^{238}U の半減期はそれぞれ 12.77 億年と 44.68 億年である．

岩石試料の年代は放射性核種（放射能をもつ原子）の放射壊変を利用して決められることが多い．主な方法としては，下記のものがある（兼岡，1998）．
(1) 放射性核種の親核種と娘核種の同位体の時間変化を利用する方法
例：K-Ar 法，Ar-Ar 法，U-Pb 法，Rb-Sr 法
(2) 放射壊変系列における放射平衡系からのずれを利用する方法
例：^{230}Th-^{234}U 法，^{231}Pa-^{235}U 法
(3) 宇宙線由来の放射性核種を利用する方法
例：^{14}C 法，^{10}Be 法
(4) 放射線損傷を利用する方法
例：フィッショントラック法，熱ルミネッセンス法

これらの方法は適応できる物質や年代範囲が限られているため，研究試料によって使い分ける必要がある．海洋地殻第 2 層や第 3 層を構成している火成岩の放射性年代を決めるためには，(1) の方法の 1 つである Ar-Ar 法が現在広く利用されている．場合によっては U-Pb 法や Rb-Sr 法も用いられる．ここでは，(1) の方法である放射性核種の親核種と娘核種の比を利用する方法の基礎をまず説明し，Ar-Ar 法とその基になっている K-Ar 法について紹介する．その他の方法を含め放射年代決定に関しては，兼岡（1998）で詳しく紹介されている．

放射性核種の放射性崩壊から岩石の年代を知るためには，放射性核種の半減期，岩石形成時にその岩石に含まれていた親核種と娘核種の原子数と，現

在含まれている親核種と娘核種の原子数の比を知る必要がある．時間 $t=0$ のときの親核種の原子数を $P(0)$，ある時間 t における親核種の原子数を $P(t)$ とすると，放射壊変と時間には次の関係がある．

$$\frac{dP(t)}{dt} = -\lambda P(t) \tag{3.1}$$

ここで，λ は崩壊定数（decay constant）と呼ばれている定数である．この式の解は，

$$P(t) = P(0)e^{-\lambda t} \tag{3.2}$$

となる．この式を時間 t について整理すると，

$$t = \frac{1}{\lambda}\log_e \frac{P(0)}{P(t)} \tag{3.3}$$

となる．半減期（$t_{\frac{1}{2}}$）は $P(t)/P(0)$ が $1/2$ になるときである．したがって (3.3) 式より，半減期は次のようになる．

$$t_{\frac{1}{2}} = \frac{1}{\lambda}\log_e 2 = \frac{0.693}{\lambda} \tag{3.4}$$

$P(0)$ がわからない場合は，娘核種の原子数（D）から時間 t を求めることができる．岩石形成時にもともと存在した娘核種の数を $D(0)$，時間 t 後の娘核種の原子数を $D(t)$ とする．親核種の原子数との娘核種の原子数の関係は，

$$P(t) = P(0) - (D(t) - D(0)) \tag{3.5}$$

となる．(3.2) 式を代入し，整理すると，

$$D(t) = D(0) + P(t)(e^{\lambda t} - 1) \tag{3.6}$$

したがって，時間 t は，

$$t = \frac{1}{\lambda}\log_e\left(\frac{D(t) - D(0)}{P(t)} + 1\right) \tag{3.7}$$

と求められる．$D(t)$ と $P(t)$ は測定可能であるため，$D(0)$ が無視できるあるいは何らかの方法で見積もることができる場合，(3.7) 式に従って年代を計算できる．

1) カリウム-アルゴン法（K-Ar 法）

K と Ar を使った年代決定方法（K-Ar 法）は，^{40}K とその放射性壊変により生じる ^{40}Ar の数量比から試料の年代を決定する方法である．

^{40}K は電子を捕獲することで ^{40}Ar に，β 崩壊を起こすことで ^{40}Ca に崩壊する．それぞれの崩壊定数を λ_e と λ_β とすると，$\lambda_e = 0.581 \times 10^{-10} (\mathrm{yr}^{-1})$，$\lambda_\beta = 4.962 \times 10^{-10} (\mathrm{yr}^{-1})$ である．この場合の ^{40}K の原子数の年単位の時間変化は，

$$\frac{dN_{^{40}\mathrm{K}}(t)}{dt} = -(\lambda_e + \lambda_\beta) N_{^{40}\mathrm{K}}(t) \tag{3.8}$$

となる．ここで，$N_{^{40}\mathrm{K}}(t)$ は ^{40}K の原子数である．また ^{40}Ar の原子数（$N_{^{40}\mathrm{Ar}}(t)$）の時間変化は，

$$\frac{dN_{^{40}\mathrm{Ar}}(t)}{dt} = \lambda_e N_{^{40}\mathrm{K}}(t) = \lambda_e N_{^{40}\mathrm{K}}(0) e^{-(\lambda_e + \lambda_\beta)t} \tag{3.9}$$

である．$N_{^{40}\mathrm{K}}(0)$ は $t=0$ のときに含まれていた ^{40}K の原子数を示す．上式を積分すると，

$$N_{^{40}\mathrm{Ar}}(t) = N_{^{40}\mathrm{Ar}}(0) + N_{^{40}\mathrm{K}}(t) \frac{\lambda_e}{\lambda_e + \lambda_\beta} (e^{(\lambda_e + \lambda_\beta)t} - 1) \tag{3.10}$$

この式を t について整理すると

$$t = \frac{1}{\lambda_e + \lambda_\beta} \log_e \left\{ \left(\frac{\lambda_e + \lambda_\beta}{\lambda_e} \right) \frac{N_{^{40}\mathrm{Ar}}(t) - N_{^{40}\mathrm{Ar}}(0)}{N_{^{40}\mathrm{K}}(t)} + 1 \right\} \tag{3.11}$$

となる．

^{40}Ar の原子数の測定には質量分析計が用いられることが多く，その測定では絶対量より同位体比として測定した方が精度はよくなる．そのため，実際の測定では放射壊変しない娘核種の安定同位体との同位体比を測定する．K-Ar 法では，Ar の非放射性同位体 ^{36}Ar との同位体比を用いることが多く，その場合（3.10）式は次のように非放射性同位体 ^{36}Ar で正規化され使用される．

$$\frac{N_{^{40}\mathrm{Ar}}(t)}{N_{^{36}\mathrm{Ar}}} = \frac{N_{^{40}\mathrm{Ar}}(0)}{N_{^{36}\mathrm{Ar}}} + \frac{N_{^{40}\mathrm{K}}(t)}{N_{^{36}\mathrm{Ar}}} \frac{\lambda_e}{\lambda_e + \lambda_\beta} (e^{(\lambda_e + \lambda_\beta)t} - 1) \tag{3.12}$$

現在の大気中における ^{40}Ar と ^{36}Ar の比（295.5）と $\dfrac{N_{^{40}\text{Ar}}(0)}{N_{^{36}\text{Ar}}}$ が等しいとすることがよくある．あるいは，溶岩が固化し岩石になるときに，溶岩中の ^{40}Ar はすべて空気中に放出されるとして，$N_{\text{Ar}}(0)$ を 0 とすることもある．

K-Ar 法では海洋底から採取される岩石の放射年代を正確に決めることができないことが多かった．高い水圧のかかる低温の深海で噴出した溶岩の表面は急冷するために脱ガスが不充分で，溶岩中に地球内部起源の ^{40}Ar が残る．この場合，K-Ar 法で決められる溶岩の放射年代は実際より古くなる．一方，熱水活動や長期間にわたる海水との接触が原因で起こる変質作用によって岩石中の ^{40}Ar が失われる．この場合，K-Ar 法で決められる岩石の放射年代は実際より新しくなる．そのために，次に紹介する Ar-Ar 法が，海洋地殻を構成する火成岩の放射性年代測定に利用されることが多い．

2）アルゴン–アルゴン法（Ar-Ar 法）

Ar-Ar 法が K-Ar 法と異なる点は，^{40}K の代わりに ^{39}Ar を使うところである．この方法でははじめに岩石試料に高速で中性子を照射し，^{39}K を ^{39}Ar に変化させる．このときの反応式は，

$$^{39}\text{K} + n \rightarrow {}^{39}\text{Ar} + p \tag{3.13}$$

である．ここで，n は中性子，p は陽子（プロトン）である．この式から中性子照射後の ^{39}Ar の原子数は照射前 ^{39}K の原子数に比例することがわかる．そのため，

$$N_{^{39}\text{Ar}}(t) = c N_{^{39}\text{K}}(t) \tag{3.14}$$

とする．ここで c は比例定数である．（3.10）式から求められる岩石試料中の ^{40}Ar の原子数と（3.14）式と組みあわせると，

$$\begin{aligned}
\dfrac{N_{^{40}\text{Ar}}(t)}{N_{^{39}\text{Ar}}(t)} &= \dfrac{N_{^{40}\text{Ar}}(0)}{N_{^{39}\text{Ar}}(t)} + \dfrac{1}{c} \dfrac{N_{^{40}\text{K}}(t)}{N_{^{39}\text{K}}(t)} \dfrac{\lambda_e}{\lambda_e + \lambda_\beta}(e^{(\lambda_e+\lambda_\beta)t} - 1) \\
&= \dfrac{N_{^{40}\text{Ar}}(0)}{N_{^{39}\text{Ar}}(t)} + \dfrac{1}{J}(e^{(\lambda_e+\lambda_\beta)t} - 1)
\end{aligned} \tag{3.15}$$

となる．ここで J は，

$$J = c \, \dfrac{N_{^{39}\text{K}}(t)}{N_{^{40}\text{K}}(t)} \dfrac{\lambda_e + \lambda_\beta}{\lambda_e} \tag{3.16}$$

とする．上式を t について整理すると，

$$t = \frac{1}{\lambda_e + \lambda_\beta} \log_e \left\{ J \left(\frac{N_{40_{Ar}}(t) - N_{40_{Ar}}(0)}{N_{39_{Ar}}(t)} \right) + 1 \right\} \tag{3.17}$$

となる．上式の J は形成年代がわかっている標準試料にも同時に中性子照射を行うことで求めることができる．^{40}Ar の損失を伴う変質作用の影響は，試料を段階的に加熱することで少なくすることができ，その温度ごとに放出されるアルゴンの ^{40}Ar/^{39}Ar 同位体比を求める．その結果を上式に代入することで，温度ごとの年代を求める．求められた年代を縦軸に各段階で放出されたアルゴンの割合（％）を横軸にしたグラフを作成する（図 3.2（a））．そのグラフは Ar-Ar 年代スペクトラム（age spectrum）と呼ばれている．横軸の左が段階加熱の低温段階，右が高温段階に対応する．年代スペクトラムにおいて，Ar-Ar 年代が放出される ^{39}Ar の量にかかわらず一定の年代を示すことがある．その一定の年代はグラフの形からプラトー年代（plateau age）と呼ばれ，試料の形成年代に相当する．試料が形成後一度も加熱されていない場合は，各温度での年代はすべて同じになる．

年代スペクトラムとは別の表示形式として，アイソクロン（isochron，等時線）図がある．アイソクロン図では，^{40}Ar/^{36}Ar を縦軸に，^{39}Ar/^{36}Ar を横軸に取る．試料が形成後一度も加熱されていない場合は，グラフは1つの直線になる（図 3.2（b））．図 3.2（c）および（d）は，岩石試料形成後に加熱などの二次的影響を受けて，低温側（図中の数字1から4まで）で ^{40}Ar が一部損失した例を示している．この場合は，高温側（5から10まで）では一定の年代を示しているため，高温側の情報から試料の年代を決定できる．

(3.15) 式より ^{40}Ar/^{36}Ar と ^{39}Ar/^{36}Ar の関係は，

$$\frac{N_{40_{Ar}}(t)}{N_{36_{Ar}}} = \frac{N_{40_{Ar}}(0)}{N_{36_{Ar}}} + \frac{e^{(\lambda_e + \lambda_\beta)t} - 1}{J} \frac{N_{39_{Ar}}(t)}{N_{36_{Ar}}} \tag{3.18}$$

となる．そのため，アイソクロン図の直線の傾きは $\frac{e^{(\lambda_e + \lambda_\beta)t} - 1}{J}$ であることがわかる．直線の切片（縦軸との交点）は岩石形成時の ^{40}Ar の値と ^{36}Ar の比 $\frac{N_{40_{Ar}}(0)}{N_{36_{Ar}}}$ を示す．この比は初生比（initial ratio）と呼ばれる．アイソ

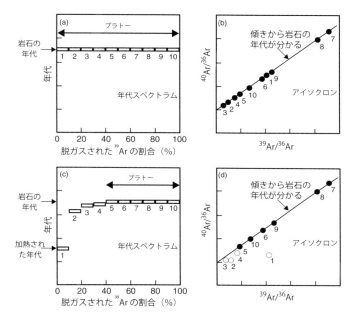

図 3.2 (a), (b) 二次的加熱を経験していない場合の年代スペクトラム図とアイソクロン図の例. 1-10 の数字は加熱の段階を示す. 1 から 10 へと温度が上昇する.
(c), (d) 二次的加熱を経験したがもともとのアルゴンが含まれている年代スペクトラム図とアイソクロン図の例. (Lowrie, 2007 に加筆)

クロン図の縦軸とは逆の比（^{36}Ar/^{40}Ar）を縦軸に，^{39}Ar/^{40}Ar を横軸にしたものは逆アイソクロン図と呼ばれている．アイソクロン図は Rb-Sr 法や Pb-Pb 法などでも用いられている．

1980 年代後半からレーザービームを使って岩石試料を加熱し，アルゴンガスを放出させる方法（レーザー加熱法）が普及し，鉱物内の局所分析が可能になっている．この方法の最大の利点は，加熱など二次的変質作用を受けているところをさけて状態の良い部分のみを測定することによって，より正確に形成年代を得ることができるところである．

北西太平洋のジュラ紀中期の太平洋プレート上の ODP ホール 801C から掘削された掘削試料（海底下 757 m）の測定結果より年代スペクトラム図，

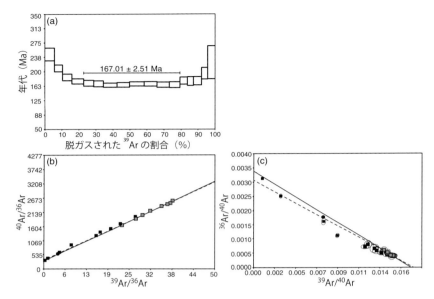

図 3.3 古い年代をもつ玄武岩の Ar-Ar 法測定結果（Koppers *et al.*, 2003 のデータを使用して作成）
(a) 年代スペクトラム図．この図からはこの試料の放射性年代は 167.01 ± 2.51 Ma となる．(b) アイソクロン図．(c) 逆アイソクロン図．

アイソクロン図，逆アイソクロン図を図 3.3 に示す．年代スペクトラム図から，この掘削試料の年代は 167.01 ± 2.51 Ma であるとされた．この図は，段階加熱のはじめと最後に放出される ^{40}Ar の原子数が多いことを示している．このスペクトルパターンは saddle-shaped spectra あるいは U-shaped spectra と呼ばれていて，低温段階と高温段階で放出される ^{40}Ar が過剰であり，その結果，本来の岩石試料の年代より古い年代を示している．このスペクトルパターンは海底で急冷して固化した溶岩など十分に脱ガスしていない岩石試料に見られることがある．このパターンが見られた場合は，低温段階と高温段階の測定結果は使用しないで，中間温度段階の結果だけから年代を決定する．この掘削試料より 10 m 浅いところの掘削試料の放射性年代の測定結果は 168.2 ± 1.7 Ma であった．その他の測定結果とあわせて Koppers *et al.* (2003) はこの掘削地点の海底の形成年代は 167.7 ± 1.4 Ma であると結論

付けた.

3.2 地球磁場

この章のはじめで述べた通り,磁気異常縞模様を記載(同定)することによって,大部分の海洋地殻の年代が決められている.磁気異常縞模様を記載するためには,磁気異常縞模様の走向と年代を決めることが必要である.磁気異常縞模様からは海洋地殻の年代だけでなく,海洋地殻形成時の中央海嶺の走向に関する情報も得ることができる.磁気異常縞模様を同定するためには,まず磁気異常を計算する必要がある.ここでは,磁気異常縞模様を理解するために必要な地球磁場に関する情報から紹介する.

1)地球磁場

ベクトル量である地球磁場(地磁気)を表現するために,その強さ(大きさ)と方向(向き)の情報が必要である.地球科学では,全磁力(F),偏角(D:真北からの角度,時計回りが正),伏角(I:水平面からの傾き,下向きが正)を使って,その地点の地球磁場を表現することが多い(図3.4).全磁力の代わりに水平成分(H)を使うこともある.解析学的に地球磁場を取り扱う場合には,北向き成分(X),東向き成分(Y),鉛直下向き成分(Z)を使って地球磁場を表現することもある.これらの成分には次のような関係がある.

$$\begin{aligned}F&=\sqrt{X^2+Y^2+Z^2}\\ H&=\sqrt{X^2+Y^2}\\ D&=\tan^{-1}\frac{Y}{X}\\ I&=\tan^{-1}\frac{Z}{H}\end{aligned} \tag{3.19}$$

地球磁場の大きさの単位は磁束密度の単位であるnT(ナノテスラ,10^{-9}T)を使うのが一般的である.赤道付近での全磁力は約3000 nT,磁極付近での全磁力は約6万 nT,日本付近での全磁力は4万3000から5万 nT程度である.

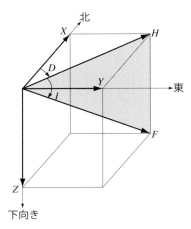

図 3.4　地球磁場の成分表示

2) 国際標準磁場

　磁気異常は，本章のはじめに述べた通り，地球磁場の空間的分布における観測値と平均的な地球磁場との差である．海洋域における地球磁場観測は広範囲に及ぶことが多いため，平均的な地球磁場として，国際地球電磁気学・超高層大気物理学協会（International Association of Geomagnetism and Aeronomy, IAGA）が5年ごとに更新している国際標準磁場（International Geomagnetic Reference Field, IGRF）モデルを用いることが多い．日本列島周辺に関しては国土地理院による磁気図を用いることがある．国土地理院の磁気図は1970年から2010年まで10年ごとに作成されてきており，日本列島における地球磁場を最も詳しく表している．近年は地球磁場の永年変化や日変化などの地球外起源の磁場変動を考慮している標準磁場のモデル（comprehensive model, CM；Sabaka $et\ al.$, 2004）が平均的な地球磁場として使用されることもある．

　国際標準磁場モデルは，世界中でさまざまな方法で測定された磁場を基に作成された地球磁場のモデルである．このモデルで表現されている磁場は地殻より深い地球内部に起因する磁場であり，地殻に起因する磁場のほとんどは含まれていない．また，マントルに起因する磁場はほとんど存在しないと

考えられているため，国際標準磁場モデルで表現されている磁場のほとんどは核・マントル境界付近あるいは外核にその起源があると考えられている．

国際標準磁場モデルは，地球磁場ポテンシャルを次式のように球面調和関数として表現したときに使用するガウス係数を計算したものである．

$$W = a \sum_{n=1}^{\infty} \sum_{m=0}^{n} \left(\frac{a}{r}\right)^{n+1} (g_n^m \cos m\phi + h_n^m \sin m\phi) P_n^m(\cos\theta) \quad (3.20)$$

g_n^m, h_n^m： ガウス係数
a： 地球の平均半径
r： 地球の中心からの距離
ϕ： 経度
θ： 余緯度
$P_n^m(\cos\theta)$：Schmidt の規格化をしたルジャンドル陪関数であって，$\cos\theta$ と $\sin\theta$ に関する n 次式である．

2015 年に公表された国際標準磁場モデル（IGRF-12；Thébault *et al.*, 2015）は，1900 年から 2015 年までの間の 5 年ごとの地球磁場のガウス係数と，2015 年以降の時間変化成分のガウス係数からなっている．ガウス係数が求められているとき以外の地球磁場は，その前後で決められている地球磁場を使って内挿することによって計算される．国際標準磁場モデルの最終年以降の地球磁場は，時間変化分のガウス係数を用いて計算される．1995 年までのガウス係数は n が 1 から 10 まで決定されている．2000 年以降の地球磁場モデルは人工衛星による観測データが増えたため，n が 1 から 13 までのガウス係数が決定されるようになった．時間変化分のガウス係数の n は 1 から 8 まで求められている．

国際標準磁場モデルで用いられている地磁磁場ポテンシャルから，地球磁場の北向き（X：$-\theta$ 方向），東向き（Y：ϕ 方向），下向き（Z：$-r$ 方向）成分を求めるためには次の式を用いる（図 3.5）．

$$X = -B_\theta = \frac{1}{r}\left(\frac{\partial W}{\partial \theta}\right)_{r=a}$$

$$Y = B_\phi = -\frac{1}{r\sin\theta}\left(\frac{\partial W}{\partial \theta}\right)_{r=a} \quad (3.21)$$

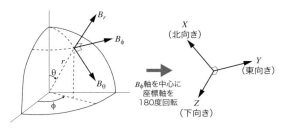

図 3.5 極座標における各成分

$$Z = -B_r = \left(\frac{\partial W}{\partial r}\right)_{r=a}$$

図 3.6 は IGRF-12 に基づいた 2016 年 1 月 1 日午前 0 時の地球磁場の全磁力，伏角，偏角の等値図である．全磁力は高緯度ほど大きくなる（図 3.6(a)）．全磁力はシベリア東部，カナダ北部，南極大陸近く（南緯 66 度，東経 136 度付近）で極大値になり，南極大陸近くでは 6 万 6000 nT を超える．最小値は南緯 25 度付近のブラジル南部で，2 万 3000 nT 程度である．伏角はその等値線が東西方向に伸びている傾向があるため，緯度との関係が全磁力より強いことがわかる（図 3.6(b)）．伏角が +90 度（鉛直下向き）になるところ（図中の星印）は，北極点よりアラスカ側に少し南下したところ（北緯 86 度，西経 160 度付近）である．伏角が -90 度（鉛直上向き）になるところは，全磁力が最大値を示す南緯 66 度，東経 136 度付近の南極大陸近くである．日本列島付近の伏角は 35 度から 60 度である．偏角は全磁力や伏角のように，緯度との関係は明瞭には見られず（図 3.6(c)），むしろ経度と関係があるように見える．特に，南半球では経度方向に偏角が大きく変化している．日本列島付近の偏角はマイナス数度から -10 度程度である．

伏角が +90 度を示し，偏角の等値線が集中しているところを磁北極（north magnetic pole）と呼ぶ．一方，伏角が -90 度を示し，偏角の等値線が集中しているところを磁南極（south magnetic pole）と呼び，磁北極と磁南極をあわせて磁極と呼ぶ．全磁力が南半球において極大値を示すところは，磁南極と近いが，全磁力が北半球において極大値を示すところとは磁北極とは大きく離れている．

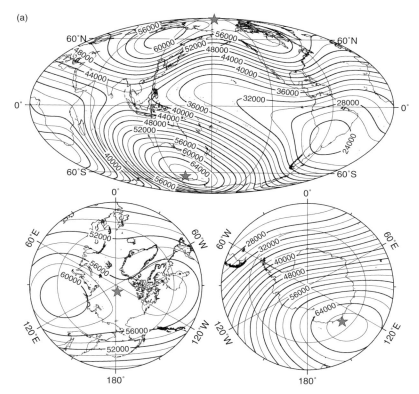

図 3.6 2016年1月1日午前0時の国際標準磁場モデル (IGRF-12)
(a)全磁力．等磁力線の間隔は 2000 nT．星印は磁北極と磁南極の位置を示す．

3) 地磁気双極子

現在の地球磁場の 80-90% 程度は，地球の中心付近に磁気双極子（長さを無限に小さくした棒磁石）があると仮定した場合にできる磁場（双極子磁場）で説明できるとされている．この磁気双極子を地磁気双極子（geomagnetic dipole）と呼ぶ．また，双極子磁場で説明できない地球磁場成分を非双極子磁場と呼ぶ．地磁気双極子を軸方向に延長して地表と交わるところを地磁気極（geomagnetic pole）と呼ぶ．地球磁場が双極子磁場成分だけである場合は，地磁気極と先に説明した磁極の位置は一致する．しかし，実際に

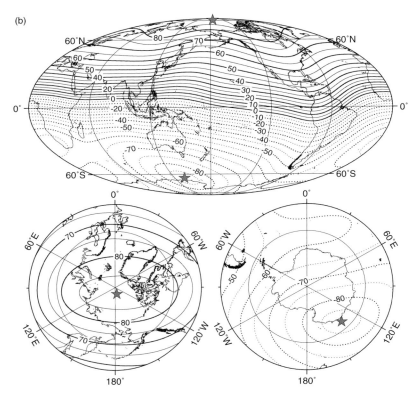

図 3.6 (b) 伏角.等伏角線の間隔は 5 度.破線は負の値の等値線を示す.

は,この 2 つの極の位置は一致しない.以下では,地磁気極を求める.

国際標準磁場モデルの磁気ポテンシャル(3.20)式においては,$n=1$ の項が地磁気双極子による磁場に相当する.そのため,地磁気双極子の x, y, z 方向成分の大きさをそれぞれ m_x, m_y, m_z とすると,各成分の大きさは,

$$m_x = \frac{4\pi}{\mu_0} a^3 g_1^1$$

$$m_y = \frac{4\pi}{\mu_0} a^3 h_1^1 \quad (3.22)$$

$$m_z = \frac{4\pi}{\mu_0} a^3 g_1^0$$

98 ── 第 3 章 海洋地殻の年代と磁化

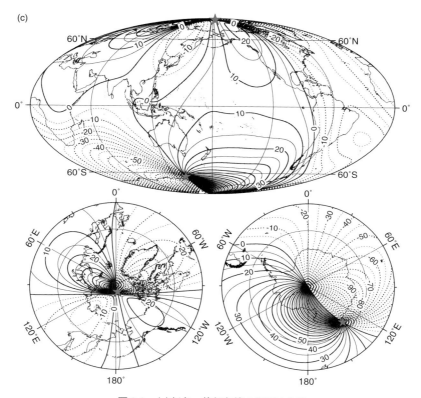

図 3.6 (c)偏角．等偏角線の間隔は 5 度．

となる．ここで，μ_0 は真空中の透磁率（permeability constant：$4\pi \times 10^{-7}$ [N/A^2]）である．地球の平均的な半径を 6371 km として，2016 年 1 月 1 日午前 0 時の国際標準磁場（IGRF-12）のガウス係数（$g_1^0 = -29431.7$ nT，$g_1^1 = -1482.9$ nT，$h_1^1 = 4770.5$ nT）を用いると，そのときの地磁気双極子の各成分の大きさは，

$$\begin{aligned} m_x &= -0.38347 \times 10^{22} \\ m_y &= 1.23364 \times 10^{22} \quad [\text{Am}^2] \\ m_z &= -7.61094 \times 10^{22} \end{aligned} \quad (3.23)$$

となる．したがって，地磁気双極子の強さと方向は，

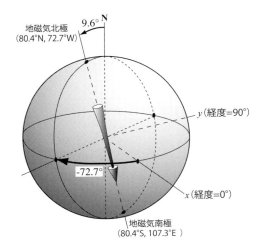

図 3.7　地磁気双極子の配置

$$\begin{aligned}
m &= \sqrt{m_x^2 + m_y^2 + m_z^2} \\
&= 7.7198 \times 10^{22} \, [\mathrm{Am^2}] \\
\theta &= \cos^{-1}\frac{m_z}{m} = 170.4° \\
\phi &= \cos^{-1}\frac{m_x}{\sqrt{m_x^2 + m_y^2}} = 107.3°
\end{aligned} \quad (3.24)$$

となる．θ は余緯度（90°−緯度），ϕ は経度である．この結果を図3.7に示す．

　地磁気北極（北緯80度24分，西経72度42分）は磁北極に比べて低緯度側にずれていて，カナダ領クイーンエリザベス諸島付近に位置している．地磁気南極（南緯80度24分，東経107度18分）は磁南極に比べて高緯度側にずれていて，南極大陸内に位置している．地磁気極と磁極の位置は，地球磁場の時間変化とともに移動することが知られている．磁極は地磁気極に比べて速く移動する．これは，非双極子磁場の時間変化が双極子磁場に比べて大きいためと考えられている．

4）地心双極子

　過去500万年間の世界中の岩石から求めた地磁気北極の位置は，地理的北極と2度以内でほぼ一致する（McElhinny *et al.*, 1996）．また，数万年以上と

いった非常に長い期間にわたって地球磁場を平均的に見ると，地磁気双極子の軸の傾きや非双極子磁場成分の割合は無視できるほど小さくなる．すなわち，数万年以上といった長期間にわたって平均的に見た地球磁場は，地球の中心にあり，その軸が自転軸と一致する地磁気双極子（地心双極子あるいは地心軸双極子，geocentric axial dipole，図3.8）が作る磁場と等しいと見なすことができる．これを地心双極子仮説（GAD hypothesis）と呼ぶ．

地心双極子が作る磁場の磁気ポテンシャルは，

$$W = -\frac{\mu_0 m \sin\lambda}{4\pi r^2} \tag{3.25}$$

と表すことができる．ここでλは緯度である．

この場合の地球磁場の北向き（X），東向き（Y），下向き（Z）成分は，(3.21) 式より，

$$\begin{aligned} X &= \frac{\mu_0 m \cos\lambda}{4\pi a^3} \\ Y &= 0 \\ Z &= \frac{\mu_0 m \sin\lambda}{2\pi a^3} \end{aligned} \tag{3.26}$$

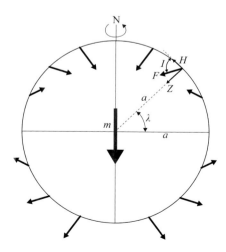

図3.8 地心双極子が作る磁場
　　　細い矢印が表面での磁場の方向を示す．

となる．したがって，全磁力 (F)，偏角 (D)，伏角 (I) は，次のようになる．

$$F = \sqrt{X^2 + Y^2 + Z^2} = \frac{\mu_0 m}{4\pi r^3}\sqrt{1 + 3\sin^2\lambda}$$
$$D = \tan^{-1}\frac{Y}{X} = 0 \tag{3.27}$$
$$I = \tan^{-1}\frac{Z}{H} = \tan^{-1}\frac{Z}{H} = \tan^{-1}(2\tan\lambda)$$

上式から地心双極子が作る磁場の場合は，全磁力と伏角は緯度の関数であることがわかる．一方，偏角は地球上のいずれの地点においても 0 である．深海掘削試料における過去の地球磁場に関する研究（古地磁気学的研究）においては，(3.27) 式の伏角と緯度の関係式（$I = \tan^{-1}(2\tan\lambda)$）は広く利用されている．

5) 古地磁気極

さまざまな地点の海洋地殻に関する古地磁気学的研究を比較するためには，地磁気極の位置を比較することが多い．古地磁気極の位置（緯度 λ_p, 経度 ϕ_p）は，研究対象地域の位置（緯度 λ_s, 経度 ϕ_s）とその場所で採取された岩石試料から求めた古地磁気方位（偏角 D_m, 伏角 I_m）から，図 3.9 を参考にして次の式を使って求めることができる．

$$\sin\lambda_p = \sin\lambda_s \cos p + \cos\lambda_s \sin p \cos D_m \quad (-90° \leq \lambda_p \leq +90°)$$
$$\phi_p = \phi_s + \beta \quad (\cos p \geq \sin\lambda_s \sin\lambda_p \text{ の場合})$$
$$\phi_p = \phi_s + 180 - \beta \quad (\cos p < \sin\lambda_s \sin\lambda_p \text{ の場合}) \tag{3.28}$$
$$\text{ただし，} \cot p = \frac{1}{2}\tan I_m$$
$$\sin\beta = \frac{\cos p \sin D_m}{\cos\lambda_p} \quad (-90° \leq \beta \leq +90°)$$

1 つの地点のある年代の地層から採取した岩石試料から上式を使って求めた極は，仮想的地磁気極（virtual geomagnetic pole, VGP）と呼ぶ．1 地点

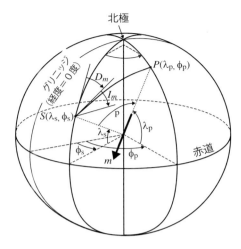

図3.9 試料採取地点と残留磁化方位から地磁気極を求める計算のための図

の1時代の結果だけでは，長期間にわたって地球磁場を平均したと見なすことができず，非双極子磁場を0と仮定することができない．すなわち地心双極子仮説が成立するとは考えられないので「仮想的」という言葉が付けられている．世界中のさまざまな地点のVGPを1万年から10万年程度の長期間にわたって平均して求めた地磁極を古地磁気極（paleomagnetic pole）と呼ぶ．

海洋プレートが回転や緯度方向の移動を経験していない場合は，そのプレートから求められた古地磁気極の位置と自転軸の位置は一致することになる．そのため，古地磁気極の位置から海洋プレート運動を復元することが可能である．

6) 地球磁場の時間変化

地球磁場は絶えず変動しており，その変動周期は1秒くらいの短期間のものから数千年以上の長期間におよぶものまである．このうち，数十年より短い周期性をもつ地球磁場の変動は，いずれも地球外部の電離層や磁気圏にその原因がある．短い周期性の地球磁場の時間変化の代表的なものとして，地磁気日変化と磁気嵐がある．

地磁気日変化は，太陽からの放射（熱，X線，紫外線）のために電離層

（地上100 km付近）中に電流が流れて地磁気に変動が生じるために起こり，毎日比較的規則正しく繰り返される．太陽の高度と関係があるため，季節的には夏が最大，冬が最小になる．地磁気日変化の大きさは水平成分や鉛直成分で 10-20 nT，偏角で数分程度である．

磁気嵐は太陽面での大規模な爆発により発生する高エネルギーのプラズマ流が，地球の磁気圏と相互作用することで発生する．プラズマ流は太陽面爆発後 1-2 日で地球の磁気圏に達する．プラズマ流によって磁気圏前面が圧縮されるため，地球表面では水平成分が急激に増加することが多い．変化の大きさは 1000 nT を越えることがある．

数十年から数千年程度の時間に関係した地磁気変化を永年変化（secular variation）と呼ぶ．永年変化の原因は地球内部にあると考えられているが，具体的な仕組みはわかっていない．永年変化の代表的なものとしては，非双極子磁場の西方移動（年間約 0.2 度）がある（Yukutake, 1962）．

7）地球磁場の逆転史

地球磁場は地質学的年代を通じて常に現在と同じような方向を向いていたわけではない．数万年から数十万年に一度の割合で方向の逆転を繰り返している．地球磁場が現在と同じ方向を向いている時期を正磁極期，反対方向を向いている時期を逆磁極期と呼ぶ．1つの磁極期の期間は1万年から数千万年とさまざまであり，逆転に要する時間は長くて数千年程度である．

過去 500 万年間の地球磁場逆転史は，Cox et al. (1963) によって確立された．彼らは主な磁極期に，磁場に関する研究で功績のあった研究者の名前を付けた（図 3.10）．また，継続期間の短い磁極期には，その磁極が発見された地点の地名を付けた．Heirtzler et al. (1968) は磁気異常縞模様をもとに現在から白亜紀後期までの地球磁場逆転年表を作成した（図 3.11）．彼らは拡大速度が一定であるとして海底の年代を求めた．この研究はプレートテクトニクスが確立する過程において，重要な役割を果たした．彼らは，主な正の磁気異常に中央海嶺から若い順に 32 までの番号（磁気異常番号）を付けた．中央海嶺上の磁気異常は磁気異常番号 1 ではなく，"Central Anomaly"と呼ばれることがある．Larson and Pitman (1972) は磁気異常番号 33

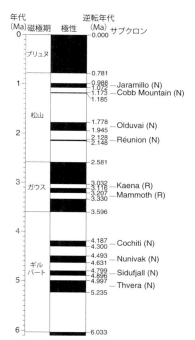

図 3.10 現在から 600 万年前までの地球磁場逆転年表（Merrill *et al.*, 1996；年代は Cande and Kent, 1995 による）

と 34 を追加した．また，彼らは磁気異常番号 33 より古いところに磁気異常縞模様が存在しない海底（白亜紀磁気静穏帯，Cretaceous Quiet Zone）があることを示した．この海底は白亜紀の中頃（約 84-126 Ma）の長い間，地球磁場が逆転しなかった時期（白亜紀磁気静穏期，Cretaceous Quiet Period）にできたものである．

その後，いくつかの研究（たとえば，LaBrecque *et al.*, 1977；Harland *et al.*, 1982, 1990；Kent and Gradstein, 1985）により地球磁場逆転年表が改訂された．Cande and Kent（1992a）は南大西洋の海底拡大を表現する有限回転極（finite rotation poles）と 61 本の地磁気データを使用して新生代の地球磁場逆転パターンを新たに作成し，地球磁場逆転年表を新たに作成した．地球磁場逆転の繰り返し期間が短かい時期に関しては，南大西洋より拡大速度の速い太平洋やインド洋において地球磁場逆転パターンを求めた．各磁極期の年代は，放射年代などで年代がすでに決められている 9 つの磁極期間の拡大速度

図 3.11 地球磁場逆転年表と地質区分（Gradstein *et al.*, 2012 に基づく，年代区分名は国際地質科学連合国際層序委員会が 2015 年 1 月に公表した国際年代層序表の日本語訳に基づく）

（a）現在から 80 Ma まで．

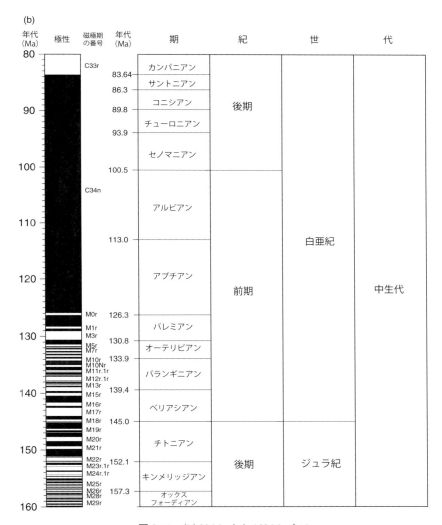

図 3.11 (b) 80 Ma から 160 Ma まで.

を一定にして決定されている．その際，拡大速度はなるべくなめらかに変化するように年代が決められた．Cande and Kent（1995）では，天文年代学の情報など新しい年代更正点を取り入れて年代を更新した．その後の研究（たとえば，Gradstein et al., 2012）では，Cande and Kent（1992a）の地球磁場逆転パターンを利用しているが，年代を決定するときの基準となる年代情報が異なる．

　中生代の地球磁場逆転年表については，Larson and Pitman（1972）がジュラ紀後期から白亜紀前期までの年表を初めて作成した．彼らは，主要な正の磁気異常にM1からM22までの番号を付けた．新生代の磁気異常番号と区別するため中生代"Mesozoic"の頭文字"M"を番号に前に付けたので，中生代の地球磁場逆転パターンはM-sequenceと呼ばれることがある．Larson and Hilde（1975）は，M1より若い海域に新たに磁気異常縞模様が存在することを明らかにして，その磁気異常の番号をM0とした．M22より古いところは磁気異常縞模様が存在しないとされ，ジュラ紀磁気静穏帯（Jurassic Quiet Zone）とされた（Larson and Pitman, 1972）が，その後，磁気異常番号M23からM25までがLarson and Hilde（1975）によって，磁気異常番号M26からM29までがCande et al.（1978）によってそれぞれ追加された．さらに，M29より古い磁気異常番号が，いくつかの研究（Handschmacher et al., 1988；Sager et al., 1998；Tivey et al., 2006）により追加されたが，M29以降の磁気異常の振幅は100 nT以下と小さい．この程度の振幅変化は地球磁場の強度変動によっても生じるため，M29以降の磁気異常がすべて地球磁場の反転によるものか，地球磁場の強度変動によるものかは決着はついていない．Cande and Kent（1992b）はM25よりM29までの磁気異常は地球磁場の強度変動に起因することを示唆している．

　Channell et al.（1995）は北西太平洋に存在する中生代磁気異常縞模様とイタリアの同時代の地層区分とを比較することによって，新たに中生代の地球磁場逆転年表を作成した．その後のいくつかの研究（Gradstein et al., 2004, 2012）の地球磁場逆転年表は，Channell et al.（1995）の地球磁場逆転パターンをもとにして作成されている．Channell et al.（1995）とGradstein et al.（2012）の違いは，年代を更正する情報にある．たとえば，この時代にお

ける最後の地球磁場の反転である磁気異常番号 M0（Aptian のはじまり）の年代が，Channell et al.（1995）では 120.6 Ma とされているが，Gradstein et al.（2012）では 125 Ma とされている．このように地球磁場逆転年表によっては，同じ磁気異常番号でもその年代が異なることがあり，そのために磁気異常縞模様をもとにして算出される拡大速度は，使用する年表によって異なる．したがって，複数の論文の海底の年代や拡大速度に関する情報を比較するときには，どの地球磁場逆転年表が使われているか注意することが必要である．

新生代の磁気異常番号は正磁極期に付けられている．一方，中生代の磁気異常番号は逆磁極期に付けられている．中生代の磁気異常縞模様の研究（Larson and Pitman, 1972）がいち早く始まった海域が北西太平洋であった．この海域の海底は南半球で形成されたものであるため，現在は，逆磁極期にできた海底上で正の磁気異常が観測される（この理由は磁気異常縞模様のモデル計算のところで説明する）．これが，中生代の磁気異常番号のほとんどが正磁極期ではなく逆磁極期に付けられている理由である．

8）磁性鉱物

海域で観測される地球磁場成分には，海洋地殻の磁気的性質による成分が含まれている．海洋地殻の磁気的性質を担っているのは，岩石中に含まれている強磁性を示す磁性鉱物である（海洋地殻のどの部分が具体的にその地球磁場成分を担っているかは，3.4 節で説明する）．一般に火山岩には重量比で数％位（強）の磁性鉱物が含まれている．多くの場合は鉄とチタンの酸化物である．そのほかに鉄の硫化物や水酸化物などがあるが，海域で観測される地球磁場への関与はほとんど考えなくてよい．鉄とチタン酸化物はマグネタイト（磁鉄鉱）－ウルボスピネル，またはヘマタイト（赤鉄鉱）－イルメナイト（チタン鉄鉱）という固溶体（2 つの端成分の間で成分が連続的に変化できる物質）で出現することが多いが，酸化などによってもとの組成から変化していることもある．これらの固溶体をそれぞれチタノマグネタイト（チタン磁鉄鉱）およびチタノヘマタイト（チタン赤鉄鉱）と呼ぶ（図 3.12）．チタノマグネタイトの示性式は $x\mathrm{Fe_2TiO_4} \cdot (1-x)\mathrm{Fe_3O_4} (0 \leq x \leq 1)$ である．x が

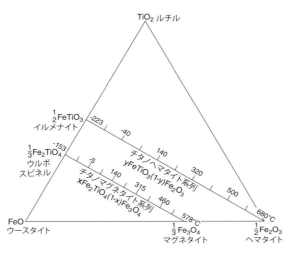

図3.12 鉄・チタン酸化物の3成分系相図
各系列上の数字はキュリー温度を示す.

0.6付近のチタノマグネタイトが海底の玄武岩においてよく見られる．海洋地殻は形成後に鉄の2価が3価に変化する酸化反応（低温酸化）が進行し，チタノマグネタイトがチタノマグヘマイト（チタン磁赤鉄鉱）に変化することがある．この低温酸化の反応は，図3.12ではチタノマグネタイト系列の直線上の点から三角形の底辺と平行に右方向に進行する反応である．

9) 自然残留磁化

岩石は，外部から磁場を加えなくても，それ自身で磁化をもっている．この磁化を自然残留磁化 (natural remanent magnetization, NRM) と呼ぶ．岩石のなかには，その生成時の地球磁場ベクトルを記録して，保持していることが多い．代表的な自然残留磁化成分として，熱残留磁化 (thermal remanent magnetization, TRM) がある．溶岩が噴出して，冷えて固まるときに，その当時の地球磁場と同じ方向の残留磁化を獲得する．この熱残留磁化は，溶岩に含まれている強磁性鉱物がキュリー温度より高温な状態から冷却するときに磁化を獲得することによる．キュリー温度とは，強磁性鉱物がその温度以上で磁化を失う温度のことである．キュリー温度は組成によって異なる．

熱残留磁化のほかに，堆積岩が保持している自然残留磁化として，堆積残留磁化（detrital remanent magnetization, DRM）がある．また，海底の玄武岩で頻繁に起こる低温酸化の化学反応の過程において，新たに磁化を獲得することがある．このような磁化を化学残留磁化（chemical remanent magnetization, CRM）と呼ぶ．熱残留磁化の強さは，通常数 A/m 程度であるが，中央海嶺付近の玄武岩では 10 A/m 以上になることもある．化学残留磁化は熱残留磁化と同程度の強さを示すことがある．一方，堆積残留磁化の強さは熱残留磁化の 100 分の 1 以下程度であることが多い．そのため，熱残留磁化は磁気異常縞模様を担う残留磁化として重要である．磁気異常の解析の際には堆積物の磁化の影響は考えないのが一般的である．

3.3　磁気異常縞模様（縞状磁気異常）

1) 磁気異常縞模様の分布

　地磁気が逆転を繰り返している時期に海底拡大が起こると，海嶺で形成される海底が獲得する熱残留磁化は，その時期の地球磁場の方向と同じになる．そのため，正逆の互い違いの磁化方向をもつ海底が並ぶことになる（図 3.13）．したがって，海上で地磁気を観測すると磁気異常縞模様が観測される．この考え方は 1963 年のほぼ同時期に Vine and Matthews と Morley によって別々に提案された．そのため，Vine-Matthews-Morley 仮説と呼ばれている．

　1950 年代中頃より米国沿岸測地測量局[1]とスクリップス海洋研究所によって，精力的に海上での地磁気観測が行われた．その結果，北緯 32 度から 52 度までの北アメリカ太平洋岸沖に縞状に伸びた磁気異常の存在が明らかになった（図 3.14 中のファンデフカ海嶺周辺；Mason and Raff, 1961）．その磁気異常の振幅は 1000 nT 以上，波長は 20-30 km，長さは数百 km であった．その後さらに観測が進み，北東太平洋の磁気異常縞模様が詳細に明らか

---
[1] 米国沿岸測地測量局： Coast and Geodetic Survey. 現国立測地測量局であり，現在の米国海洋大気局（NOAA）の前身組織の 1 つ．

になってきた（図 3.15）．その結果，北東太平洋の海底は主に新生代に形成したことがわかった．

北アメリカ太平洋岸沖から西経 155 度付近までは南北方向の走向をもつ磁気異常縞模様が存在している．その西側で北緯 45 度より北側のアラスカ沖の海域では，磁気異常番号 33 から 25 までの磁気異常縞模様の走向が南北から東西に変化しているところがある．このような磁気異常縞模様の曲がりは地磁気湾曲（magnetic bight）と呼ばれている．このアラスカ沖の magnetic bight は世界最大級の規模であるため，特に地磁気大湾曲（Great Magnetic Bight）と呼ばれることがある．地磁気湾曲は三重会合点を構成している走向の異なる 2 つの中央海嶺において形成される．

第二次世界大戦以降，世界中で精力的に全磁力観測が実施され，主な海域の磁気異常縞模様が 1990 年頃までに明らかになった（図 3.16）．この章のはじめに示した海底年代図は，図 3.16 のような磁気異常縞模様図が基本となっている．西経 150 度から東経 180 度までの南太平洋には磁気異常縞模様が存在しない．これは，この部分の海底が白亜紀磁気静穏期にできたためである．

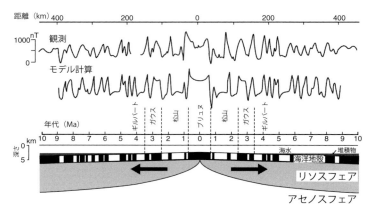

図 3.13 海底拡大している中央海嶺を垂直方向に横切る断面と磁気異常プロファイル（Butler, 1992 に加筆）

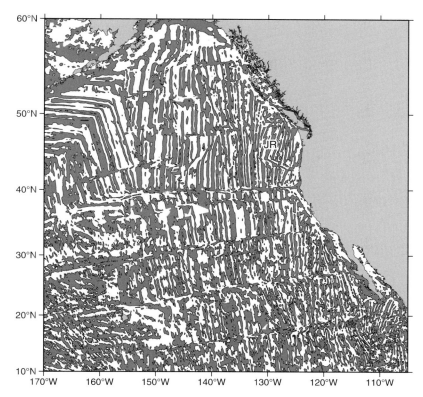

図 3.14 磁気異常図の例(北東太平洋)(Maus *et al.*, 2009 のデータを使用)
灰色の部分が正の磁気異常,白色の部分は負の磁気異常を示す.JR:ファンデフカ海嶺.

2) 日本周辺の磁気異常縞模様

北西太平洋の太平洋プレートには,主に 120 Ma より古い磁気異常縞模様が存在する(図 3.17).この磁気異常縞模様は,中生代磁気異常縞模様(Mesozoic magnetic anomaly lineations)と呼ばれている.この図中で最も古い磁気異常縞模様は磁気異常番号 M35 である.

北西太平洋の磁気異常縞模様には 3 つの主要な群がある.ここでの群とは,ある時期に 1 つの中央海嶺でできた磁気異常縞模様を 1 つのグループとして

3.3 磁気異常縞模様(縞状磁気異常) —— 113

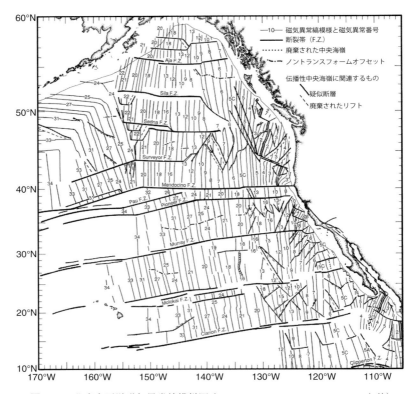

図 3.15 北東太平洋磁気異常縞模様図（Atwater and Severinghaus, 1989 に加筆）

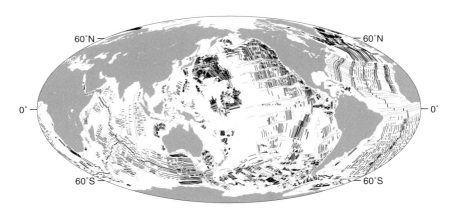

図 3.16 全世界の磁気異常縞模様図（Cande *et al.*, 1989 にその後の主な研究結果を追加）

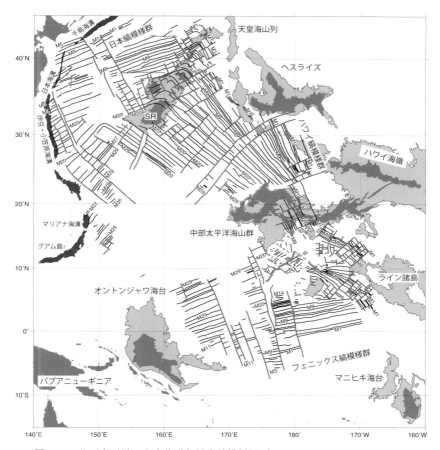

図 3.17 北西太平洋の中生代磁気異常縞模様図（Nakanishi and Winterer, 1998；Nakanishi *et al.*, 1999, 2015；Nakanishi, 2011 をもとに作成）
薄い網は海台を，そのなかの濃い網は海台中の地形的高まりを示す．SR：シャツキーライズ．

取り扱う単位のことである．たとえば，日本縞模様群（Japanese lineation set）は中生代に太平洋-イザナギ海嶺でできた海底上で観測される縞模様のグループであり，Larson and Pitman（1972）によって名付けられた．ハワイ縞模様群（Hawaiian lineation set），フェニックス縞模様群（Phoenix lineation set）は，それぞれ太平洋-ファラオン海嶺，太平洋-フェニックス海

嶺でできた海底上で観測される縞模様のグループである．北西太平洋の中生代磁気異常縞模様群においても北緯31度東経151度付近に地磁気湾曲が見付かっている（Nakanishi et al., 1989, 2015）．なお，マリアナ海溝東方の東マリアナ海盆は，ジュラ紀前期から中期にできた海底と考えられているが，この時代の地球磁場逆転年表については議論の決着を見ていないため，図3.17には磁気異常縞模様を表示していない．

　日本海では，1970年代初めに磁気異常縞模様の存在の可能性が示された（Isezaki and Uyeda, 1971）が，その後長い間広域的な磁気異常縞模様は同定されなかった．これは磁気異常縞模様が存在する日本列島東方の北西太平洋（前段落）や四国海盆（後述）に比べて，日本海の磁気異常が複雑なパターンを示しているためである（図3.18）．1986年に日本海盆において，地球磁

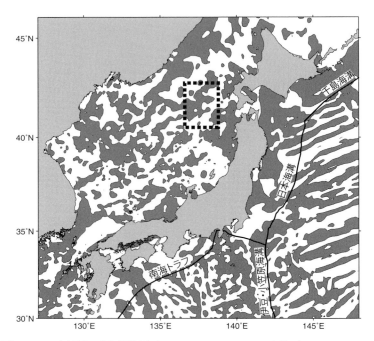

図3.18　日本周辺の磁気異常図（Maus et al., 2009のデータを使用）
　　　　灰色の部分が正の磁気異常，白色の部分は負の磁気異常を示す．破線の枠は
　　　　玉木・小林（1988）によって地磁気調査が実施された日本海盆の位置を示す．

場の観測が研究船白鳳丸によって実施された（Kobayashi et al., 1986；玉木・小林，1988）．その後の追加的な調査とともに，解析を進めた結果，日本海盆にも磁気異常縞模様が存在することが確認された．その後の深海掘削結果などもあわせて，日本海の形成過程が明らかになった（Tamaki et al., 1992）．それによると日本海の形成過程において，日本海の北部の大半を占める日本海盆では，海底拡大が 25 Ma 頃にはじまり，その後西方に伝播した．

四国海盆には南北方向の磁気異常縞模様が存在する（図 3.19, 沖野，2015）．その年代は 25 Ma から 15 Ma までである．磁気異常縞模様から，四国海盆を作った中央海嶺の走向は過去 2 回変化したこと，海底拡大は 15 Ma 頃に停止したことなど，四国海盆の形成過程の詳細が明らかになった（Kobayashi

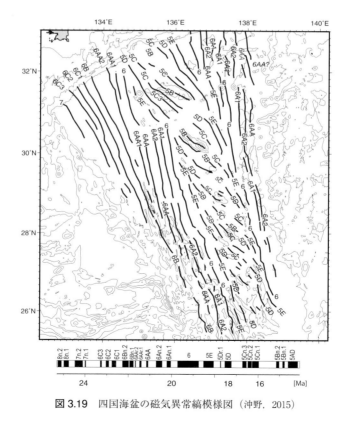

図 3.19 四国海盆の磁気異常縞模様図（沖野，2015）

et al., 1995).

3) 磁気異常縞模様のモデル計算

磁気異常縞模様からプレート運動に関して得られる情報を定量的に説明するために，図 3.20 のような二次元板状のモデルを考える．磁気異常縞模様の延びる方向を x 軸として，その直交方向を y 軸，鉛直下方向を z 軸とする．板は x 方向は無限に伸びている（$-\infty$ から $+\infty$ まで）．y 方向の厚さは 1，z 方向の幅は $a-b$ とする（$a<b$）．微少部分 $P(x, y, z)$ の磁化（$\vec{m} = (m_x, m_y, m_z)$）による原点における磁気ポテンシャルは，

$$dW = \frac{\vec{m} \cdot \vec{r}}{r^3} \tag{3.29}$$

となる．ここで $\vec{r} = (x, y, z)$ である．板全体による原点における磁気ポテンシャルは

$$W = \int_{-\infty}^{+\infty} dx \int_a^b dz \frac{m_y y + m_z z}{r^3} \tag{3.30}$$

となる．ただし，$m_x x$ の項は x 軸に対して対称であり，$-\infty$ から $+\infty$ までで相殺されるため，ここでは省略した．

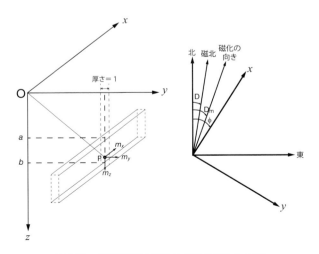

図 3.20 磁気異常縞模様の板状モデルと座標

x 軸方向の磁場成分は，

$$F_x = -\left(\frac{\partial W}{\partial x}\right) = 0 \tag{3.31}$$

である．y 軸方向の磁場成分は，

$$\begin{aligned}F_y &= -\left(\frac{\partial W}{\partial y}\right) \\ &= 2\int_a^b \left(\frac{m_y y^2 + 2m_z yz - m_y z^2}{(y^2+z^2)^2}\right)dz \\ &= -g_1 m_y + g_2 m_z\end{aligned} \tag{3.32}$$

となる．ただし，

$$\begin{aligned}g_1 &= 2\left(\frac{a}{y^2+a^2} - \frac{b}{y^2+b^2}\right) \\ g_2 &= 2\left(\frac{y}{y^2+a^2} - \frac{y}{y^2+b^2}\right)\end{aligned} \tag{3.33}$$

である．同様に z 軸方向磁場（鉛直方向の成分）は，

$$\begin{aligned}F_z &= -\left(\frac{\partial W}{\partial z}\right) \\ &= g_2 m_y + g_1 m_z\end{aligned} \tag{3.34}$$

となる．全磁力異常 $t(y)$ とすると，

$$t(y) = -F_y \sin(\phi - D)\cos I + F_z \sin I \tag{3.35}$$

である．ここで，D と I はその地点での地球磁場の偏角と伏角である．ϕ は板の走向（磁気異常縞模様の走向）である．この式に（3.31）式と（3.33）式を代入すると，

$$t(y) = m\left(\frac{\sin I \sin I_m}{\sin I' \sin I'_m}\right)(g_1 \cos\theta + g_2 \sin\theta) \tag{3.36}$$

となる．ただし，

$$\tan I' = \frac{\tan I}{\sin(\phi - D)}$$

$$\tan I'_m = \frac{\tan I_m}{\sin(\phi - D_m)} \qquad (3.37)$$

$$I'_m + I' = \theta + 180°$$

である．I' と I'_m をそれぞれ地球磁場の有効伏角（effective inclination）と磁化層の残留磁化の有効伏角と呼ぶ．有効伏角とは（3.36）式からわかるように，磁化物体の伸びている方向に垂直な面に投影した伏角のことである．

（3.37）式の θ は歪みの度合いを示すパラメータ（skewness parameter）と呼ばれる．θ は観測で得られた磁気異常プロファイルと，海洋地殻が真下方向の磁化（伏角 90 度）をもっている場合に期待される磁気異常プロファイルとの形状のずれを，位相差（phase shift）として取り扱うものである．θ については，Schouten (1971) で初めて導入された．

θ が異なると磁気異常プロファイルの形状が変化する（図 3.21）．たとえば θ が 0°の場合，正磁極期のところでは正の磁気異常が見られるが，180°の場合は真逆の負の磁気異常が見られる．このように海洋地殻の磁極と磁気異常の正負が逆になっている一例は，先に紹介した北西太平洋に存在する中生代磁気異常縞模様である．

θ は（3.37）式からわかるように (D, I, D_m, I_m, ϕ) の 5 つの情報から決まる．海洋地殻の磁化構造が同じであっても，観測位置や磁気異常縞模様の走向によって，観測される磁気異常プロファイルは異なる．緯度が異なる場合の例を図 3.22 に示す．また，縞模様の走向が異なる場合（地磁気大湾曲）の例を図 3.23 に示す．地磁気大湾曲付近では同じ年代の磁気異常縞模様であっても，その走向が異なることよって磁気異常プロファイルの形状が異なる．いずれの例でも磁気異常プロファイルの形状に関する情報のなかで，特に振幅に大きな違いが出ることが特徴である．このことは，単に磁気異常の振幅の比較から海洋地殻内の残留磁化の大きさを比較することはできないことを示している．

南北方向の走向をもつ中央海嶺が磁気赤道（伏角 $= 0°$）に存在する場合は，全磁力観測からは磁気異常は観測されない．この場合は，$\phi = 0$, $I = I_r = 0$, D

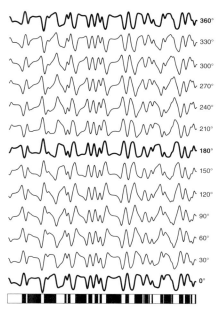

図 3.21 磁気異常プロファイルの形状変化
プロファイルの右側の数値は歪みの度合を示す.

= 0 となり，(3.35) 式から全磁力は 0 になる．これが赤道付近の大西洋中央海嶺付近の全磁力異常がはっきりせず，磁気異常縞模様が同定されていない理由である（図 3.16）．

θ を決定する 5 つの情報のうち，D と I は国際標準磁場モデルのような地球磁場モデルから計算することができる．また磁気異常縞模様の走向である ϕ は，観測から決定可能である．したがって，θ を決めることができれば，海洋地殻がもつ残留磁化の伏角と偏角の組みあわせを知ることができる．地心双極子仮説に従うと複数の伏角と偏角の組みあわせから，その時代の地磁気極の位置を知ることができる．したがって，1 つのプレートの異なる時代の θ を決めることができれば，そのプレートの絶対運動史を明らかにすることができる．たとえば，北西太平洋の 3 つの中生代磁気異常模様群から求めた θ を使って地磁気北極の位置が求められた（図 3.24, Larson and Chase, 1972）．この図は太平洋プレート上にある同時代の 3 つの縞模様群それぞれ

3.3 磁気異常縞模様（縞状磁気異常）── 121

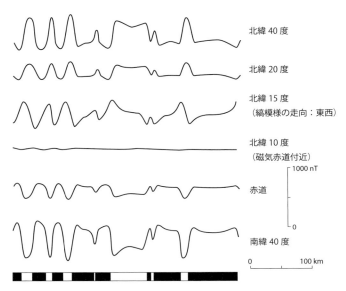

図 3.22 緯度による磁気異常プロファイルの形状変化（McKenzie and Sclater, 1971）

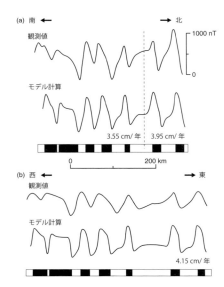

図 3.23 地磁気大湾曲付近の縞模様の走向による磁気異常プロファイルの形状変化（Vine and Hess, 1970 を改変）

それぞれ (a) 東西方向，(b) 南北方向の磁気異常縞模様を横切る磁気異常プロファイル．

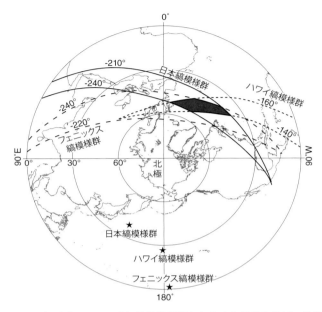

図 3.24 北西太平洋の 3 つの磁気異常模様群から求めた地磁気北極の位置(Larson and Chase, 1972 に加筆)

大円の上の数字は歪みの程度のパラメータを示す．大円はそのパラメータから期待される地磁気極の位置を示す．★印は大円を計算する際に使用した各縞模様群の代表的な位置を示す．

から求められた偏角と伏角の組みあわせの範囲を大円によって示している．3 つの領域が重なっているところ(図中の黒色の範囲)が当時の地磁気北極の位置の範囲を示している．この図では，当時の地磁気北極は，磁気異常縞模様が存在する北西太平洋から見て，現在の地磁気極の反対側にある．これから，北西太平洋が現在より南方で形成されて，現在の位置まで北上したことがわかる．

θ の詳細な解析から，磁化境界[2]が鉛直である単純な板モデルでは説明できない場合があることが報告されている(たとえば，Cande, 1976)．単純な磁化構造から求められる θ と観測結果から求められる θ に間のずれを歪み

---
[2] 磁化境界：正磁極期にできた地殻と逆磁極期にできた地殻の境界．

異常（anomalous skewness）と呼ぶ（Cande, 1976）．現在活動中の中央海嶺上で発見された歪み異常は地球磁場の非双極子磁場成分の影響であると考えられている（Acton *et al.*, 1996）．また，歪み異常に関する研究から磁気異常にはんれい岩層（第3層）が寄与していて，磁化境界が鉛直ではなく中央海嶺から離れる方向に傾いていることが提案された（Cande and Kent, 1976）．（海洋地殻の磁化構造については3.4節で述べる．）

4）磁気異常縞模様の同定方法

　実際の磁気異常縞模様の走向と年代を決めることを磁気異常縞模様の同定という．以下では，磁気異常縞模様の同定方法を紹介する．

走向の決定

　日本や北米大陸の沿岸など，同じ方向の測線が数km程度の間隔で密に存在する場合は，図3.18や図3.19のような磁気異常図を作成することによって，縞状の磁気異常が存在するかどうかをまず知ることができる．前述の図3.14のように，北米大陸西岸沖には，南北方向に伸びる縞状の磁気異常が存在することがわかる．四国海盆では1980年代以降海上保安庁海洋情報部（当時は水路部）による大陸棚調査によって，東西方向の測線による地磁気観測が実施された．その結果から，南北方向に伸びる縞状の磁気異常の存在が確認されている（図3.19）．

　測線が密に存在しない海域において縞状の磁気異常の存在を確かめるためには，磁気異常プロファイルの形状に着目する（図3.25）．これは，θ（歪みの度合い）のところで示したように，海洋地殻の年代や磁気異常縞模様の走向などによって，磁気異常プロファイルの形状が異なるためである．図3.25はある海域での航跡に沿って磁気異常プロファイルを描かせたものである．磁気異常縞模様を同定するためには，まず同じような形状をもつ磁気異常が存在するかどうかを調べる．この図では，磁気異常プロファイルの同じ形状が北東—南西方向に存在することがわかる．したがって，この海域では北東—南西方向の走向をもつ縞状の磁気異常が存在することになる．

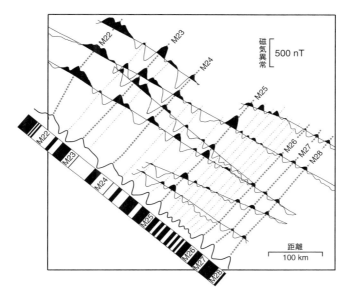

図 3.25 磁気異常プロファイル図
測線に沿って磁気異常のグラフを描かせたもの．黒色で塗りつぶした部分は正の磁気異常を，塗りつぶしていない部分は負の磁気異常を示す．図面左側の黒色と白色の繰り返しは地球磁場逆転年表を，番号は磁気異常番号を示す．その横に描かれたグラフはモデル計算されたものである．形状の類似性から同じ年代と同定されたものを点線で示す．

年代の決定

縞状の磁気異常が磁気異常縞模様であるかどうか決定するためには，その走向だけでなく，年代を決める必要がある．縞状の磁気異常の年代を決めるには，まず，海洋地殻内に磁気異常の原因となる磁化構造モデル（図3.13のような正磁極にできた地殻と逆磁極期にできた地殻の繰り返しのモデル）を仮定する．次に磁化構造モデルから磁気異常を計算しそのプロファイルを作成する．次に実際の磁気異常プロファイルと比較する．この際の磁化構造モデルは図 3.20 のように，磁気異常縞模様の走向に無限に伸びる構造を仮定する．実際の磁気異常プロファイルの形状と最も似ている磁気異常プロファイルが得られる磁化構造モデルから，海洋地殻が形成されたときの正磁極期と逆磁極期の繰り返しを明らかにする．その繰り返しのパターンを地球磁

場逆転年表と比較することで，磁気異常縞模様，すなわち海底の年代を知ることができる．図 3.25 では，磁気異常番号 M22 から M28 までの正逆の繰り返しが存在すると結論付けることができる．このような方法とは逆に，フーリエ変換を使った逆問題（インバージョン）的手法を使って，観測された磁気異常プロファイルから海洋地殻内の磁化構造を求める方法もある（たとえば，Schouten and McCamy, 1972）．しかしこの方法は，ノイズ除去のためのフィルター操作が煩雑になるため，あまり使われていない．

3.4 海洋地殻の磁化構造

海洋地殻第 2 層の最上部である溶岩の磁化は，誘導磁化[3]より強く安定した残留磁化（主に熱残留磁化）が卓越している．両者の磁化の割合（ケーニスバーガー比，Königsberger ratios）は 1 以上であり，100 を超えることもある（Fowler, 2005）．そのため，通常の磁気異常に関する研究においては誘導磁化成分は無視して，残留磁化成分のみ考えることが多い．玄武岩の残留磁化の磁化強度は数 A/m から数十 A/m である．磁気異常に関する研究においては，海洋地殻の厚さ 500 m から 1000 m の溶岩層（第 2 層上部）が磁気異常を担うと仮定されていることが多い．海洋地殻の最上層（第 1 層）である堆積層を除き，海洋地殻は玄武岩質のマグマ起源の火成岩から形成されている．

プレートテクトニクスの確立に大きな役割を果たした磁気異常縞模様の磁気異常を担う部分（磁化層）については 1970 年代からさまざまな議論があり，特定の場所に関する海洋地殻の磁化構造は明らかにされているが，汎用的な磁化構造モデルの構築には至っていない．これまでの研究で明らかになっている第 2 層と第 3 層を構成している主な岩石の磁化強度について，表 3.1 で示す．以下に海洋地殻の各層ごとに磁化の性質を説明する．

---

[3] 誘導磁化： 物質が磁場中にあるときに生じる磁化．磁場がなくなると誘導磁化もなくなる．

表3.1 海洋地殻各層およびマントル最上部の主な構成物の磁化強度

層	構成物	磁化強度（A/m）
1	堆積物	<0.01
2	若い溶岩	2-25
	溶岩	<10
	岩脈	2-5
3	はんれい岩	1-2
マントル最上部	蛇紋岩化したかんらん岩	0.1-30

1）第2層

　1970年代に公表された研究結果では，第2層の最上部である溶岩層が磁化層であると示された．アイスランド南方のレイキャネス海嶺における海上での地磁気観測から，磁化層として海洋地殻の最上部500 mの部分が12 A/mの磁化強度をもてば，観測された磁気異常を説明することができると結論付けた（Talwani et al., 1971）．また，北米大陸西岸沖のゴーダー海嶺（Gorda Ridge）における海底付近での地磁気観測からも，同じように磁化層の厚さは500 mであることが示された（Atwater and Mudie, 1973）．

　その後，深海掘削で得られた岩石試料やオフィオライトに関する研究からは，溶岩層の磁化は上記研究で仮定されたような磁化強度と一様な磁化構造をもっていないことが明らかになった（1980年代までの研究結果は古田・中西，1990にまとめられている）．深海掘削試料に関する研究では自然残留磁化の強さは中央海嶺から離れるにしたがって減少し，20 Ma付近で最小（数A/m）になることがわかっている（Furuta, 1993；Johnson and Pariso, 1993）．この磁化強度の減少の主な原因は，噴出岩の磁化を担う磁性鉱物であるチタンに富むチタノマグネタイトが，低温酸化によってマグヘマイトに変わるためと考えられている．また，レイキャネス海嶺近くのDSDPホール407において，海洋地殻最上部150 mの掘削孔で正磁極期にできた地層と逆磁極期にできた地層が見付かった（Faller et al., 1979）．これらの研究結果から，第2層上部の溶岩層だけが磁化層であると結論付けることはできない．

その後の深海掘削試料や潜水船で採取された岩石試料に関する残留磁化に関する研究から，溶岩層より深いところ（岩脈層）も磁気異常を担うことができるとされている．DSDPホール504Bにおいては枕状溶岩と岩脈の間の遷移層では弱い磁化（0.1 A/m 程度）であるが，それより下層では 2 A/m 程度の強さの磁化をもつ（Worm et al., 1996）．ヘスディープ（Hess Deep）での潜水船での試料採取では，溶岩と岩脈の磁化強度は 4 A/m 程度である（Varga et al., 2004）．このように第2層下部の磁化強度は，第2層上部の磁化強度と同程度であるため，第2層全体が磁化層であると考えられるようになっている．

2) 第3層

　前述した通り磁気異常縞模様のモデル計算で紹介した歪み異常を説明するためには，磁化境界は鉛直ではなく，中央海嶺から離れる方向に傾いている必要があると考えられている（Cande and Kent, 1976）．この磁化境界はプレート内のマグネタイトのキュリー温度である 580 度程度の等温線に従うと考えられた．この等温線の深さは中央海嶺からある程度離れると第3層に達する．これは，プレートの成長（第2章）とともに，磁化層が成長することが可能である．そのため，第3層が第2層と同じあるいはそれ以上の残留磁化強度をもてば，第3層の磁化が磁気異常に貢献することができる．これまでの研究では第3層を構成しているはんれい岩の磁化強度は 1-2 A/m 程度で第2層に比べて小さい（Pariso and Johnson, 1993）．そのため，第3層の磁化が磁気異常に貢献するためには，第2層と同じ磁極期にできた層が第2層に比べてかなり厚いことが必要である．しかし，大西洋中央海嶺付近のはんれい岩層では正磁極期にできた地層と逆磁極期にできた地層との重なりが見付かっている（Blackman et al., 2006）．したがってこれらの観測結果からは，第3層の磁化は磁気異常にほとんど貢献しないか，貢献してもその程度はそれほど大きくないと考えられている．

3) マントル最上部

　第3層の下のマントルを構成する超苦鉄質岩は一般的には磁性をもたない

（常磁性）が，蛇紋岩化によって磁性鉱物であるマグネタイトが形成され，海洋磁気異常の原因となる磁化をもつ場合がある．低速拡大海嶺において蛇紋岩化したかんらん岩が露出しているような特別なところでは，磁気異常の原因となっている可能性があると指摘されている．低速拡大軸のセグメント両端においては正の磁気異常が観測されることがある．この磁気異常は蛇紋岩化したかんらん岩とはんれい岩の誘導磁化の影響と考えられている（Pariso et al., 1996）．蛇紋岩化したかんらん岩の磁化は 0.1 A/m 以下から 30 A/m 以上と幅が広く，溶岩層の強さと同程度である（Oufi et al., 2002）．蛇紋岩化したかんらん岩の残留磁化あるいは誘導磁化は十分磁気異常に貢献できる可能性があるが，マントル起源のかんらん岩の磁気異常への貢献は，そのかんらん岩が海底付近に露出している断裂帯と低速拡大軸に限られると考えられている．

第4章 海底拡大と熱水活動
——海洋リソスフェアの誕生

4.1 中央海嶺の地形的特徴

　世界の海底地形図を見たとき，最も目をひく構造のひとつは中央海嶺（mid-ocean ridge）である．この海底の山脈は主な大洋の底を縫うように延び，その総延長は7万kmを越える．この山脈の中軸部には堆積物がほとんどなく新しい火山であるらしいこと，山脈を中心として両側にほぼ対称な磁気異常縞模様が見付かったことなどから，Vineらによる海底拡大説が生まれ，プレートテクトニクスの基礎が築かれたのである．現在のプレートテクトニクスの枠組みにおいては，中央海嶺は発散型のプレート境界として位置付けられている．離れていくプレート同士の隙間を埋めるようにマントル物質が上昇し，その一部が溶融してマグマとなり，噴出している火山山脈こそ中央海嶺である．ここではまず，1.2節3)でふれた中央海嶺の地形についてさらに詳しく見ていくことにしよう．

1) 長波長の地形

太平洋と大西洋

　第1章の図1.7をもう一度よく見てみよう．太平洋と大西洋を横断する地形断面図である．海嶺頂部から麓部に向けての全体的な様相（長波長の地形）と，より細かい凹凸（短波長の地形）の両方に違いがあることがわかるだろう．より詳しく見ていくために，この図のうち，中央海嶺を中心に両側2000 kmの断面を抜き出して並べたものを図4.1にあらためて示す．中央海嶺は場所ごとに固有の名前が付いており，大西洋を南北に続く海嶺は大西洋

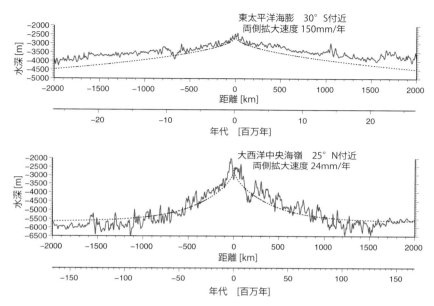

図 4.1 太平洋（上）と大西洋（下）の海嶺を横切る地形断面図
破線は，半無限媒質冷却モデルとアイソスタシーを仮定した場合の予測水深．

中央海嶺（Mid-Atlantic Ridge, MAR），太平洋プレートの東縁にあたる海嶺を東太平洋海膨（East Pacific Rise, EPR）と呼ぶ．海膨とは，その漢字が示すように比較的ゆるやかな高まりを指す（第1章コラム参照）．

長波長の地形について明らかなことは，太平洋では山脈の裾野が長く，なだらかな斜面が続くことである．海嶺頂部から 2000 km 離れた断面図の端の水深は 3900 m であり，頂部との水深の差はおよそ 1400 m ある．平均的な傾斜は 0.04°に過ぎない．一方，大西洋中央海嶺ははるかに急峻であり，平均的な傾斜は約 0.1°，断面図の端と海嶺頂部との水深差は 3000 m に及ぶ．この違いは何に起因するのだろうか．

リソスフェア（プレート）の冷却と水深

中央海嶺から離れるにつれて水深が深くなること，さらにその傾斜が太平洋と大西洋では異なることは，2.2 節 2）で述べたプレートの冷却でおおむ

4.1 中央海嶺の地形的特徴——131

ね説明できる．中央海嶺は発散型プレート境界であり，新しいリソスフェアが誕生する場所である．したがって，中央海嶺の頂部ではリソスフェアの年齢はゼロであり，離れるにつれて年代が古くなる．熱伝導によるプレートの冷却とアイソスタシーを考えると，水深は海底年代の平方根に比例して深くなると予想できる（2.11 節，2.23 式参照）．図 4.1 に示す東太平洋海膨 30°S 付近では海底拡大の速度（spreading rate）は 150 mm/年（= 150 km/100 万年）と速く，大西洋中央海嶺 25°N 付近では 24 mm/年なので，その違いは約 6 倍にもなる．

図 4.1 の横軸には海底拡大速度が一定と仮定した場合の海底年代も示してある．また，観測地形（実線）と重ねて，Stein and Stein（1992）の提案したモデルに基づく年代-水深関係（age-depth curve）を破線で示した．海嶺軸からの距離が同じであっても，拡大速度が違うので海底年代は 6 倍違い，したがって海底の沈降量も $\sqrt{6}$ 倍違うのである．言い換えれば，太平洋と大西洋の地形断面の長波長成分の違いは，拡大速度の違いでほぼ説明できるということだ．

中央海嶺の頂部の水深

プレート冷却モデルが説明しているのは，海嶺軸部からリソスフェアがどのように沈降し水深が深くなっていくかであり，いわば長波長地形の「形」である．それでは，起点である中央海嶺頂部の水深は世界中で同じなのだろうか．中央海嶺の平均的な頂部水深は約 2600 m だが，最も深い中央海嶺であるカリブ海のケイマンライズでは 6000 m，アイスランド北のレイキャネス海嶺では 500 m と実際には大きな幅がある．海底拡大速度がきわめて遅い海嶺では頂部水深が深いが，地球全体では頂部水深と拡大速度が必ずしも対応しているわけではない．

頂部水深の違いは主に海嶺下の密度構造の違いに起因する．地震探査によって海洋性地殻の厚さを調べると，たとえばアイスランド付近では地殻の厚さが通常の 1.5 倍以上あり，アイソスタシーの効果で水深が浅くなっていると推定できる．

2）短波長の地形

中軸谷

　次にもう一度図 4.1 に戻り，今度は地形の短波長成分に着目してみよう．全体に大西洋のほうが激しくでこぼこしている，すなわち短波長成分の振幅が大きいことがわかるはずだ．中央海嶺軸部のより詳細な地形（図 4.2）を見ると，大西洋中央海嶺では，海嶺頂部に細い谷地形が海嶺軸に沿ってずっと続いていることがわかるだろう．この谷を中軸谷（axial valley, axial rift valley）と呼ぶ．一方，東太平洋海膨にはこのような谷は見られず，軸部は周辺より高い．

　図 4.3 は世界の中央海嶺について，拡大速度と海嶺頂部の地形の関係をプロットしたものである．この図から明らかなように，ホットスポットの影響のある場所（レイキャネス海嶺など）などを除けば，中軸谷は拡大速度がおおむね 60 mm/年以下の海嶺で発達する．中軸谷は一般に幅 10-30 km，深さは 1-2 km 程度で，谷底はおおむね平坦である．中軸谷の縁は急峻な崖でもりあがっており，flanking high（flanking uplift とも，flank は山腹の意）と呼ばれる．中軸谷付近は一般にアイソスタシーが成り立っていない．大西洋中央海嶺の重力異常断面を見ると，中軸谷は 20 mGal 程度の負のアイソスタシー異常を伴っており，質量の欠損があることを示している．

　中軸谷と flanking high の成因を説明することはなかなか難しい．Tapponier and Francheteau（1978）は，海嶺での伸張場による正断層の形成と地殻下部の塑性変形により中軸谷の成因を説明した．海嶺軸部の浅いところ（3-4 km）は伸張場により正断層が発達し，谷地形が形成される．それより深いところでは地下の温度は 500℃を越し，はんれい岩やかんらん岩は塑性流動を起こして拡大速度と同程度の速度で中軸谷から両側へと運ばれていく．この結果，中軸谷は質量不足の状態になる．表層部では谷が存在して荷重が小さいため，アイソスタティックな応答として弾性板が上にたわんで平衡を保とうとする．こうして全体に上に凸だが中軸に顕著な谷がある地形が存続できる．このモデルはかなりよく現実の地形を説明しているし，同時に海嶺下のリソスフェアが曲げを支えるだけの強度をもつことを示す．

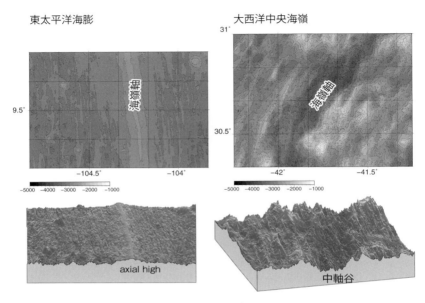

図 4.2 東太平洋海膨と大西洋中央海嶺の地形(地形データは Global Multi-Resolution Topography Data Synthesis (http://www.marine-geo.org/portals/gmrt/) を利用)
中軸部の形態が,太平洋では axial high,大西洋では中軸谷と対照的である.

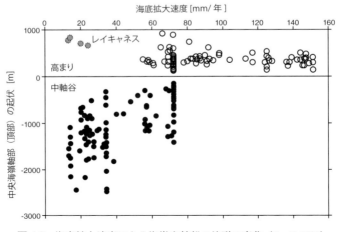

図 4.3 海底拡大速度による海嶺中軸部の地形の変化 (Small, 1998)

一方，このモデルからは中軸谷の下で地殻は非常に薄く，flanking high で厚くなることが予測されるのだが，地震波探査によると中軸谷とその外側で地殻の厚さに大きな差はない．これは，中軸谷と flanking high ではアイソスタシーが完全には成立していないことを示唆する．Kuo and Forsyth（1988）は，海嶺下では高温のマントルが上昇しているため，中軸部は力学的に支えられているとした．Phipps Morgan ら（1987）はさらに，リソスフェアの厚さが海嶺から離れるにつれ厚くなることで生じる水平方向の応力も重要な役割を果たすのではないかと提案している．

　太平洋では中軸谷はなく，かわりに幅 2-10 km，比高 200-400 m の高まりが存在する（図 4.2）．この高まりを axial high もしくは axial horst と呼ぶ．Madsen ら（1984）は，海嶺軸下に岩石が部分的にとけた高温かつ低密度の領域があり，その浮力によって薄いリソスフェアが上にたわんでいると考えた．一方，Magde と Detrick（1995）は，低密度の下部地殻や上昇してくるマントル物質の熱膨張による浮力だけでは観測される地形や重力異常は説明できないとし，より深部の海嶺軸下 50-70 km から細いメルトの通路があると考えた．また，axial high の少なくともある部分は，リソスフェアのたわみや浮力による力学的な支えではなく，厚い地殻を伴う火山体による表面の構造であると考えられる．

アビサルヒル

　中軸谷の外側に見られる短波長の地形の凹凸の大半は，海嶺軸にほぼ平行に延びる小規模な高まり（小海嶺）の連続である（図 4.2）．このような小海嶺のことをアビサルヒル（abyssal hill）と呼ぶ．Abyssal は「深海の」という意味であるが，残念ながらアビサルヒルに対応する日本語の術語は今のところない．海洋底は中央海嶺で生まれて海底拡大により地球上に広がっていくので，アビサルヒルは世界の海洋底にあまねく存在する地形である．比高は 200 m 程度なので，中央海嶺から離れた古い海底では堆積物に覆われて直接アビサルヒルを観測することはできないが，そのような場所でも地震波探査で表層の構造を見ると，堆積層の下にはどこでもアビサルヒルがあることがわかる．

アビサルヒルの形成過程について，Macdonald ら（1996）は火成活動と断層運動を組みあわせたモデルを提唱している．海嶺軸部では，小さな単成火山が狭い線上に重なりあうように形成されて，実際には海嶺軸方向に伸びた小海嶺状の高まりが形成されることが多い．さらに，中央海嶺では軸部から離れると，伸張場による正断層がやはり海嶺軸と平行に発達する．そのためもともと海嶺軸方向に伸びた複合火山体に同じ方向の断層崖が組みあわさり，独特のアビサルヒルを形作っているのである．

大西洋は太平洋に比べて短波長の地形の振幅が大きい．言い換えればアビサルヒルの比高が比較的高い．これは，大西洋は太平洋に比べて拡大速度が遅く，海嶺軸の比較的近くで海底が冷えてしまうので，断層による変形がより卓越しているからであろう．

3）拡大速度による分類

前節までは主に図 4.1，4.2 を使って太平洋と大西洋の中央海嶺の違いを見てきた．両者の地形的違いの多くは海嶺下の熱構造の違いに端を発しており，熱構造が違う主な理由は両者の拡大速度の違いである．世界の中央海嶺の地形を見ると，太平洋のような比較的なだらかな海嶺，中軸谷が発達した大西洋のような海嶺，その中間的な特徴を示す海嶺と変化に富むが，その変化はおおむね拡大速度に依存している．すなわち，拡大速度が速い高速拡大海嶺は太平洋に似た，拡大速度が遅い低速拡大海嶺は大西洋に似た様相を示す．次節では，中央海嶺の火成活動や構造運動，海嶺の構造について詳しく述べるが，これらの多様性もおおむね拡大速度に依存する．

Macdonald ら（1991）は中央海嶺を高速（fast-spreading），中速（intermediate-spreading），低速（slow-spreading）の 3 種類に分類して整理したが，現在では超低速拡大（ultraslow-spreading）のカテゴリーを加えて表 4.1 のように分類することが一般的である．「中央海嶺プロセスは拡大速度に規制される」という概念は，中央海嶺研究が本格化した 80 年代から広く受け入れられてきた考えであり，現在でも多くの場合有効である．ただし近年では，拡大速度に依存しない例外的なケースの研究が進み，中央海嶺プロセスを規制している真の要因は何かについての再考が進んでいる．これについ

ては，4.3節でふれる．

表 4.1 海底拡大速度による中央海嶺の分類
Macdonald *et al.*（1991）が提唱した．現在では，拡大速度が 20 mm/年の低速拡大海嶺を特に超低速海嶺と分類することが多い．海嶺の場所は図 4.12 を参照．

分類	両側拡大速度	主な海嶺系
高速 fast	90–170 mm/年	東太平洋膨張
中速 intermediate	40–90 mm/年	ファンデフカ海嶺，中央インド洋海嶺
低速 slow	10–40 mm/年	大西洋中央海嶺
超低速 ultraslow	<20 mm/年	南西インド洋海嶺，ガッケル海嶺

4.2 海洋リソスフェアの誕生と海底拡大

1) 中央海嶺における火成活動

なぜ火成活動が起こるのか

地球上の火成活動の規模をマグマの生産量で示すとすると，そのおよそ 8 割が中央海嶺で起こっているといわれている．なぜ中央海嶺では火成活動が起こるのだろうか．

地球内部の温度は，地表から深部に行くにつれ上昇する．深度による温度変化は図 4.4 (b) の実線に示すような曲線となり，これを地温勾配（geotherm）と呼ぶ．一方，マントルの主な構成物であるかんらん岩は，ある温度・圧力条件のもとでとけはじめる．岩石のような多くの元素からなる物質は一定の融点はもたないが，ある温度で溶融を開始し，さらにある温度に達すると全体が液体となる．このとけはじめの温度をソリダス（solidus）温度，とけ終わりの温度をリキダス（liquidus）温度と呼ぶ．ソリダス温度は圧力によっても変化し，一般に圧力が高ければソリダス温度も高くなる．かんらん岩も同様で，地下深部では圧力が上昇するのでソリダス温度は高くなる（図 4.4 (b)）．平均的な地球の状態では，図のように地温勾配とソリダス（固相線）は交わらず，どの深さにおいても地温の方が低い．すなわち，通常の状態ではマントルはとけはじめることはなく固体の岩石のままであり，マグ

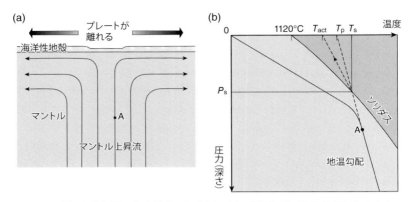

図 4.4 （a）中央海嶺の火成活動の概念図．（b）地温勾配（実線曲線）とかんらん岩のソリダス温度（直線）．中央海嶺下では，マントル物質が上昇するので，地温勾配が矢印点線のようになる．T_s, P_s：地温勾配とソリダスが交わる（マントルがとけはじめる）圧力と温度，T_p：ポテンシャル温度，マントル物質をそのまま断熱的に地表まで上昇させた場合の温度，T_{act}：実際に地表面に達したときの温度．固相が液相に変化する際に必要な潜熱が奪われる分，ポテンシャル温度よりも低くなる．

マが生産されることはない．

　ところが中央海嶺では表層のプレートがお互いに離れていくため，その隙間を埋めるようにもともと深いところにあった高温のマントル物質が上昇せざるをえない（図 4.4 (a)）．マントル物質の上昇がプレート間の隙間を埋めるための受動的な運動であるとすると，上昇速度はプレート運動速度と同程度（最大 10 数 mm/年）である．この速度では，上昇してくる高温物質と比較的低温の周囲の岩石が十分に熱のやりとりをする時間がない．このように熱のやりとりなしで上昇することを，断熱的に上昇する，という．その結果，中央海嶺下は周囲の同じ深度よりも地温が高く（図 4.4 (b) 破線），ソリダスと地温勾配曲線は交差することになり，ある深さ（図 4.4 (b) P_s点，50-80 km 付近）で地温がソリダス温度を越える．するとマントル物質であるかんらん岩はとけはじめ，メルトが生産される．マントル物質の上昇（圧力の低下）により起こる岩石の融解なので，このプロセスを断熱減圧融解（adiabatic decompression melting）と呼ぶ．メルトはとけ残りの固体の岩石を離れて集まり，さらに速く海底面へと上昇し，噴出して海底火山を形成する．

こうして，プレート境界に沿う形で火山の連なる中央海嶺が形成されるのである．

受動的拡大

プレートテクトニクスの先駆的アイディアとして，Hess は 1962 年に"History of Ocean Basins"を著した．Hess はこのなかでマントル対流という概念を強く打ち出し，地球の表層（プレートにあたる）はマントル対流に乗って移動し，中央海嶺はマントル対流の上昇する場所，海溝は対流の下降する場所ではないかと述べた．Hess の描いた姿は，現在のプレートテクトニクスの概念にかなり近いものであるが，いくつか考えねばならない点がある．

第 2 章で述べたようにプレートは地球の表層が冷却により固くなった部分なので，マントル対流があってその上にプレートが乗って動いているというよりは，むしろプレートまで含めた循環像が地球におけるマントル対流のありかただと捉えたほうがよい．また，中央海嶺下には確かにマントル上昇流があるが，これはマントル全体をかきまぜるような対流セルの上昇域ではない．中央海嶺下のマントル上昇は，あくまでも表層のプレート間の隙間を埋めるために受動的に上昇しているのであって，比較的浅いところの現象である．

このことは，チリの沖合で現実に起こっていることを見るとよくわかる．南北に延びるチリ海溝では，北部ではナスカプレートが，南部では南極プレートが南米大陸の下に沈み込んでいる（図 7.3 参照）．ナスカプレートと南極プレートの境界はチリ海嶺と呼ばれる中央海嶺で（図 4.12），チリ海嶺は明らかに現在チリ海溝に沈み込みつつある．Hess が初期に思い描いたように，大規模なマントル対流の上昇口が中央海嶺であるとすると，中央海嶺が沈み込むという現象は説明できない．

プレート運動の原動力について，私たちはいまだに明確な答えを得ているわけではないが，現在では中央海嶺はおおむね受動的（passive）なシステムであるという考えが広く受け入れられている．ここでの受動的という意味は，中央海嶺プロセスやその下で起こるマントル上昇流は，プレート運動の主な原動力とはなっていないということである．海嶺の地形的効果による応

力（リッジ押し力）もプレート運動の原動力として挙げられているが，この力は沈み込み帯でのスラブの引っ張り力に比べてそれほど大きくない．

　このように，中央海嶺における海底拡大は大局的には受動的であると考えてよいが，海嶺下のマントル上昇に能動的な要素がないわけではない．プレート間が広がっていくことにより生じる受動的なマントルの流れは海嶺軸に対して対称であるはずだが，東太平洋海膨で行われた MELT と呼ばれる国際的な電気伝導度構造の観測では，明らかに非対称的なマントル上昇を示す結果が得られている（Evans *et al.*, 1999）．また，Wang ら（2009）は，カリフォルニア湾での地震探査によって海嶺下深部で地震波低速度域が数カ所の狭い範囲に集中していることを示し，軽い物質が浮力で上昇していると解釈している．これらはいずれも能動的なマントル上昇流モデルを支持する観測であり，実際の中央海嶺下で能動的な流れと受動的な流れのどちらがどれくらい重要であるかについては，いまだに議論が続いている．

中央海嶺の岩石学

　中央海嶺でマグマが形成される過程は，先に述べた通り断熱減圧融解による．中央海嶺下は周囲より高温でソリダス温度を超えるが，リキダス温度を超えることはない．したがって，上昇してくる固体のマントル物質のすべてが融解するのではなく，その一部が液体（メルト）となり，残りが固体のままとけ残る．このように一部がとけることを部分溶融（partial melting）と呼び，マグマの生成過程や組成を考える上で重要な概念である．純粋な物質であれば融点は一定であり，融解の途中では温度は一定で，もとの固体ととけた液体ととけ残っている固体との間で組成の差はない（氷がとけることを想像してほしい）．岩石の場合は複数の鉱物からなるので，地温がソリダス温度を超えてとけはじめると，液相と固相がある割合で共存することになるが，その際に液相ととけ残りの固相では組成が異なる．このときに選択的に液相に移っていく元素は液相濃集元素（incompatible element, 不適合元素とも）と呼ばれ，ナトリウムやカルシウムなどのイオン半径の大きいものやケイ素などである．中央海嶺下の温度圧力条件では，部分溶融の程度は最大で 20％程度と考えられている．

上部マントルを構成するかんらん岩（peridotite）が部分溶融すると，ケイ素は液層濃集元素なので選択的に液相に移動し，生成されたマグマは元のかんらん岩に比べてケイ素に富む玄武岩質のマグマ（basaltic magma）となる（第2章表2.1参照）．玄武岩質マグマは約1300°で地表付近まで上昇し，その後は冷えて海洋地殻となる．海底面もしくは海底下浅部で急速に冷却したマグマは玄武岩となり，上部地殻を構成し，その下で比較的ゆっくりと冷却したマグマははんれい岩（gabbro）となり，下部地殻を構成する．こうして部分溶融を経ることにより，元のマントル物質とは異なる化学組成の海洋地殻ができることを分化（differentiation）と呼び，地球の最も基本的な層構造を作るプロセスである．

　中央海嶺で玄武岩マグマが生成されるプロセスはどの中央海嶺でも共通なので，その結果生じる玄武岩の組成も世界中でほぼ同じで，生じた玄武岩は中央海嶺玄武岩（mid ocean ridge basalt, MORB）と呼ばれている．大陸や島弧を構成する岩石が流紋岩質から玄武岩質まで変化に富むのに比べると，海底の岩石のバリエーションは小さい．しかしながら，MORBもまったく均質というわけではない．

　まず，元のマグマが同じであったとしても，マグマの冷却固化の過程で組成が異なる岩石が生じる．マグマ中には，高温のうちから結晶化する鉱物と，かなり低温にならないと晶出しない鉱物がある．マグマが冷えていくにつれ，固相となる部分と残りの液層の組成が変化し，段階的に異なる組成のはんれい岩・玄武岩が産出する．これを結晶分化（fractional crystallization）と呼ぶ．MgOの割合は結晶分化の最もよい指標で，分化が進んで最後に海底面に噴出した溶岩の組成は，元のマグマに比べてMgOが少ない．図4.5のように複数の岩石試料をMgOの量を横軸にプロットしたときに一定のトレンドに乗る場合は，結晶分化の過程で多様性が生じたもので，マグマ源は同じと考えることが多い．

　分化で説明できないMORBの多様性の要因としては，部分溶融の度合い（degree of partial melting）が異なるために元のマグマの組成が異なっている場合が考えられる．部分溶融の度合いは図4.4からわかるように海嶺下の温度圧力条件で決まる．一般に，冷たいマントルではとけ始めの深さが浅く，

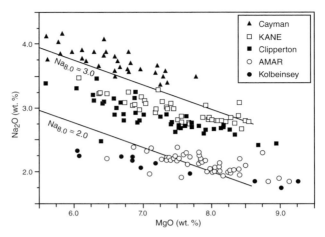

図 4.5　MgO-Na$_2$O プロット（Langmuire *et al.*, 1993）
Na$_{8.0}$ は，MgO が 8 wt% のときの Na$_2$O の値を指す．

部分溶融の度合いが小さく，結果として液相濃集元素に富むマグマが生じる（一見逆に思えるが，少ししかとけないということは液相に行きやすいものしかとけないと考えるとよい）．さらに，そもそも上部マントルを構成するかんらん岩が世界中で均質というわけではない．特にインド洋から南大洋にかけてはデューパル異常（Dupal anomaly；2.1 節参照）と呼ばれる大規模広域なマントル組成異常があるとされ（Dupré and Allègre, 1983），より小規模なマントル不均質が多くの場所で報告されている．マントル組成の不均質は，過去に沈み込んだプレートの影響を受けているなど，地球の歴史とマントルダイナミクスを知る鍵にもなっている．

オフィオライト

　第 2 章や前節で述べた通り，海洋地殻は上部が玄武岩，下部がはんれい岩からなり，モホ面の下にはとけ残りのかんらん岩があると推定されている．しかし，海洋底は陸上と異なり掘削調査はかなり難しく（2012 年現在，海洋地殻を掘り抜いた最長記録は 1407 m（IODP ホール 1256）で，かろうじて上部地殻・下部地殻境界に達したに過ぎない），露頭調査も簡単ではない．

断裂帯などで海洋地殻の断面が崖面に見られるケースもあるが，潜水船などを利用した地質調査には限界がある．そこで海洋地殻の実態を理解するために，海洋地殻が陸に定置された地質体を調査することが行われている．

アルプスでは古くから蛇紋岩（serpentinite，かんらん岩が低温下で水が加わることにより変成した岩石），玄武岩，ドレライトが深海性堆積物とともに出現する複合岩体が知られており，このような岩体はオフィオライト（ophiolite）と名付けられた．ophio は蛇を表す接頭語で，命名は蛇紋岩が多く産することによる．現在の定義では，下位から順番に，かんらん岩（蛇紋岩），はんれい岩，ドレライト，玄武岩，深海堆積物が層状に積み重なったものをオフィオライト層序とし，この層序をもつ岩体をオフィオライトと呼ぶ．海域地震探査によって得られた海洋地殻の速度構造モデルとオフィオライトの各岩層の地震波速度は比較的よく一致する．そこで，オフィオライトは海洋地殻と上部マントルの一部が地表に露出しているものと説明されるようになった（図 4.6）．

オフィオライトは，現在の海洋底では観察や試料採取が難しい下部地殻やモホ面付近を実際に研究することができる場として非常に重要である．一方，オフィオライトを単純に海洋底と対比することには難点もある．通常のプロセスでは海洋底は海溝で沈み込んで陸上に定置することはないので，オフィオライトは何らかの非常に大きな変動を受けて陸上にもたらされたものである．そのため，地殻生成後の変形や変成をよく考慮しないといけない．世界的に有名なオフィオライトとしては，キプロスのトルードス岩体やオマーンなどがあり，日本国内では北海道の幌満オフィオライトなどがよく研究されている．

火山活動の様相

実際の中央海嶺の火山噴火はどのように起こっているのだろうか．オフィオライトや中央海嶺軸部で見られる様相を中心に見ていこう．

中央海嶺火山の大きな特徴は，単成火山の集合体だということだ．海嶺軸部では，マグマだまりからマグマが地表に向かって上昇する過程で，垂直方向に発達した開口割れ目に沿ってマグマが貫入する（伸張場のもとで，マグ

マが貫入してすでにある地殻を割っていくというイメージ)．マグマが海底まで達して噴出したものが溶岩 (lava) であり，割れ目を満たしたマグマが固化したものが岩脈 (dyke) である．このような貫入が次々と起こっているのが中央海嶺の火山活動であり，岩脈は三次元的に考えると板状で，その走向は拡大軸に平行である．上部地殻の下部は岩脈のみから構成されていて，平行岩脈群 (sheeted dyke complex) と呼ばれる．図 4.6 (b) はオマーンオフィオライトで見られる平行岩脈群で，ほぼ垂直な岩脈がぎっしり重なっていることがわかる．平行岩脈群は，地震波速度構造の 2C 層にあたると考えられている．

　中央海嶺の溶岩は主に 4 つの形態をとる．枕状溶岩 (pillow lava) は，海底に噴出した溶岩流が海水に接して急冷し，枕状に固結した状態である．数十 cm から 1-2 m の枕状溶岩が累積することが多く（図 4.6 (a))，表面に急冷した構造を見ることができる．溶岩が噴出する際，海水に直接接する表面は固化しても内部はまだ熱いために流動を続け，表面だけ残って空洞になっ

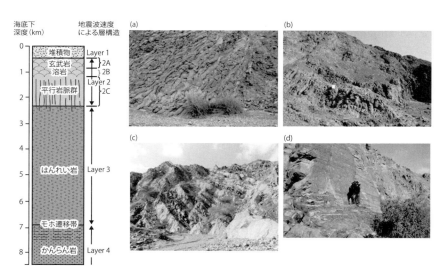

図 4.6　オフィオライト層序を元に考えられた海洋地殻の模式図と地震波構造による層構造の比較（左）．写真はオマーンオフィオライトの露頭写真で見る各層の様子（藤井昌和氏撮影）．(a) 枕状溶岩，(b) 平行岩脈群，(c) はんれい岩体，(d) 下部地殻最下部．人物が立っている場所がモホ遷移帯．

ていることもしばしばある．枕状溶岩は溶岩噴出率が比較的低く，傾斜があり，マグマの粘性が高い場合に形成されるが，より溶岩噴出率が高くマグマの量も移動速度も大きい場合は，海底一面に溶岩が流れて板状溶岩（sheet flow）ができる．板に直交する（地表面と直交する）方向に柱状節理が発達することが特徴である．溶岩が揮発性物質を多く含む場合は，海底で冷却するときに内部の圧力が周囲より大きくなり自分で破裂する．この場合は全体が急冷するためにガラス質の角礫からなる水中破砕岩（hyaloclastite）となる．また，枕状溶岩が斜面崩壊によって砕けて積もった pillow breccia も産するが，これはしばしば水中破砕岩との区別が難しい．

潜水船や無人探査機等による調査が進むにつれ，中央海嶺軸部の様相がより細かくわかるようになった．中軸谷やライズの幅は 10 km 程度であるが，このなかで最も新しい火山活動が起こっているところを neo volcanic zone （NVZ）もしくは axial volcanic ridge（AVR）と呼ぶ（図 4.7 (a)）．1 回の

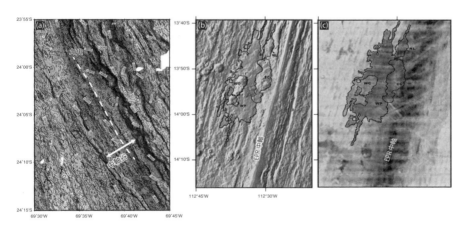

図 4.7 海嶺中軸部の詳細地形
(a) 大西洋中央海嶺の中軸部（地形データは Global Multi-Resolution Topography Data Synthesis (http://www.marine-geo.org/portals/gmrt/) を利用）．中軸谷が発達し，中軸谷のなかに neo volcanic zone（NVZ，鎖線）が伸びている．(b) 東太平洋海膨の中軸部の詳細地形と (c) 海底の後方散乱強度分布（Geshi et al., 2007 に加筆）．後方散乱強度が強い場所が暗色で示されており，黒く見える場所は堆積物の被覆の少ない新しい溶岩が露出していると解釈できる．中軸部だけでなく，西側のオフアクシスに溶岩流（黒線で囲まれた場所）が認められる．

貫入によるマグマの噴出量は，高速拡大海嶺では $1\text{-}5\times10^6$ kg，低速拡大海嶺では $50\text{-}1000\times10^6$ kg 程度であり，高さも径も数百 m 以内の小丘（hummock）を形成する．小丘は海嶺方向に並び，ときには隣接する小丘と重なり合って小海嶺状の高まりを形成する．比較的まれではあるが，規模の大きい海山が形成される場合もある（6.2 節，軸上海山）．一般に neo volcanic zone の幅は 1-3 km 程度で，中央海嶺の火山活動はきわめて狭い帯状の地域に限定されている．ただし，メルト供給量の多い高速拡大系では，しばしば NVZ から離れた場所で噴出した大規模溶岩流（図 4.7 (b)）や海山が報告されており，オフアクシス（off-axis，軸から離れた，の意味），ニアリッジ（near-ridge）の火成活動・海山と称されている．ニアリッジ海山については，6.2 節でさらに説明する．

2）断層運動と地震活動

中央海嶺の正断層群

　中央海嶺では，新しい地殻物質が付加して海底が拡大している．しかしながら，海底拡大は新たな地殻物質の付加だけで担われているのではない．中央海嶺は伸張場にあり，多くの正断層（normal fault）が生じている．正断層による変位は元の地殻を水平方向に引き伸ばすことに相当するので，プレート発散運動のある部分は正断層の変位でまかなわれているのである．

　4.1 節 2）で見てきたように，中軸谷も正断層によって両側を画された谷

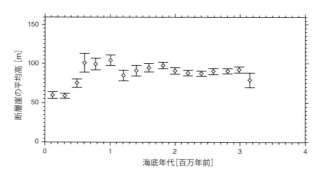

図 4.8 中央海嶺付近の正断層崖の高さの変化（Crowder and Macdonald, 1997）
　　　おおむね海底年代 70 万年まで変化があり，断層が活動していることがわかる．

地形であり，中軸谷やライズの外側にも無数の断層崖を見ることができる．断層の走向は応力場を反映しており，海嶺方向にほぼ平行である．このような断層の垂直変位量は海嶺軸から離れるにつれて（年代が古くなるにつれ）大きくなり，年代が約70万年に達するとほぼ一定になる（図4.8）．同じ断層面が何度もすべることにより変位が累積されると考えると，70万年程度の間は断層が活動していることになる．

　海底拡大において，新しい地殻物質の付加と正断層による変位のどちらも重要であるが，一般には低速拡大系のほうが正断層による変位が海底拡大に寄与する割合が高い．従来は，断層変位が海底拡大（＝プレート分離）を担う割合は1割程度と考えられてきたが，最近では大規模な正断層によって拡大が担われている場合が少なからずあることが明らかになっている（4.3節2）参照）．

地震活動と震源メカニズム

　中央海嶺周辺での地震活動は，大別して海嶺軸に沿って起こる地震とトランスフォーム断層沿いに起こる地震とに分けられ，メカニズムや震源分布の特徴に大きな違いがある（図4.9）．

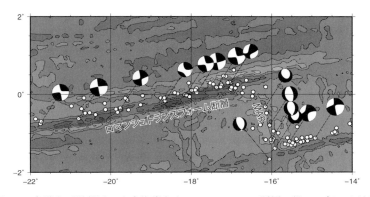

図4.9 赤道大西洋付近の中央海嶺とトランスフォーム断層に沿って起こる地震
（地震のメカニズムはUSGSのGlobal CMT Project Moment Tensor Solutionに基づく）
　中央海嶺沿いで正断層型，トランスフォーム断層沿いで横ずれ断層型の地震が発生している．

海嶺軸に沿った地震は，中軸部の非常に狭い範囲に線状に分布し，多くの場合典型的な正断層型で，震源は浅い．正断層型であることは，発散境界で伸張場にあることから自明といえる．中央海嶺の軸部は周囲より高温でプレートの厚さは非常に薄く，伸張応力に対して強度が小さいため，地震の規模は小さい．震源分布は軸部の熱構造に依存しているため，地震の最大深度は低速拡大系でより深い．たとえば，大西洋のような低速拡大系では海嶺軸の地震の最大深度は 5-6 km に達するが，太平洋のような高速拡大系では 2-4 km である．これは地震すなわち脆性破壊の起こりうる温度となる深さが，拡大速度が遅くなるほど深くなるからだと考えられる．

　一方，トランスフォーム断層の地震は，断層面がほぼ鉛直な横ずれのメカニズムを示し，解放される地震モーメントは海嶺軸の地震よりも 10-100 倍大きい．震源の浅い地殻内地震もあるが，深度 10-50 km のマントルリソスフェアを震源とする地震も多い．

　大半の中央海嶺は大陸から遠いので，陸の地震観測網ではマグニチュードが 3 から 4 程度以上の地震でないと検知できない．近年では，海底地震計による観測が多くの中央海嶺で実施されるようになり，これまでわからなかった微小地震の分布やメカニズムが明らかになってきた．微小地震観測により明らかになった特徴の 1 つとして，短期間に限られた場所に集中して地震が起こり，かつ本震とその他の区別がない，群発型の地震が頻繁に起こっていることが挙げられる．これらの群発地震は，多くの場合はマグマの貫入イベントに付随して起こっていると考えられる．

3）世界の中央海嶺

拡大速度の分布

　図 4.10 は Müller による世界の海底の拡大速度の分布である．これは海底の地磁気異常縞模様の同定を元に推定したもので，現在の中央海嶺における拡大速度だけでなく，過去の拡大速度とその変遷も追うことができる．凡例に記されているように，この図の拡大速度は片側拡大速度を指す．中央海嶺の拡大はおおむね対称なことが多いが，両側のプレートの絶対運動の組みあわせやテクトニックセッティングによっては顕著な非対称を示す場合もある．

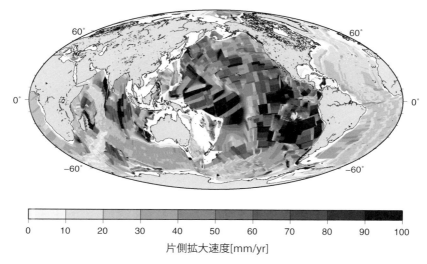

図 4.10 地磁気異常縞模様の同定をもとにした海底拡大速度の分布（Müller *et al.*, 2008 を改変）
片側拡大速度で示してある点に注意．

一般に拡大速度と書かれているときは両側拡大速度（full spreading rate）を指すことが多いが，両側速度か片側速度（half spreading rate）かは注意したほうがよい．

図 4.11 は現在の中央海嶺の長さと生産されるマグマ量を拡大速度ごとにヒストグラムに表したものである．これを見ると，現在の地球では，中・高速拡大海嶺の総延長は全海嶺の 47% に過ぎないが，中央海嶺マグマの 75% は中・高速拡大海嶺で生産されており，年間に新しく生まれる海底面積の大部分は中・高速拡大海嶺で生まれていることがわかる．

プレートテクトニクスが扱うのはプレート運動が定速度運動である場合で，海底拡大の開始や停止，加速や減速を十分に説明していない．しかし，実際には地球の歴史を通じて海底拡大速度は一定ではない．たとえばココスプレート内には形成時の拡大速度が 220 mm/年と推定されている場所がある．海底年代は 12–19 Ma であり，この時代には現在では見られない非常に速い海底拡大が起こっていたことになる．時代による拡大速度（言い換えればマ

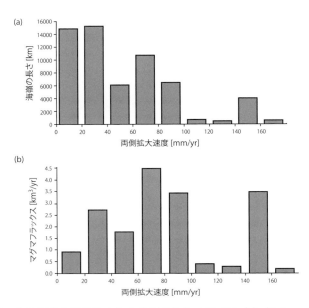

図 4.11 中央海嶺の総延長（a）と生産されるマグマ量（b）（Sinha and Evans, 2004 を改変）

グマ生産量）の変遷を見ていくと，白亜紀には非常に海底拡大速度が速く火成活動がさかんであったらしい．プレート運動の歴史については第 7 章でさらに解説する．

高速拡大海嶺

　高速拡大海嶺の代表例として最もよく研究されているのは，東太平洋海膨（EPR）である（図 4.12）．太平洋プレートと，ココス・ナスカプレートの境界となる中央海嶺で，軸部は比較的ゆるやかな高まりとなっているため「ライズ」「海膨」の名称が付けられた．拡大速度は 100 mm/年を越える．EPR から分岐するチリ海嶺（ナスカプレートと南極プレートの境界）もチリライズと呼ばれることがあり，高速拡大海嶺である．

　太平洋プレートの南縁となる太平洋-南極海嶺も高速拡大海嶺である．この海嶺は，地理的な要因により未だほとんど探査が進んでいない中央海嶺の 1 つである．南極周回流と交差することから，生物・微生物研究にとっても

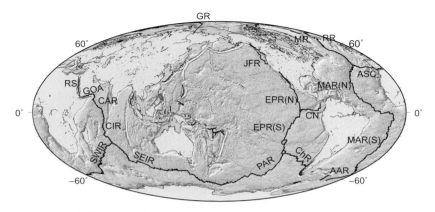

図 4.12 世界の中央海嶺
　　AAR：アメリカ南極海嶺，ASC：アゾレス拡大軸，CAR：カールスバーグ海嶺，ChR：チリ海嶺，CIR：中央インド洋海嶺，CN：ココス-ナスカ海嶺，EPR：東太平洋海膨，GOA：アデン湾，GR：ガッケル海嶺，JFR：ファンデフカ海嶺，MAR：大西洋中央海嶺，MR：モーンズ海嶺，PAR：太平洋-南極海嶺，RR：レイキャネス海嶺，RS：紅海，SEIR：南東インド洋海嶺，SWIR：南西インド洋海嶺．

重要な場所と考えられている．

中速拡大海嶺

　拡大速度が 40 mm/年から 90 mm/年の中速拡大海嶺は，非常に多様性に富み，海嶺軸に沿って構造が大きく変化していくことが往々にして見られる．これは，拡大速度以外の要因，たとえばホットスポットとの相互作用やマントルの不均質がメルト形成に及ぼす影響を敏感に反映し，低速型に似た構造となったり，高速型に似た構造になったりするからである．

　南東インド洋海嶺はオーストラリアプレートと南極プレートの発散境界で，拡大速度 70 mm/年の中速拡大海嶺である（図 4.12）．この海嶺の東部や西部はそれぞれホットスポットが近接し，軸部が高まった高速拡大型の形態をしているのに対し，オーストラリア南極不連続（Australia-Antarctica Discontinuity, AAD）と呼ばれる中央部では，中軸谷が発達した低速型の形態を示す．EPR から分岐してココスプレートとナスカプレートを分けるガラ

4.2　海洋リソスフェアの誕生と海底拡大── 151

パゴス海嶺も中速海嶺であり，東部の高速型形態から西部のリフトの発達した低速型の形態へと遷移している．

よく研究されているもう1つの中速拡大海嶺として，太平洋プレートとファンデフカプレートの境界であるファンデフカ海嶺がある．この海嶺の大きな特徴は，大陸が近いという特異な地理的状況から，海嶺中軸部まで堆積物が存在する埋積海嶺となっていることである．

低速拡大海嶺

低速拡大海嶺の代表例は，大西洋中央海嶺（Mid-Atlantic Ridge, MAR）である（図4.12）．大西洋のほぼ中央を貫き，北部では拡大速度が20 mm/年，南にいくほど拡大速度が速くなり，南極プレートとの交点で40 mm/年である．北部は調査研究が進んでいるが，南大西洋はごく最近まで未踏の地であり，ようやく調査がはじまったところである．また，大西洋中央海嶺の赤道部分は特にEquatorial Atlanticと呼ばれ，長いトランスフォーム断層が密に存在する特徴的な構造をしている．

中央インド洋海嶺はその南端を除いて低速拡大海嶺である．インド洋ではモーリシャスの東方に3つの海嶺が会合する海嶺三重点があり（図4.12），中央インド洋海嶺は三重点からほぼ真北に伸び，アラビア海で西へまがって（ここを特にカールスバーグ海嶺と呼ぶ），アデン湾へと続く．一般に，海嶺に沿って多くの熱水系が点在し（4.5節），熱水系固有の生態系が存在する．熱水固有種がどのように進化・伝播していくかは重要な課題であり，中央インド洋海嶺は大西洋の生態系と西太平洋の背弧拡大系（4.4節参照）の生態系をつなぐ場所として注目されている．

超低速拡大海嶺

拡大速度が20 mm/年に満たない海嶺は，南西インド洋海嶺と北極海の海嶺群である．いずれも主要港から遠く，海象条件が厳しいため，1990年代まではほとんど調査がされていなかった．特に北極海の海嶺は永久氷の下にあり，通常の船舶の調査が不可能であることから，その実態は長らく謎であった．中央海嶺プロセスの多様性は概して拡大速度に依存するので，低速型

のエンドメンバーとして超低速拡大海嶺が重要だという気運が高まり，90年代後半から国際共同研究の枠組みのもとで，急速に超低速拡大海嶺の探査が進められた（German *et al.*, 1998；Michael *et al.*, 2003 など）．その結果，ほかの海嶺とは非常に異なり，海洋地殻の厚さが不均質かつ薄く，主に構造運動で拡大が担われて海底面にマントル物質が露出している場所がある一方で，局所的にはきわめて盛んなマグマ活動があるということがわかった．超低速拡大系では，拡大速度が非常に遅いために厚いリソスフェアが発達し，構造運動や地殻の形成過程が大きく異なると考えられている．

4.3　中央海嶺の構造

1）セグメンテーション

海嶺セグメントの概念

　中央海嶺は線状に伸びる構造であるが，よく見るとさまざまなスケールで不連続があり，断片化している．たとえば，図 4.12 で太平洋-南極海嶺を追っていくと，プレート境界がジグザグになっていることがわかるだろう．このジグザグの実態は，プレート運動方向に直交する中央海嶺（発散型プレート境界）と，プレート運動方向に平行なトランスフォーム断層（すれ違い型プレート境界）の組みあわせである．言い換えると，海嶺軸は断片化していて，隣の断片との間に不連続（ずれ）があり，不連続部分がトランスフォーム断層なのである．この図の縮尺で認めることができるようなトランスフォーム断層（海嶺軸のずれ）は，ときには長さ 1000 km にも達し，海嶺軸の連続性も百 km オーダーである．

　ところが，ここで連続と見えた海嶺軸をより詳細に見ていくと，ひとまわり規模の小さい断片に分かれていることがわかる（図 4.13）．この場合，海嶺軸のずれの規模も一般に小さい．そしてここで連続に見えた海嶺軸も，より高分解能の調査を行って調べていくと，完全に連続ではないことがわかる．Macdonald ら（1991）はこのような海嶺軸の構造をセグメント構造と呼んだ．海嶺セグメントはどのような縮尺で見るかにより捉え方が異なり，先に述べ

たような階層性がある．階層化したセグメント構造は現在の中央海嶺のテクトニクスを理解する上で最も重要な基本概念である．

一次のセグメント

Mcdonald は海嶺のセグメント構造を 4 つの階層に分けて定義した（表4.2，図4.13）．各階層のセグメントは同じ階層の不連続で画されていると考える．

一次のセグメント（1st order segment）は，トランスフォーム断層すなわちプレート境界で画されているセグメントである．表 4.2 に示したおよそのセグメント長はあくまで目安であり，大西洋の赤道付近などのようにトランスフォーム断層が密に存在して一次セグメント長が 200 km に満たない場所もある．一次のセグメントは多くの場合，数百万年もしくは数千万年にわ

表 4.2 中央海嶺のセグメントの階層性と特徴（Macdonald *et al.*, 1991 から抜粋）

セグメント階層		一次	二次	三次	四次
長さ [km]	高速	600±300	140±90	50±30	14±8
	低速	400±200	50±30	15±10	7±5
寿命 [年]	高速	>5×10^6	0.5-5×10^6	~10^4-10^5	~10^2-10^4
	低速		0.5-30×10^6	?	?

不連続階層		一次	二次	三次	四次
形態		トランスフォーム断層，巨大な伝播リフト	重複拡大軸，斜交剪断帯・中軸谷のずれ	重複拡大軸，軸谷内火山の不連続	中軸部の偏倚・カルデラのずれ，軸谷内火山の不連続
海嶺軸のずれ [km]		>30	2-30	0.5-2.0	<1
年代のずれ [年]	高速	>0.5×10^6	<0.5×10^6	~0	~0
	低速	>2×10^6	<2×10^6		
水深異常 [m]	高速	300-600	100-300	30-100	0-50
	低速	500-2000	300-1000	50-300	0-100 ?
軸外への軌跡		断裂帯	V字形の不連続帯	かすか	なし

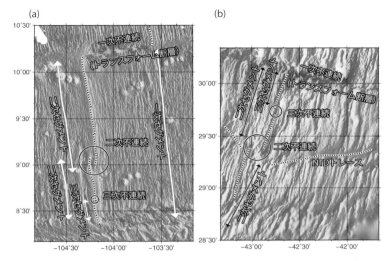

図 4.13 (a) 高速拡大系と (b) 低速拡大系それぞれのセグメント構造（地形データは Global Multi-Resolution Topography Data Synthesis（http://www.marine-geo.org/portals/gmrt/）を利用）

たって安定な構造である．このことはトランスフォーム断層とその痕跡である断裂帯が線形で連続しており，隣りあう断裂帯と平行であること，言い換えればセグメントの長さやパターンがこの間変化していないことから推定できる．大西洋の場合は，海嶺軸部から伸びる断裂帯は両側の大陸縁までほぼ連続しており，大西洋拡大開始時から現在にいたるまで，一次のセグメントの構造はほとんど変化していないことを示す．この場合，一次のセグメントを規制したのは，大陸分裂時の大規模な構造不均質であることが推定できる．

二次のセグメント

　二次のセグメント（2nd order segment）は，セグメント長が数十〜百数十 km 程度，セグメント間の不連続の長さ（オフセット）が 2-30 km 程度のものを指す．二次のセグメントの境界すなわち二次の不連続は，トランスフォーム断層のように安定した横ずれの断層系ではなく，より複雑で場所によって異なる様相を示す．

低速拡大系の典型的な二次の不連続は，図4.13 (a) に示すような幅数 km の凹地が伸びた形態をしている．このような低速系で顕著に見られる二次の不連続を，ノントランスフォームディスコンティニュイテイ（non-transform discontinuity, NTD）もしくはノントランスフォームオフセット（non-transform offset, NTO）と呼ぶ．定まった日本語訳がないので，本書ではNTDと記載する．NTDと海嶺セグメントの交点となる部分には，周囲より一段と水深の深い三角形に近い凹地が見られることが多い（図4.13 (a)）．この凹地を結節盆地（ノーダルベースン，nodal basin）と呼ぶ．

　NTDの延長を海嶺軸の外側に追っていくと曖昧な谷地形が連続し，過去のセグメント境界を追っていくことができる．これをNTDトレースと呼ぶ．NTDトレースは一般に直線ではなく，隣のNTDトレースと平行でもない．途中で途切れてしまうことも多い．これは，二次のセグメントが数百万年程度のスケールで長さが変化していること，隣接するセグメントと結合して1つのセグメントになったり，逆に新しいセグメントができたりしていることを示す．

　高速拡大系の二次のセグメント境界の典型は，NTDとはまったく異なり，図4.13 (b) のような様相を示す．高速拡大系の海嶺軸部は axial high であり，この高まりがセグメント境界で隣のセグメントに向かってカーブしていき，双方のカーブしたセグメント先端部が重複しているのである．これを重複拡大軸（overlapping spreading center, OSC）と呼ぶ．重複拡大軸の外側には，アビサルヒルの不連続を追跡することができ，低速拡大系の二次セグメント同様に数百万年スケールで存続する構造であることが推定できる．

三次，四次のセグメント

　二次のセグメントのなかを細かく見ていくと，拡大軸が0.5-2 km程度わずかにずれている場所が見付かる（図4.13 (a), (b)）．この程度の不連続を三次の不連続（3rd order segment）と定義する．三次のセグメントの長さは高速拡大系では20-80 km，低速拡大系では5-25 km程度である．不連続の形態は，高速拡大系では小規模な重複拡大軸，低速拡大系では，軸谷内のNVZのずれとなっていることが多い．いずれの場合も中軸部の外側にその

痕跡を追うことは困難であり，数万年〜数十万年の寿命の構造であると考えられている．

さらに，三次のセグメントのなかでより小規模な火山活動の不連続があった場合は四次のセグメント (4th order segment) として定義する．四次のセグメントは 10 km 内外の長さで，オフセットは 1 km 以下，中軸部の外側に過去のセグメント境界の痕跡を追うことはできない．

セグメントとマントル上昇流

セグメント構造は海嶺軸下のマントル上昇流のパターンとマグマの分配に密接に関係している．海嶺下を上昇してきたマントル物質はおおむね 30-60 km の深さで断熱減圧融解を起こす．上昇流は海嶺軸に沿って起こるので，大局的にはシート状の流れである．部分溶融によりできたメルトは周囲のアセノスフェアから分離し，より速い速度で上昇する．メルトは上昇するにつれ，より小規模なセルパターンに分割されていき，それぞれが各階層のセグメントに対応する．このようにセグメントの階層性がマントル上昇と浅部でのメルト分配に対応していることは，地震波探査や重力探査の結果からもよくわかる．一次の不連続では海嶺軸下の地震波の低速度層（メルトの存在を示唆する）や地殻浅部のマグマだまりにも不連続が認められるのに対し，二次の不連続下ではマグマだまりの不連続は認められるものの低速度層ははっきりとぎれていないことが多い．

二次のセグメントの構造については，重力探査に基づいた地殻の厚さの推定により，高速拡大系と低速拡大系で大きな違いがあることが明らかになっている．図 4.14 は太平洋と大西洋の中央海嶺それぞれの二次のセグメントスケールでのマントルブーゲー異常の分布である．太平洋では，セグメントの中央と端で重力異常に大きな差はない．一方，大西洋ではセグメント中央が明らかに低異常（軽い）で，セグメント端にいくにつれて徐々に値が高くなる様相を示す．重力異常が地殻の厚さの変化によるものと解釈すると，太平洋ではセグメントのどこでも地殻の厚さは一定であるが，大西洋の中央海嶺ではセグメント中央で地殻が厚い，すなわちメルト供給量が多いことになる．地殻の厚さが海嶺軸に沿って大きく変化するのである．Lin and Phipps

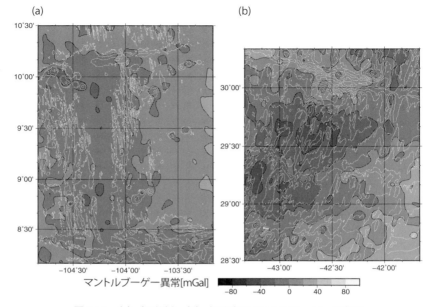

図 4.14 (a) 太平洋と (b) 大西洋のマントルブーゲー異常図

Morgan (1992) は，この結果とマントル上昇流の数値シミュレーションを組みあわせ，高速拡大系ではマントル上昇流はシート状でマグマだまりが軸に沿って連続的に形成されるが，低速拡大ではプルーム状（三次元的）の上昇流が生じ，プルームの中央にあたるところがセグメント中心なのである，との解釈を示した（図 4.15）.

このモデルは，その後の地震波探査によっても支持されている．Magdeら (2000) は，大西洋中央海嶺の二次セグメントのP波速度構造を明らかにし，セグメント中央に比較的深部から続く低速度異常があり，地殻のごく浅い部分でメルトはセグメント中央からセグメント端に横方向に分配されていくことを描き出した（図 4.16）.

三次四次の階層については，地下の構造や海嶺プロセスと対応させることがまだ難しい．四次のセグメントはおそらく1回のマグマ貫入イベントに対応していると推定されるが，通常の観測船で得られる地形データの分解能で認識できるぎりぎりの規模であり，その実態は未だ明らかではない．今後海

158——第4章　海底拡大と熱水活動

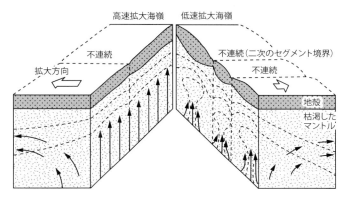

図 4.15 高速・低速海嶺下のマントル上昇流パターンと海嶺セグメンテーション,地殻の厚さの変化の模式図(Lin and Phipps Morgan, 1992 を改変)

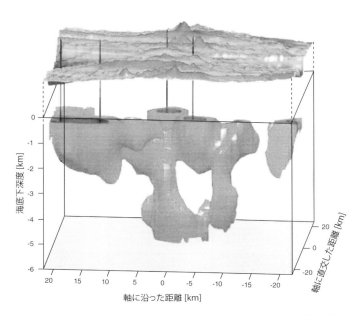

図 4.16 大西洋中央海嶺の二次セグメント下の三次元地震波速度構造異常(Magde *et al.*, 2000 を改変)
　海底下の灰色の部分が低速度領域を示す.

4.3　中央海嶺の構造——159

中ロボット等を利用した海底近傍高解像度探査が進めば，より短い時間スケールの海嶺プロセスと関連付けて理解が進むであろう．

セグメントの進化

セグメント長の変化は二次のセグメントスケールではよく見られる現象で，多くの場合は，ある時間がたつと成長していたセグメントが衰退に転じたり，2つのセグメントが融合したり，新しいセグメントが生まれたり，といったことが繰り返される．

セグメントの成長の特別な例として，一連の海嶺の先端でセグメントが成長を続けるケースがある．図4.17に示すココス・ナスカプレート境界の最西端では，セグメントが東太平洋海膨で形成された海底を割って成長してい

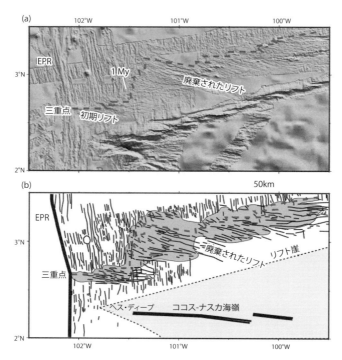

図 4.17 伝播性拡大の例：ココス-ナスカ海嶺の先端（Schouten *et al.*, 2008）

る．東太平洋海膨で生産された海底と成長を続けるセグメントで生産された海底の境界にはV字形の崖が形成される．この崖を擬似断層（pseudo fault），このようにV字のトレースを従えて拡大が伝播していくことを伝播性拡大（ridge propagation）と呼ぶ．先に述べた二次のセグメントが成長している場合も広義の拡大伝播であるが，すでに形成されている海洋地殻を割るように，もしくは拡大開始期に大陸や島弧の地殻を割るようにして拡大軸が伸びていくケースを特に伝播性拡大と呼ぶことが多い．また，そのような場合には伝播の先端部では火成活動に先立ち正断層系が発達することから，伝播性もしくは進行性のリフト（propagating rift）ともいう．

　拡大軸はまた何らかのテクトニックな理由で突然数kmも位置を変えることがある．この場合，それまで拡大中心であった場所は置き去られ，すでに形成された海洋地殻に新たに拡大軸が生じる．これをリッジジャンプ（ridge jump）と呼ぶ．たとえば，高速拡大系の二次セグメント境界は重複拡大軸となっていることが多いが，重複しているセグメント端は内側へと小規模なジャンプを繰り返していることが普通である．小規模なリッジジャンプはさまざまな場所で起こっており，特に4.4節でふれる背弧の拡大系では顕著に見られる．

2）構造の多様性

Mについての考察

　4.1, 4.2節で見てきた通り，中央海嶺の構造や付随する現象の多様性は，おおむね拡大速度に依存している．しかしながら，拡大速度による分類では説明できない例外的な観測事実もまた古くから知られていた．たとえば，拡大速度24 mm/年である大西洋中央海嶺のアイスランド付近を見ると，中軸谷は存在せず，高速拡大系の地形的特徴によく似たaxial highが発達している．ここでは，地震探査の結果から厚さ約10 kmに及ぶ海洋地殻があることが示されており，通常より多量のマグマが供給されていると考えられる．これは，通常の中央海嶺プロセスにアイスランドホットスポットが影響し，マントルの温度異常もしくは組成異常が原因となって多量のマグマ生産を引き起こしているのであろう．

このようなホットスポット近傍の例外的なケースに加え，次に述べる海洋コアコンプレックスが広く見出されるにいたって，拡大速度依存という考え方は再考を迫られるようになった．現在では，中央海嶺の構造や付随する現象の多様性は，プレート分離速度（海嶺以外の事情で主に決まっている）とその場でのメルト供給量の割合に依存するとの考えが主流になってきている．この割合 M（数値シミュレーションによりこのことを示した Buck ら（2005）の記法に基づく，図 4.18）が 1 の場合，プレートの相対運動によってできた隙間は 100％新しい地殻物質の付加で埋められる．また，この割合 M が 0 の場合は，メルトはまったく供給されず，プレートの相対運動は，既存の海洋リソスフェアを正断層等によって水平に引き伸ばすことのみで担われる．現実の中央海嶺は M が 0 と 1 の間のどこかにあり，海底拡大は火成活動（新しい物質の付加）と構造運動（リソスフェアの伸張）の双方で担われている

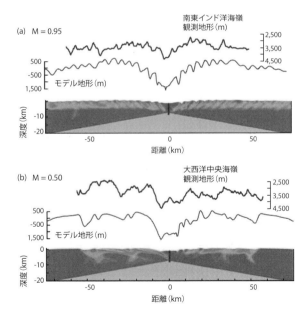

図 4.18　数値実験でマグマ生産率（M）を変化させた場合のリソスフェアの歪み分布（下段）と予想される地形変化（中段），実際の中央海嶺での地形断面例（上段）（Buck *et al.*, 2005 を改変）

と考えられる．一般に，高速拡大系ではMが1に近く，低速拡大系ではMが時空間変動するので，結果的に中央海嶺の構造が拡大速度に依存するように見えるのである．

海洋コアコンプレックス

1994年にTucholkeとLinは，大西洋中央海嶺とケーン断裂帯の交点付近で特異な地形が見られることを報告した．海嶺軸とトランスフォーム断層で囲まれた角の場所に，ドーム状の高まりがあり，その高まりの表面には周囲のアビサルヒルとは直交する，プレート運動方向に平行な畝地形が何本も見られたのである（図4.19）．重力異常分布を調べると，この高まりは周囲よりわずかに密度が高く，また岩石採取を試みると，マントルを構成するはずのかんらん岩や深部地殻を構成するはずのはんれい岩が海底面に露出していることがわかった．畝地形を伴うドーム状の高まりは，大陸の伸張場で見られる変成コアコンプレックス[1]（metamorphic core complex）と特徴がよく似ている．Tucholkeらは，海底のこの構造は変成コアコンプレックス同様に，大規模な正断層により地殻深部やマントルが海底に露出したものであろうと推定した．この構造を海洋コアコンプレックス（ocean core complex, OCC），大規模な正断層を海洋デタッチメント（oceanic detachment）と呼ぶ．

その後，多くの低速拡大系と一部の中速拡大系で海洋コアコンプレックスが報告されているが，海洋デタッチメントの発達とOCCの形成については複数のモデルがあり，決着がついていない．Buckらの数値実験ではMが0.5程度のときに大規模なデタッチメント断層の発達が再現されること（図4.18（b）），多くのOCCではんれい岩（マグマが深部で固化）が基盤の大半を占めているらしいことなどから，マグマ供給がゼロではなく，ある範囲まで減少したときにこの構造が形成されることがわかってきた．

OCCは低速拡大系だけではなく，中速拡大系の一部でも見られる．南東インド洋海嶺の中央部，オーストラリア南極不連続（AAD）と呼ばれる場

---

[1] 変成コアコンプレックス： 大陸や島弧内の張力場で，薄くなった地殻上層に地殻下層の変成岩・火成岩層がドーム状に上昇したもの．

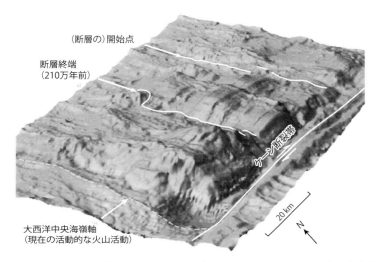

図 4.19 ケーン断裂帯沿いに発達した海洋コアコンプレックスの三次元海底地形（Tucholke, 1998 を改変）

所は，古くから異常に水深が深く乱雑な地形をしていることで知られていたが，近年の調査では OCC が複数分布していることが示された．拡大速度は 7 cm/年と比較的速いのに対し，おそらくマントル温度の影響でメルト生産量が低く，M が小さいのであろうと考えられている．このように，構造の変化は拡大速度そのものではなく，M に規制されていると考えた方がよさそうである．超低速拡大系では OCC も見られるが，はんれい岩やかんらん岩からなると推定される比較的なめらかな海底に高角の正断層が広く分布する（Cannat et al., 2006）．これは Buck らの数値実験で M = 0.2-0.3 のときに再現される構造によく似ている．

4.4 背弧拡大

海洋底には中央海嶺以外にもう 1 つ，新しい海洋リソスフェアが生まれ海底が拡大している場所がある．1.2 節 4）で簡単にふれた背弧拡大（backarc spreading/opening）系である．収束型プレート境界である沈み込み帯（subduction zone）では，境界に沿って海溝（trench）が発達し，沈み込まれる上盤側プレート上では海溝に平行に島弧火山活動が起こる．活動的な島弧火山列から見て海溝から遠い側を背弧（backarc）と呼ぶ．弧-海溝系の構造と類型については第5章で詳しく述べることとして，ここでは背弧で起こる海底拡大とその結果生じる背弧海盆（backarc basin）について述べる．背弧拡大系は発散型プレート境界の一種ではあるが，収束型プレート境界と密接な関係がある点で中央海嶺とは異なる特徴をもつ．

1) 背弧拡大系の特徴

背弧リフト

　島弧から背弧にかけての応力場は，伸張場となる場合と圧縮場となる場合の両方がある．伸張場となった場合，島弧地殻の比較的弱い部分に正断層群が発達し，島弧地殻が引き伸ばされる．正断層はおおむね弧に平行に発達し，片側もしくは両側を断層に囲まれた凹地（graben）が島弧～背弧域に並ぶ．これを背弧凹地，正断層帯全体を背弧リフト（backarc rift）帯と呼ぶ．図4.20は伊豆・小笠原の弧-海溝系の地質構造図である．伊豆七島から連なる火山フロントのすぐ西に，断層群と断層にはさまれた凹地が並んでいることがわかる．

　この図を注意深く見るとわかるように，背弧リフトといっても実際には火山フロントから前弧の一部にかけてリフト地形が広がっているところもある．背弧リフトの幅は場所によってかなり変化するが，この図の海域ではおおむね20-50 km程度である．背弧リフトでは，凹地の底部や断層に沿って小規模な火成活動が見られることはしばしばある．これらの火成活動が小規模な海丘群や海丘列をリフト内に作る．

背弧海盆

　背弧リフトがさらに発達すると，リフト帯の一部に変位が集中して，やがて島弧地殻は完全に分断され，その下のアセノスフェアが上昇してきて，その隙間を埋めて新しい海洋地殻を形成する．新しい海底は両側に拡大していき，中央海嶺と基本的に同じプロセスが進行する．これが背弧拡大で，背弧

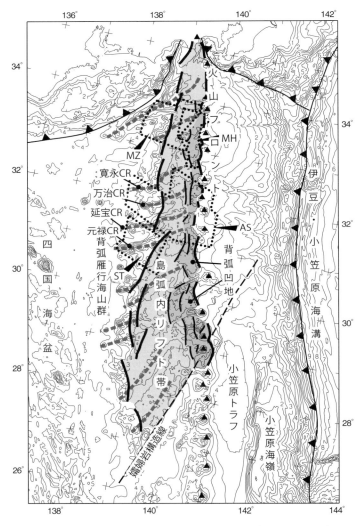

図 4.20 伊豆・小笠原弧の背弧リフトの構造（森田ほか，1999）

拡大の結果できる海盆を背弧海盆と呼ぶ．背弧拡大系が中央海嶺と大きく異なるのは，海底拡大がおおむね 1000-1500 万年で終了するという点である．背弧海盆は太平洋の西の縁に集中的に分布し，現在拡大中の背弧海盆以外に，

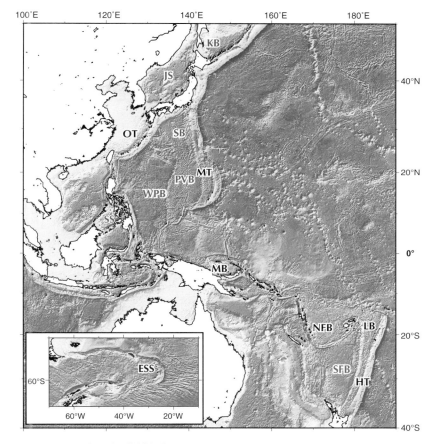

図 4.21 西太平洋の背弧海盆
　黒字は現在拡大中の，灰色字は活動を停止した背弧海盆．KB：クリル海盆，JS：日本海，OT：沖縄トラフ，SB：四国海盆，WPB：西フィリピン海盆，PVB：パレスベラ（沖ノ鳥島）海盆，MT：マリアナトラフ，SS：スールー海，MB：マヌス海盆，NFB：北フィジー海盆，SFB：南フィジー海盆，LB：ラウ海盆，HT：ハブルトラフ，ESS：東スコチア海.

すでに拡大は終えた海盆も数多く存在する（図 4.21）．
　成熟した背弧海盆では，中央海嶺下同様に減圧融解による火成活動が起こり，玄武岩質の海洋地殻を形成する．図 4.22 は人工地震探査によるマリアナ弧の地震波地殻構造断面図である．火山弧であるマリアナ弧の地殻が厚さ

4.4 背弧拡大——167

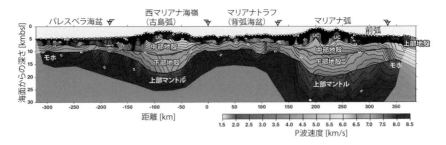

図 4.22 マリアナ弧の前弧から背弧にかけての地震波速度構造（Takahashi *et al.*, 2008）

15 km と厚く，大陸地殻の特徴といわれる P 波速度 6 km/秒の中部地殻をもつのに対し，拡大中の背弧海盆であるマリアナトラフや，活動を停止した背弧海盆であるパレスベラ海盆下では，上部地殻と下部地殻からなる厚さ 6-7 km の海洋地殻である．

2） 背弧海盆はなぜどのようにして開くのか

背弧拡大の 2 つのモデル

　背弧リフトや背弧海盆が発達するのは，背弧域が伸張場だからである．それではなぜ収束型プレート境界の近くで伸張場が生じ，背弧拡大が起こり，そしてその拡大があるとき突然停止するのだろうか．このことはプレートテクトニクスの枠組みのなかでも長きにわたって未解決の問題であり，現在にいたるまで決定的なモデルがない．

　図 4.23 に背弧拡大過程の代表的な 2 つのモデルを示す．1 つめは海溝後退（trench roll back）モデルである．このモデルでは，沈み込むプレートがたわんでマントル深部に入っていく速度が，プレートどうしの相対的な収束速度よりも速く，海溝が海側へ移動していくと考えている．沈み込まれる側のプレートの海溝から十分に遠い場所を固定点（図の黒丸）と考えよう．海溝軸が海側へと後退していくと，上盤側プレートの前縁部は海溝部に固着してともに海側へと動き，その結果として背弧が伸張場となる．リフトが発達して島弧地殻が薄化し，やがて海洋底拡大にいたると，拡大軸よりも海溝よりの部分は小さなプレートとしてふるまう．

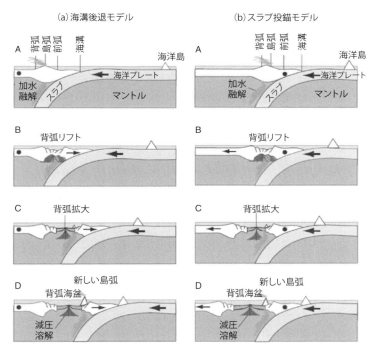

図 4.23 背弧拡大のメカニズムに関する 2 つの代表的なモデル (Martinez et al., 2007) (a) 海溝後退モデル, (b) スラブ投錨モデル.

このモデルは1970年代初期に提案されたものだが，90年代に入ってトンガ弧で実際に海溝後退が起こっていることがGPS観測により確認された．トンガ弧は，オーストラリアプレートに太平洋プレートが沈み込んでいる収束型境界である．Bevisら（1995）は背弧海盆西側のオーストラリアプレート上の島，トンガ弧を形成する島，太平洋プレート上の海洋島でGPS観測を実施し，トンガ弧がオーストラリアプレート安定部に対して 90-160 mm/年で東に動いていることを明らかにした．これはこの速度で海溝が後退していることを意味し，トンガ弧の背弧海盆であるラウ海盆の拡大が海溝後退によるものであることを示唆している．しかし，すべての背弧拡大系で海溝後退が起こっているわけではない．

もう1つの代表的なモデルは，スラブ投錨（slab "sea anchor"）モデルと

呼ばれる．このモデルでは，沈み込むスラブはマントル中で錨の働きをし，海溝の移動を妨げている．海溝に固着している上盤側プレート前縁部も不動と考えるので，上盤側プレートの安定部が海溝に対して離れる方向に運動していると，背弧が伸張場になる．この場合でも，海側プレートの運動速度の方が速ければ，大局的には収束境界となっていることに注意しよう．

背弧拡大の進化

　伸張場に置かれた島弧は数百万年間のリフティングのステージをへて，海底拡大のステージに進む．拡大が開始する，すなわち薄化した島弧地殻が分裂する場所は，一般的には火山フロントの付近である．火山フロント付近は熱流量が高く，また地形効果による差応力も大きくなるため，割れやすいと考えられている．しかし，実際の島弧では，背弧拡大は火山フロントから両側 50 km 程度の範囲内で，背弧にはじまる場合も前弧にはじまる場合もある．拡大の開始は単に局所的に弱い構造のところというだけでなく，スラブの形状や運動，マントルウェッジとのカップリングなどにも影響されて決まるようである．また，マリアナトラフやラウ海盆の南部に見られるように，弧の全体が一度にリフティングや拡大をはじめるのではなく，ある場所ではじまった拡大が弧全体に伝播していくことが多い．

　背弧拡大がなぜ突然停止するかは，上記の 2 つのモデルでも明快に説明されているとはいえない．背弧拡大が進展して海盆が大きくなると，背弧拡大軸とスラブ上面の深度に規制される島弧の火山活動の位置が離れていく．フィリピン海では，背弧火成活動が盛んな背弧海盆形成期には島弧の火成活動が不活発で，背弧拡大が停止する頃に島弧火成活動が盛んになり新しい島弧を形成，さらに新しい島弧で再び背弧リフトが発達する，という数百万年スケールの繰り返しが観測されている．このような繰り返しのメカニズムも未だよくわかっていない．

背弧拡大に伴う火成活動

　背弧拡大は，火山フロント付近のリフティングにはじまり，後に海底拡大へと進化する．この進化の過程で起こる火成活動は，主にスラブからの脱水

によると考えられる島弧マグマの形成と，背弧拡大軸での減圧融解による玄武岩マグマの双方に影響されるであろう．背弧海盆を構成している玄武岩を背弧海盆玄武岩（back arc basin basalt, BABB）と総称することがあり，MORBに比べて水を多く含み，スラブの影響が見られるといわれるが，実際にはNaやTi, Feに乏しく水やBa/La比が高い島弧的な性格のものと，その逆の特徴を示すMORB的な性格のものを両端とした幅広い組成のマグマを産すると考えた方がよい．たとえば，トンガ弧の背弧海盆であるラウ海盆は，北から南に向かって海盆の幅が狭く，南ほど拡大軸が島弧に近い．ここでは，マグマの組成も北から南へ玄武岩質から安山岩質へと変化していっている．また，マグマの組成だけでなく，メルト生産量も南部では劇的に増え，拡大軸部の水深が浅くなっている．

3) 日本周辺の背弧海盆群

　日本は収束型プレート境界に位置し，背弧海盆の形成が日本列島や伊豆・小笠原弧の発達史において大きな役割を果たしている．

フィリピン海の背弧海盆群
　日本列島の南に広がるフィリピン海プレート（Philippine Sea Plate）は，大規模な大陸をもたない海洋プレートである．このプレートの大半は，繰り返し起こった背弧拡大によって形成された比較的新しい海洋底であることがわかってきた．フィリピン海プレートの東側は，伊豆・小笠原・マリアナの弧－海溝系（Izu-Bonin-Marianaの頭文字をとってIBM弧と称される）で縁どられ，ここで太平洋プレートがフィリピン海プレートの下に沈み込んでいる．
　図4.24の断面図を見てみよう．マリアナ弧中部の場合，海溝に沿って現在の活動的な島弧火山が海山列として伸び，その西側に南北方向のアビサルヒルが目立つ三日月型の海盆がある．ここが現在活動的な背弧海盆であり，マリアナトラフ（Mariana Trough）もしくはマリアナ背弧海盆と呼ばれている．マリアナトラフの拡大開始はおよそ600万年前と考えられ，現在も東西に拡大中である．マリアナトラフの西側を画しているのは，西マリアナ海

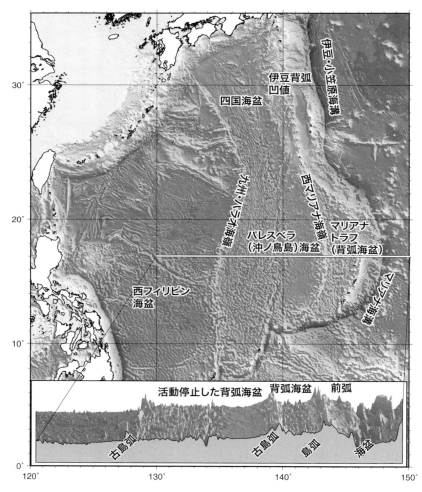

図 4.24 フィリピン海の地形とマリアナ弧の断面図 （Martinez *et al.*, 2007）

嶺と呼ばれる海山列で，600万年前に当時の島弧が分裂して海底拡大がはじまったときに取り残された島弧地殻である．このような現在火成活動を行っていない古い島弧火山列は古島弧（remnant arc）と呼ばれる．

　西マリアナ海嶺のさらに西側に，広大なパレスベラ海盆が広がる．ここでは現在火成活動はなく，アビサルヒルや地磁気異常縞模様から，この海盆が

およそ 2500 万年前から 1200 万年前頃に拡大した背弧海盆であることがわかっている．パレスベラ海盆も，太平洋プレートの沈み込みにより，当時の島弧が割れて形成された．その名残は，海盆の西に古島弧である九州パラオ海嶺として見ることができる．

　九州・パラオ海嶺よりも西側は，それよりさらに古い時代の海底である．西フィリピン海盆は，中央部に北西―南東に伸びる拡大軸の痕跡があり，プレートの東側の海盆群とは異なり南北拡大が卓越していたようである．この時代には現在のプレート東側は生まれていないので，フィリピン海プレートは小さく，かつ赤道付近にあったことがわかっている．しかし，この時代の海溝や島弧の配置などはまだ完全にはわかっていない．

　マリアナ弧の断面に沿ってフィリピン海の歴史を追ってきたが，伊豆・小笠原弧も九州・パラオ海嶺活動以降はほぼ同じ歴史をたどった．四国南方に広がる四国海盆 (Shikoku Basin) は，1500 万年前に拡大を止めた一世代前の背弧海盆である．ただし，現在の火山フロント〜背弧域 (図 4.21) は，伸張場ではあるが海洋地殻の形成ははじまっておらず，リフティングの時代にある．いずれ伊豆・小笠原弧でも地殻の薄化が進行し，新しい背弧海盆が生まれるのであろう．

日本海

　日本海 (Japan Sea) もまた，四国海盆とほぼ同時期に拡大した背弧海盆である．四国海盆やパレスベラ海盆が，海洋性島弧を割って形成されたのに対し，日本海は大陸縁を割って拡大した．大陸地殻は島弧の地殻より概して厚く，おそらく不均質性も高いため，地殻の薄化も一様にはいかない．海底地形を見ても，フィリピン海の背弧海盆はほぼ平坦な海盆底であるのに対し，日本海には大和堆をはじめとする台地上の高まりが多く存在している．地震学的な探査により，これら日本海南西部の高まりは，引き伸ばされた大陸地殻からなると考えられているが (たとえば村内, 1972)，大和堆の南東部にあたる大和海盆の地殻は厚いながらも海洋地殻の特徴をもっており (Sato *et al.*, 2014)，さらに日本海北東部は地震波構造からも地磁気縞異常の存在からも海洋地殻と考えられている．つまり，現在の日本海は，大陸縁辺の伸張場

でリフティングが起こり，その一部で大陸地殻が分裂して背弧拡大にいたり，海洋地殻が付加したものである．

沖縄トラフ

　日本周辺のもう1つの重要な背弧系は，南西諸島（琉球）弧の背弧域である．南西諸島の北側には，弧を描くように細長い海盆が広がり，沖縄トラフと呼ばれている．トラフの幅は北部で250 km，南部で80-100 km，正断層群により形成された凹地である．地殻の厚さは北部で25 km程度，南部で10 km程度と推定されており，現在リフティングの時代にある背弧系と考えてよい．ただし，現在のトラフの形状を作っている境界断層群は200万年前頃に活動したものである．南部沖縄トラフの中央部には，新しい東西走向の正断層系が見られ，幅15 km程度の凹地を形成している．これらの断層系の付近で小規模な火成活動が見られ，玄武岩質マグマが噴出している．これらの状況を考えると，沖縄トラフは背弧リフティングが断続的に続いているが，連続的な海洋地殻の形成・付加の段階にはまだいたっていないといえる．

4.5　海底熱水活動

　中央海嶺や背弧拡大系では，火成活動や地震活動に並んで，熱水活動も盛んである．この節では，海底熱水系の概要を紹介する．

1）海底熱水系の発見

　陸上の火山地帯に多く見られる温泉のように，海底にも高温の流体が噴出している場所がある．この流体は周囲の海水と比べて温度が高いだけではなく，重金属類が含まれ化学組成も大きく異なる．このような流体が循環するシステムを海底熱水系（hydrothermal system），湧き出し口を海底熱水噴出孔（hydrothermal vent）と呼んでいる．

　海底熱水系発見にいたる最初の舞台は紅海である．紅海では，1960年代の調査により，水深2000 mを越す凹地で，温度が40-60℃，塩濃度が255‰に達する異常な水塊があることが明らかになった．また，海底表層から得

られた堆積物試料には，銅，鉄，マンガン，亜鉛などの金属類に富んだカラフルな層が重なりあっていた．紅海は非常に若い中央海嶺で，DegensとRoss（1969）は，この特徴的な海水と堆積物の起源は，海底から異常な組成の塩水が周期的に湧き出していることだと考えた．

1970年代に入って，地殻熱流量の観測からも海底熱水系の存在が予想されるようになった．詳しくは次節で述べるが，中央海嶺のごく近傍では，海底で観測される地殻熱流量が熱伝導モデル（2.2節参照）で予想される値より明らかに低く，海底下を流体が循環して冷やしているのではないかと考えたのである．

このように海底熱水系の存在は多くの研究者に予想されながらも，実際に熱水が噴出している様相がはじめて報告されたのは1977年であった．その前年にガラパゴスリフト（ココス-ナスカ海嶺の一部，図4.12）で熱水系起源と思われる異常水塊を追跡したLonsdale（1977）は，海底の玄武岩の割れ目から熱水が噴出し，その周囲に多くの底生生物が生きているところを深海曳航カメラの映像におさめた．2年後には，有人潜水船による調査がガラパゴスリフトや東太平洋海膨の北部（カリフォルニア沖）で行われ，現在私たちが海底熱水系の映像として思い浮かべる図4.25のような，黒い高温の熱水が煙突状の硫化物構造から噴き出し，その周囲に多くの生物がむらがる

図4.25　ブラックスモーカー型の海底熱水噴出孔（©JAMSTEC）
中央インド洋海嶺Kairei熱水フィールド．

姿が明らかになったのである.

海底熱水系の周囲に，このように豊かな，大型生物まで含む生態系が維持されていることは，たいへんな驚きであった．太陽光線の届かない深海では，光合成によるエネルギー生産は不可能である．海洋表層で光合成を行っている一次生産者が餌として深海にふってくる量はわずかであり，熱水系で見られるような大規模な群集を維持するにはまったく足りない．熱水生態系はいったいどうやって生き延びているのだろうか．その後の研究により，熱水生態系は太陽エネルギーに依存する地表や浅海の生態系とはまったく異なり，化学合成細菌を一次生産者とするシステムであることが明らかになった．熱水系に固有の生物の体内には，特殊な細菌が共生している．この共生菌は熱水に含まれている硫化水素やメタンなどの還元物質を取り込んで化学合成を行い，自らエネルギーを生み出しているのである．熱水に含まれている元素は海底の岩石に起源があるので，熱水の生態系はいわば地球を食べて維持されているのである.

最初の熱水噴出孔の発見から30年あまりが過ぎ，これまで世界中で数百の熱水系が中央海嶺や背弧拡大系のみならず，沈み込み帯に沿った海洋性島弧で見付かっている．

2）熱水系のしくみ

熱水の生成と循環

熱水はどのように作られ，循環しているのだろうか．表4.3は通常の海水と東太平洋海膨 $21°N$ の典型的な熱水系で採取された熱水について，主な元素の含有量を比べたものである．海水に豊富に含まれるマグネシウムは熱水にはほとんど含まれない．一方，熱水には鉄やマンガンなどの重金属類やケイ素，硫化水素などが通常海水とは桁違いに多量に含まれている．この重金属類などは熱水が循環している海洋地殻に起源がある.

中央海嶺や背弧拡大系の軸部では，海洋地殻上部を構成する玄武岩は生まれたばかりで，空隙率が25％程度に達する．また，このような場所は伸張場で，海底の冷却に伴う収縮の効果もあり，海嶺軸に平行な正断層や亀裂，それらに伴う破砕帯が発達する．このような海底の隙間から，海水は常に地

表 4.3 海水と典型的な熱水の組成の違い（Edmond et al., 1982 による）

[μmol/kg]	東太平洋海膨の熱水	通常海水
Li	820	28
K	25	10
Rb	26	1.3
Mg	0	53
Ca	22	10
Sr	90	87
Ba	35-95	0.15
Mn	610	<0.001
Fe	1800	<0.001
Si	22	0.16
SO_4^{2-}	0	29
H_2S	6.5	0

下にしみこんでいるのである（図 4.26）．しみこんだ海水は，海嶺下に存在する高温のマグマ（約 1200℃）によって加熱される．深海の海水温（2-4℃）で岩石と海水が接していても短時間には何も起こらないが，高温環境では岩石と海水の化学反応が促進される．海水中の Mg, SO_4 などは析出して沈殿し，逆に岩石中の重金属類や Si, H_2S などが海水にとけ込む．このように，岩石-水反応（water-rock interaction）が起こった結果，海水とは異なる組成の熱水が生じるのである．現在では，実験室で高温高圧環境を作り，岩石と海水を「煮込む」ことでこの反応を再現する研究も進んでいる．

　海底下の岩石-水反応で作られた高温の熱水は浮力を得て急速に上昇し，海嶺軸付近で海底に噴出する（図 4.26）．熱水の温度は高温のもので 350-400℃ である．このような高温の流体が存在しうる，言い換えれば沸騰しないのは，熱水噴出孔のある海底が高圧だからだ．水深 2000 m の海底では圧力は 200 気圧，海水の沸点は 370℃ である．ただし，マグマからの熱の供給が大きく熱水が沸点に達する場合もある．このような場合は，熱水が沸騰して気相と液層に分離（phase separation）し，低塩分で気体成分に富む熱水と液層によった高塩分の熱水が別の噴出孔から湧き出すことがある．

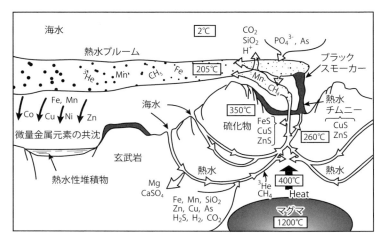

図 4.26　海底熱水循環系の模式図（蒲生, 1996 に加筆）

　噴出する熱水は，周囲の冷たい海水と急速に混ざり合い冷やされる．冷やされると，熱水中に溶存していた硫化物は溶解度が低下するので析出する．硫化物が析出した熱水は黒っぽくなり，一部は噴出孔に付着して煙突のような構造物を作ることもある．図 4.25 に見られるブラックスモーカーと呼ばれるタイプの噴出孔は，このような成り立ちをしているのである．熱水の組成は，温度条件や母岩の種類などによって異なるので，すべての熱水系が常に黒い水をもくもくと出しているのではなく，ほぼ透明な流体が噴出するクリアスモーカーと呼ばれるタイプもある．また，煙突構造を作らず，海底の亀裂などからわずかずつ流体がしみ出していることも多い．

　噴出孔から噴き出した熱水は，周囲の海水と混ざりながら広範囲に拡散していく．熱水は周囲の海水よりも高温（軽いはず）であるが，重金属類などを含む（重いはず）ため，普通は海底から 100 m 程度のところで周囲の海水と密度が等しくなる．湧き出した熱水はこの等密度面まで上昇すると，その高さの流れに従って水平方向に遠くまで薄まりながら動いていくのである（図 4.26）．この煙のように海中をたなびく希釈された熱水を熱水プルームと呼んでいる．たとえば，噴出孔から 100 m 離れると周囲との温度差は ＋0.3 ℃程度，マンガンの濃度は ＋1000 nmol/L 程度，10 km 離れるとそれぞれ ＋

0.0003℃, +1 nmol/L になる.

熱水循環の果たす役割

4.5 節 1) で触れたように,熱水系は固体地球の熱を流体地球に渡す上で重要な役割を担っている.中央海嶺で生産された海洋リソスフェアは主に熱伝導により徐々に冷やされていく(第 2 章).もし,固体地球から海水への熱輸送が熱伝導だけで担われているとするならば,海嶺の軸部での地殻熱流量(地表単位面積あたり熱伝導により伝わる熱量)は非常に大きくなるはずである.

図 2.22 で示した理論的に予測される地殻熱流量の分布と海底で実測された地殻熱流量の値の比較を見てみよう.年代が 1500-2000 万年までの中央海嶺近傍では,地殻熱流量の実測値は理論曲線より有意に小さく,その差は海嶺軸に近いほど顕著である.このことは,海嶺軸に近いほど,熱が別の形,すなわち移流でも担われていることを示唆している.海嶺の軸部では熱水が,さらに広範囲の海嶺側面域でも低温〜高温の流体が地殻内を循環して熱を運び,効率的に固体地球を冷やしているのである(図 2.22(b)).海水による熱フラックスを試算すると,毎年 2.9×10^{16} g の海水が中央海嶺を通過していることが推定できる.この循環速度を全世界の海水量で割り算をすると 5×10^{7} 年となり,海水が数千万年ごとに熱水循環系に取り込まれる計算となる.

熱水循環によって運ばれるのは熱だけではない.熱水循環は地球の化学フラックスにも大きな役割を果たしている.表 4.3 で示すように,海水中にある Mg は熱水にはほぼまったく含まれていない.つまり,熱水循環により Mg は流体地球から除去されたことになる.さきに求めた熱水循環量の速度 2.9×10^{16} g/年 と海水中の Mg 濃度 53 mmol/kg を使うと,1 年間に 1.5×10^{12} mol の Mg が海水から除かれることがわかる.河川から海洋に供給される Mg の量は年間 5.3×10^{12} mol と見積もられているので,このおよそ 30% が熱水循環で除去される.

逆に,熱水循環により固体地球から熱水へと移る元素についても見てみることにしよう.図 4.27 は Wheat ら (2003) の試算による,各種元素が海底から熱水循環系を通じて海洋にもたらされる量と,陸から河川を通じて海洋

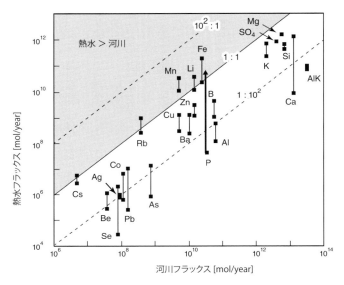

図 4.27 陸上河川と海底熱水循環系を通じて，海洋へ流入する物質量（Elderfield and Schultz, 1996 の原図に，Wheat *et al.*, 2003 による海底の低温湧水を考慮にいれた試算値（矢印）を加えた）

にもたらされる量の対比である．中央の右上がりの直線は傾き 1 の線，すなわち海洋への元素の流入に関し，海底熱水循環系の寄与と陸上河川の寄与が等しくなるところを示す．この図から，リチウムやカリウムのようなアルカリ金属や鉄，マンガンなどの重金属，そしてリンなどのフラックスにおいて，海底熱水循環系は陸上河川に匹敵するほど大きな役割を果たしていることがわかるだろう．

　海底熱水系の重要性を物理・化学の側面に注目して示してきたが，熱水循環系は地球の生命圏とその歴史を理解する上でも非常に重要である．熱水生態系の一次生産者は化学合成細菌であり，私たち地表の生態系とは異なり，太陽エネルギーに依存しないシステムを築いている．熱水系は深海底のオアシスのような存在ではあるが，実際には高温高圧の極限環境である．遺伝子解析による熱水生態系の解明が進むにつれ，熱水系に生きる古細菌は地球生命の進化系統樹の根元ちかく，すなわち地球生命の共通祖先に非常に近い種であることが明らかになってきた．太古の地球では，マントルは現在より高

温であり，熱水の温度も循環系を取り巻く岩石の種類も現在とは異なると推定されている．したがって，熱水の組成や熱水系の規模も現在の深海底とは異なったことであろうが，地球生命のはじまりを解く鍵として現世の海底熱水系の研究は重要である．

3）熱水系の多様性

発見から四半世紀が過ぎ，多くの熱水系の調査研究が中央海嶺や島弧系で進むにつれ，熱水系の性質もさまざまであることが明らかになってきた．海底から噴出する熱水の化学組成にはかなりの幅があり，また熱水活動の規模（活動継続時間，噴出量，活動域の面積，温度等）も多様である．この多様性を系統的に説明する要素として，基盤となる岩石の化学組成，地質構造，温度圧力条件が挙げられる．

世界の大多数の熱水系の化学組成は，変質していない新鮮な玄武岩と海水との反応で説明できる．また，基盤の玄武岩がすでに変質している場合は，生じる熱水のpHが高く，K/Na比が低くREEに乏しくなる傾向がある．ところが，この10年ほどの間に玄武岩-海水反応では説明できない熱水系が次々と報告されるようになった．これらの多くは超苦鉄質岩（ultramafic rocks）と海水の反応によって形成されると考えられている．超苦鉄質岩とはかんらん石などの有色鉱物を多く含む岩石で，通常の海底では地下6km以深のマントルに存在するはずの岩石である．このような超苦鉄質岩を母岩とする熱水の化学組成は温度によってかなり異なる．熱水が高温の場合は，その組成はケイ素に乏しく，水素，カルシウム，鉄に富む．大西洋中央海嶺36°N付近に位置するレインボー（Rainbow）サイトがこのタイプの代表例である．超苦鉄質岩を母岩とする低温熱水の数少ない例としては，同じく大西洋中央海嶺37°N付近のロストシティー（Lost City）サイトがある．ロストシティーは海嶺軸からやや離れた海洋コアコンプレックスの斜面に位置し，海水よりもpHが高く，かんらん岩の蛇紋岩化反応（かんらん石と水が反応して，蛇紋石と水素，メタンが生成される）で規制されているようである．

日本周辺など背弧や島弧の環境では，母岩が安山岩質であることも多い．

これらの熱水系では，熱水はより酸化的で，遷移金属元素や揮発性物質に富むことが多い．また，ファンデフカ海嶺などのいくつかの中央海嶺や背弧拡大系では，海嶺軸部に堆積物が存在する．これらの場所では，基盤である玄武岩等との反応で生じた熱水が，上昇して海底面に達する前にさらに堆積物と反応し，その組成が変わる．熱水組成は，堆積物の種類や堆積層の厚さによって異なるが，堆積層中で硫化物が析出することと，炭酸塩や有機物の存在により，一般的には pH が高い．

　基盤岩の種類や堆積物の有無は，熱水の化学組成を決める最も大きな要素であるが，地質構造は循環経路を規制する要素である．一般に，低速拡大系の熱水噴出域では，1つ1つの噴出孔から出ている熱水の組成に違いがあったとしても，その違いは海底面近くでの海水との混合や冷却によるもので，源は共通なものとして説明できる．一方，太平洋の高速拡大系では，数十mしか離れていない熱水噴出孔から明らかに源が異なる熱水が噴出する．これは，断層のよく発達する低速拡大系では，流体が通りやすい断層破砕帯を経路としてより大深度から熱水がもたらされていることを示唆している．また，低速拡大系ではしばしば巨大な硫化物マウンドが見付かっている．大きなマウンドができるということは，熱水活動が長期にわたって同じ場所で維持されているということで，言い換えれば熱水の通り道になりやすい断層に熱水活動が規制されているということである．高速拡大系の場合は，その反対に熱源が浅く循環は局所化し短命である．

　海底下の温度圧力条件も熱水系の多様性を説明する重要な要素である．温度圧力条件は 4.5 節 2) で述べた層分離 (phase separation) に関連するだけでなく，流体に元素が融解するか，析出するかといった反応も支配している．特に海底下の温度は母岩からどんな元素がどれだけ流体中にとけ出すかを支配し，熱水の組成を左右している．熱水が生み出されている場所（リアクションゾーン，reaction zone）の温度は今のところまだよくわかっていない．海底に噴出する玄武岩溶岩の温度は 1200℃ 程度であるが，熱水が循環する流路となる破砕帯などは岩石が脆性破壊する温度，すなわち 500-600℃ 以下でないと存在しえないので，リアクションゾーンの温度はおおむね 450℃ 程度ではないかと考えられている．また，熱源としては図 4.26 のよう

に海嶺軸下地殻内のマグマだまりを想定しがちであるが，大規模な断層の深部がマントルまで達して地下深部の熱をくみあげている場合もある（deMartin *et al.*, 2007）．また，超苦鉄質岩を基盤とした低温の熱水系は，超苦鉄質岩の蛇紋岩化の際の反応熱でその温度が説明できるとの考えもある（Allen and Seyfried, 2004）．

4）資源としての熱水

熱水鉱床

海底熱水系の物質循環のサイクルにおいて，熱水噴出孔付近を中心に硫化物などの鉱物の沈殿が形成される．この沈殿物が熱水性硫化物で，さまざまな重金属類を含む．噴出孔の周りにはまず煙突状の塊（チムニー）が成長し，チムニーは高く成長して不安定になると，やがて崩壊して小さな山（マウンド）をつくる．このプロセスが繰り返され，海底下の熱水の流路にも沈殿物が詰まっていくと，海底から海底下にかけて大規模な熱水性硫化物の構造物ができあがる．

このような硫化物構造のうち，資源として有用な鉱物が特に濃集して存在し，経済的価値が認められるものを熱水性硫化物鉱床（熱水鉱床，hydro-

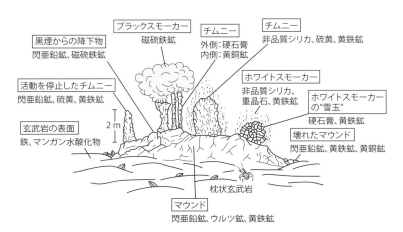

図 4.28　東太平洋海膨 21°N 付近の熱水噴出孔（Haymon and Kastner, 1981）

thermal sulfide deposit）という（図4.28）．大規模な熱水鉱床が形成されるためには，熱水系が単に存在するだけではなく，硫化物が鉱床として固定・保存される環境が必要である．硫化物は現在の深海の海水中では安定ではなく，酸化されて海水に溶解していく．経済的にみあう鉱床として保持されるためには，硫化物は海底に露出して海水にさらされることなく，堆積物中などに埋積されなければならない．たとえば，高速拡大海嶺で多く見られる高温熱水系は，熱水系としての寿命も短く大規模な硫化物マウンドなどを作りにくい上に，海嶺軸で埋積されることもなく，巨大鉱床に成長することはないと思われる．

　熱水性の硫化物の主な構成元素は，鉄，鉛，亜鉛，銅，イオウ，ケイ素，カルシウム，バリウム，金，銀であるが，鉱物形態は環境によりさまざまである．高温のブラックスモーカーでは，黄鉄鉱，黄銅鉱，閃亜鉛鉱，方鉛鉱が主要鉱物で，金や銀が鉱物中に含まれることが多い．やや温度の低いクリアスモーカーでは，石こう，硬石こう，重晶石などが構成鉱物である．また，熱水起源の鉄・マンガン酸化物が周辺に分布することもある．鉱床の化学組成はその経済的な価値を大きく左右するが，金のような副成分元素の濃度は海域ごとに，または同一岩体のなかでも3桁以上変化することがあり，形成時の環境を反映している．

日本周辺の熱水鉱床

　日本周辺では，伊豆・小笠原海域と沖縄海域で熱水鉱床が複数報告されている．伊豆・小笠原海域では，火山フロントから背弧リフト域に海底火山に伴う熱水性硫化物が広く分布していることが知られており，明神海丘のサンライズ鉱床など大規模な鉱床も発見されている．いずれも島弧もしくは背弧リフト域の火山活動による熱源をもとにし，背弧リフトの断層系もしくは島弧火山のカルデラなどの陥没地形を循環路として利用したものが多い．

　沖縄海域の場合は，世界に先駆けて発見された熱水鉱床である伊是名海穴の白嶺鉱床をはじめとし，島弧や背弧海盆内の火山に伴って熱水性硫化物が見られる．沖縄の場合は基盤岩に大陸地殻や大陸起源の堆積物なども含むため，リチウム，カリウム，ホウ素，二酸化炭素などに富む熱水を噴出する熱

水系も見出されている．

　海底熱水系は現在熱水鉱床が形成されている場であるが，陸上でも熱水鉱床が金属鉱山として採掘されてきた．日本国内の場合，1970年代まで操業した別子鉱山は，層状含銅硫化鉄鉱床に分類されるタイプである．遠洋性チャートとMORBが共存し，黄鉄鉱と黄銅鉱が主要鉱物で鉛やマンガン，金，銀には乏しくもっぱら銅を採掘対象とした．この特徴は中央海嶺系の熱水硫化物によく似ている．また，花岡鉱山などに代表される黒鉱鉱床は，東北日本の日本海側を中心に存在し，中期中新世の島弧に沿った火山に伴う多金属硫化物硫酸塩鉱床である．酸性火山岩と泥岩が共存し，閃亜鉛鉱，方鉛鉱，黄銅鉱が主要鉱物で，金，銀，鉛などを多産する．これは背弧リフトや島弧の海底カルデラに沿った熱水性硫化物に非常に似ており，かつて弧－海溝系のセッティングで形成されたと考えられる．

　2010年，統合国際深海掘削計画（IODP）の一環として，地球深部探査船「ちきゅう」が沖縄海域の伊平屋北海底熱水噴出域の海底を掘削した．この掘削により，海底下に巨大な熱水だまりがあることがわかり，また熱水マウンド横で得られた試料からは海底下7-8 mの地点で1.5 mほどの黒鉱が得られた．熱水だまりの広がりを考えあわせると，伊平屋北の熱水噴出域の下には大規模な黒鉱鉱床が存在し，かつ成長を続けている可能性がある．東北日本の黒鉱の形成については，海底熱水活動で形成された硫化物が火山活動による堆積物で覆われ，海水による酸化を受けずに保存された，という説が主流であった．伊平屋北の掘削結果は，海底面だけでなく海底下で大規模に黒鉱が生成されるメカニズムを示唆しており，黒鉱型の鉱床の形成論の再考が必要である．

第5章 海溝での沈み込み
——海洋リソスフェアの消滅

　最も深い海洋底はマリアナ海溝南部に位置するチャレンジャー海淵である．チャレンジャー海淵では1万700 mより深い3つのくぼみが雁行配列している（図5.1）．1951年にイギリスの調査船「チャレンジャー8世号」により，1万mより深い海洋底が発見された．同じく英国の軍艦チャレンジャー号が世界一周航海（1872-76年）の途中に，この海域を訪れていることにちなんで，この海域はチャレンジャー海淵と呼ばれるようになった．その後，さまざまな船によって観測が行われたが，1984年に日本の海上保安庁の測量

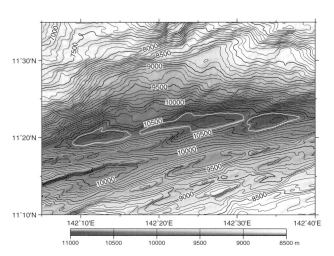

図5.1　チャレンジャー海淵付近の海底地形図（Nakanishi and Hashimoto, 2011の海底地形データを使用）
　等深線間隔は100 m．白色の実線は1万700 mの等深線を示す．

船「拓洋」によって，世界最深部の水深は1万924 ± 10 m（北緯11度22.40分，東経142度35.50分）であることが明らかになった（Hydrographic Department, Japan Maritime Safety Agency, 1984）．その後の研究船「かいれい」による複数回の調査の結果，世界最深部の深さと位置は，測量船「拓洋」の結果とほぼ同じ（水深1万920 ± 5 m，位置北緯11度22.2600分，東経142度35.5890分）であることが確認された（Nakanishi and Hashimoto, 2011）．大西洋とインド洋における最深部は，それぞれプエルトリコ海溝（8385 m）とジャワ海溝（7045 m）である．各大洋における最深部はいずれも海洋リソスフェアが地球内部に沈み込むプレート境界に位置している（図5.2）．

　海溝の全長は約4万3500 kmであり，その多くは太平洋を取り囲むように存在する．インド洋の海溝は東縁にしか存在しない．大西洋では海底地形からその存在を確認できる海溝は，プエルトリコ海溝と南サンドウィッチ海溝（South Sandwich Trench）の2カ所である．プエルトリコ海溝の東端か

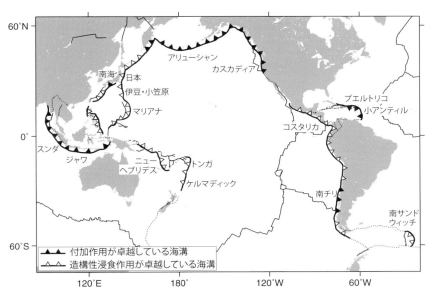

図5.2　造構性浸食作用が卓越している海溝と付加作用が卓越している海溝の分布図
　　　　海溝の区別は Clift and Vannucchi（2004）に基づく．

ら南に続く小アンティル海溝（Lesser Antilles Trench；バルバドス海溝，Barbados Trench と呼ぶこともある）は厚い堆積物で覆われているため，次節で説明するような海溝の一般的な地形的特徴を示さない．

　日本列島付近には，千島海溝，日本海溝，伊豆・小笠原海溝，駿河トラフ，相模トラフ，南海トラフ，南西諸島海溝が存在する．房総半島の南東沖で相模トラフが伊豆・小笠原海溝につながっているところは，世界唯一の海溝三重会合点であり，海洋底の深さは9000 m を超えている．

　日本列島周辺の海陸境界は，オホーツク海や日本海の一部を除くと，活動的縁辺域である海溝である（第1章）．一方，大西洋とインド洋の海陸境界の多くは受動的縁辺域である．受動的縁辺域では海洋リソスフェアと大陸リソスフェアの間で，リソスフェアの沈み込みは起こっていない．

5.1　地形的特徴

　第1章で述べたように，海溝における地形断面は非対称のV字形をしている（図5.3）．海溝の陸側斜面は大陸棚，大陸斜面からなる．海側には海溝周縁隆起帯が存在する．海溝周縁隆起帯の海溝側の斜面には断層地形が発達している．海側斜面の傾斜は海溝陸側斜面より緩やかで一般に4度程度である．陸側斜面の傾斜は6度以上である．

1）海溝海側の海底地形

海溝周縁隆起帯

　海溝の海側には海溝周縁隆起帯がある．その規模は，幅数百 km，深海平原からの比高数百 m である（図5.4 (a)）．千島海溝南方には北海道海膨（Hokkaido Rise）と呼ばれる大規模な海溝周縁隆起帯が存在する．北緯37度より北側の日本海溝の東方にも海溝周縁隆起帯が見られるが，それより南方の日本海溝では顕著に発達していない．伊豆・小笠原海溝では海溝周縁隆起帯は北部を除いてあまり発達していない．小笠原海台の南にあるマリアナ海溝北端部においても顕著な隆起帯は見られない．このように，海溝周縁隆起帯はすべての海溝で見られるとはかぎらない．

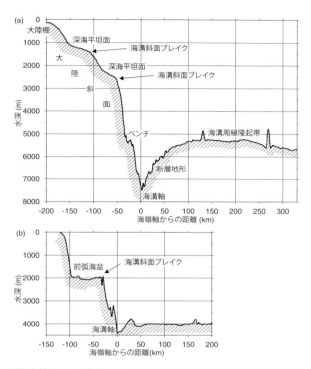

図 5.3 海溝を横切る地形断面図
(a) 日本海溝 (北緯 39 度), (b) 南海トラフ (断面図の位置は図 5.17 に示す). 図は縦方向に強調している.

　海溝周縁隆起帯は沈み込む直前のリソスフェアが屈曲することによって生じる膨らみであると考えられている (第 2 章). 海溝周縁隆起帯が発達していないところには, 海山列や断裂帯が存在していることが多い. 断裂帯はトランスフォーム断層の痕跡であり, いわばプレートの弱線であるため, 断裂帯付近のリソスフェアはほかの部分に比べて弾性的性質が異なる. 海山や沈み込むリソスフェアになんらかの弱線が存在する場合は, そうでないリソスフェアに比べて屈曲による盛り上がりの程度が小さく, 大規模な海溝周縁隆起帯が見られないと考えられる.

　一方, 多くの海溝において, 海溝周縁隆起帯に相当するところに 20-40 mGal の正のフリーエア重力異常が見られる (図 5.4 (b)). このような海溝

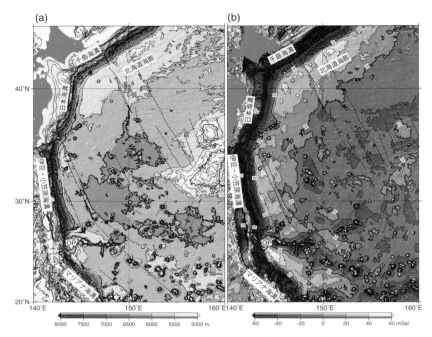

図 5.4 千島海溝からマリアナ海溝南部周辺の海底地形図（a）とフリーエア重力異常図（b）
　（a）海底地形データは Smith and Sandwell（1997）の改良版を使用．等深線の間隔は 500 m．黒色の点線は断裂帯（Nakanishi *et al.*, 1992, 1999），OP は小笠原海台を示す．（b）フリーエア重力異常データは Sandwell *et al.*（2014）を使用．等重力異常線の間隔は 20 mGal．

　周縁隆起帯の正のフリーエア重力異常（outer gravity high と呼ぶことがある）は，千島海溝からマリアナ海溝北部まで，アリューシャン海溝，中米から南米大陸西岸の海溝，ケルマディック海溝などの海溝でも見られる．マリアナ海溝中部から南部にかけては，それほど大きな正のフリーエア重力異常が見られない．

　海溝周縁隆起帯における正のフリーエア重力異常は，海底地形の膨らみによる余剰質量が原因とされていた（Watts and Talwani, 1974）が，海溝周縁隆起帯が存在しないところでも正の重力異常が見られるため，別の原因を考える必要がある．日本海溝と伊豆・小笠原海溝の海側では正の残差重力異常

（第2章）が見られることから，正のフリーエア重力異常の原因は，海洋地殻より深部のリソスフェアの密度が周囲に比べて高いか，あるいはリソスフェアが厚いかのいずれかまたは両方であるとされた（Segawa and Tomoda, 1976）．また，リソスフェアの屈曲による局所的なマントル対流，マントル物質の相転移による高密度鉱物の生成など，さまざまな考えも提案されているが，いずれの考えがよいか結論が出ていない．これは，リソスフェア深部にその原因があると考えられ，地球表面付近からではこのような現象を容易に観測によって捉えることができないためであろう．

断層地形

　海溝周縁隆起帯の頂上付近から海溝軸までの海側斜面には，正断層起源の断層地形が発達している．この断層地形は，沈み込みによる海洋リソスフェアの屈曲に伴い，リソスフェアの上面に張力が働くことによって形成されると考えられている．この断層地形の形成過程に関連して地震（アウターライズ地震）が発生する．

　日本海溝の海溝海側斜面の断層地形の多くは，海溝軸から約 80 km までの海側斜面に存在するが，そこより海側にはほとんど存在しない（図 5.5；Nakanishi, 2011）．反射法地震探査記録からは，表面地形で明瞭な断層地形が見られないところ（海溝軸から 100 km 程度離れたところ）でも海底下に断層構造を確認することができる（図 5.6；Tsuru et al., 2000）．この図から，断層は火成岩質基盤を切っていることがわかる．また，断層構造は海洋地殻が沈み込んだあとでも残っている（図 5.6）．太平洋プレートの陸側プレートに対する相対速度は年間約 9 cm であり，海溝軸から 100 km 離れた海洋底が海溝軸に到達するには約 1100 万年かかる．つまり，海側斜面で見られる断層構造は過去約 1100 万年間にできたものと考えられる．日本海溝だけでなく千島海溝西部，伊豆・小笠原海溝，マリアナ海溝の断層地形の多くも，海溝軸から 100 km までの海側斜面に存在する．

　一般に，断層地形は海溝軸と平行であると考えられているが（Masson, 1991），そうでないところもある（たとえば，Kobayashi et al., 1998）．海溝軸と平行でない断層地形は海底拡大過程に起因する構造的弱線（アビサルヒル

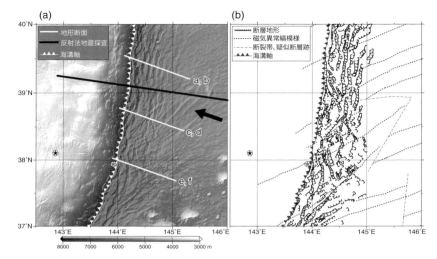

図 5.5 日本海溝海側斜面の海底地形図（a）と断層地形分布図（b）
(a) Nakanishi (2011) の海底地形データを使用．白色の矢印は MORVEL モデル（DeMets *et al.*, 2010）に基づいた陸側プレートに対する太平洋プレートの相対運動の方向．白色の実線は図 5.8 のプロファイルの位置を示す．黒色の実線は図 5.6 の測線の位置，黒色と灰色の星印は 2011 年東北地方太平洋沖地震の震央と IODP 第 343 次航海の掘削地点を示す．(b) Nakanishi (2011) の結果に基づき作成．

や断裂帯）の再活動によるものと考えられている．

　断層地形が海溝軸と平行かそうでないかは，沈み込む海洋地殻の海底拡大過程に起因する構造的弱線と海溝軸のなす角度で主に決まる．この角度が 30 度より小さい場合，海底拡大過程に起因する構造的弱線が再活動し，30 度より大きい場合は海溝軸と平行な断層地形が発達する．ただし，マリアナ海溝やアリューシャン海溝など海溝軸が大きく湾曲している海溝では，この規則が当てはまらない部分がある．

　日本海溝海側斜面に発達している断層地形にも，海溝軸と平行なものとそうでないものがある（図 5.5，図 5.7）．北緯 39 度 20 分より北の日本海溝北部では海溝軸に平行な断層地形が卓越しているが，北緯 38 度より南では磁気異常縞模様と平行な断層地形が卓越している．北緯 39 度 20 分より北の日本海溝と磁気異常縞模様のなす角度は約 30 度である．北緯 38 度から北緯

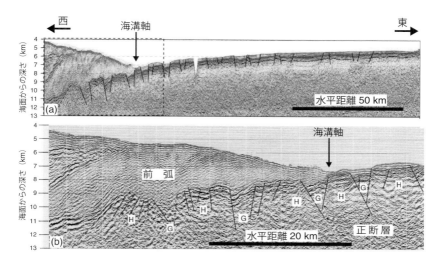

図 5.6 日本海溝を横断する反射法地震波探査記録 (Stern, 2005 を改変；元の記録は Tsuru et al., 2000)

測線の位置は図 5.5 に示す．(a) 記録全体の図，(b) 海溝軸付近から陸側斜面までの拡大図．範囲は (a) に黒破線で示す．H は地塁，G は地溝．

39 度 20 分の間では海溝軸に平行な断層地形が卓越しているが，磁気異常縞模様と平行あるいはそれに直交する方向の断層地形も多く存在する．この範囲の海洋底には断裂帯は存在しないため，中央海嶺の不連続（ノントランスフォームオフセット）の軌跡のような弱線が再活動したものと考えられる．北緯 38 度付近において日本海溝の走向が南北方向から北東—南西方向に変化している．この走向の変化のために，卓越する断層地形が海溝軸に平行なものから，磁気異常縞模様に平行なものへ変化している．

海溝軸と平行な断層地形は，地塁・地溝地形に近い地形的特徴をもっている．地形の間隔は 10 km 以下であり，海溝軸から離れてもその間隔に明瞭な変化は見られない（図 5.8 (a)(b)）．北緯 10 度付近の中央アメリカ海溝では，海溝軸と平行な断層地形が存在する．この断層地形の数は，日本海溝とは異なり海溝軸に近付くにしたがって増加する傾向がある（Ranero et al., 2003）．海溝に近付くにしたがって断層地形の比高は 100 m 以下から 500 m 以上になる．一方，海底拡大過程に起因する構造的弱線が再活動した場合の

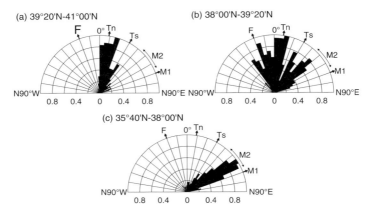

図 5.7 日本海溝海側斜面にある断層地形の走向に関するローズダイヤグラム（Nakanishi, 2011）
Tn：北緯 38 度より北の日本海溝の走向，Ts：北緯 38 度より南の日本海溝の走向，M1：中生代磁気異常縞模様の走向，M2：北緯 38 度付近の中生代磁気異常縞模様の走向，F：北緯 36 度以南にある断裂帯の走向．

断層地形の地形的特徴は，非対称の地溝や直線的に伸びる高まりであり，一般的な地塁・地溝地形の地形的特徴とは異なる（図 5.8 (c)〜(f)）．この種類の断層地形の比高と海溝軸からの距離との明瞭な相関は見られない．

これまで説明してきたように，海面からの測深結果に基づいた海底地形図（図 5.5）では，断層地形は比高数百 m の崖として見られる．潜水船などで断層地形を観察すると海底地形図では 1 本に見える断層地形は，複数の小規模の崖やテラスから構成されていることがわかる．1933 年三陸津波地震震源域付近の断層地形では有人潜水調査船「しんかい 6500」によって最近できたと考えられる亀裂が観察された（堀田ほか，1992）．亀裂の幅は数 m から数十 m であり，落差は 5 m 以下であった．同じ地点における継続的な観察から，亀裂部分の堆積層が崩壊していることが見付かり，この部分は現在も崩壊していることが明らかになった（平野ほか，1999）．

断層地形は沈み込み帯付近での物質循環システムにおいて重要な役割を果たしている．断層に沿って海洋地殻表面付近の水がマントル内に入ると考えられている．海水が海洋地殻やマントル最上部内に侵入することによって，

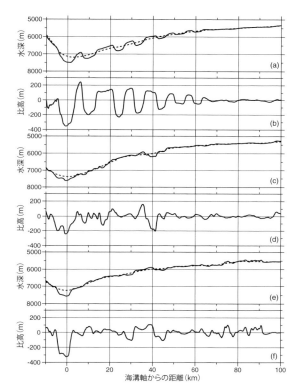

図 5.8 日本海溝海側斜面の断層地形断面図 (Nakanishi, 2011 の海底地形データを使用)

断面図の位置は図 5.5 に示す.断面図の方向は,陸側プレートに対する太平洋プレートの相対運動の方向である.海溝軸からの距離は,南東方向が正である.破線はスムーズ化した海底地形断面を示す.(b), (d), (f) はそれぞれ (a), (c), (e) の実線から破線を引いたもの.

P 波速度 (V_p) と S 波速度 (V_s) がともに低下する.その低下の程度は S 波速度の方が大きいため,V_p/V_s 比が上昇する.千島海溝と日本海溝の近傍で海洋地殻における V_p/V_s 比の上昇が確認されている (Fujie *et al.*, 2013).

2) 海溝軸部

無人探査機「かいこう」による海底観察から,チャレンジャー海淵の海底

は平坦であり，そこには非常に柔らかい堆積物が存在していることがわかった．このように，海溝軸部の海洋底は堆積物で覆われ，平坦であることが多い．海溝軸部の堆積物を海溝充填堆積物（trench fill sediment）と呼ぶ．海溝軸部への堆積物の供給量がリソスフェアの沈み込む速さに比べてそれほど多くない場合は，リソスフェアの沈み込みに伴って堆積物のほとんどは地球内部に沈み込む．しかし，供給量が多い場合は，堆積物の一部は海溝軸部に残る．

　海溝充填堆積物に含まれている物質は，海洋地殻表面の堆積物に比べて陸側斜面から斜面崩壊や重力流によって流入してくるものが多い．陸側斜面の崩壊は地震活動以外に，海山などの高まりの衝突あるいは沈み込み，ガスハイドレートの融解などによっても発生する．南海トラフのトラフ底のように，海溝軸に沿って流れる混濁流による堆積物（タービダイト）も存在する．南海トラフのタービダイトは砂泥互層で，砂質のタービダイト内の火山岩片は，伊豆・箱根火山帯の火山岩と同じ特徴をもつ．これらのタービダイトは，天竜川や富士川などの陸上河川から流入してきたものである．小アンティル海溝や北米大陸西岸沖カスカディア沈み込み帯（Cascadia Subduction Zone）の厚い堆積物は，それぞれ南米大陸と北米大陸の河川から流れてきたものである（Westbrook et al., 1988）．カスカディア沈み込み帯では，アストリア（Astoria）扇状地などの深海扇状地が形成されている．

　千島海溝西部から伊豆・小笠原海溝北部までの海溝軸部の水深を見ると，千島海溝西部では顕著な変化は見られない（図5.9）．襟裳海山を境に水深は7200 m 程度から7500 m 程度へと変わる．日本海溝軸部の水深は南に向かうにしたがって7500 m から8000 m へと階段状に深くなる．伊豆・小笠原海溝では，海溝三重会合点までは急激に深くなるが，そこから茂木海山までは水深9200 m 程度である．また，茂木海山より南の水深は約9500 m である．海溝三重会合点付近の海溝軸部には，関東地方の河川から相模トラフに沿って流れてきた物質が堆積していて（図5.10），その堆積物の厚さは最大4 km である（Ogawa and Yanagisawa, 2011）．茂木海山を境に水深が異なるのは，相模トラフから流入した物質が茂木海山で堰止められたことによるのであろう．

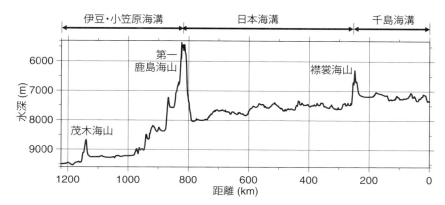

図 5.9 千島海溝から伊豆・小笠原海溝北部までの海溝軸の水深断面図（Nakanishi, 2011 を改変）

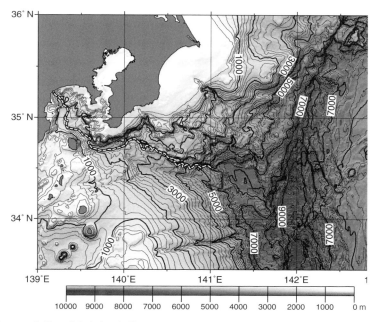

図 5.10 海溝三重会合点と相模トラフ周辺の海底地形図（浅田，2000 の海底地形データを使用）
　　　　等深線の間隔は 200 m．白色の破線は相模トラフ沿いの海底谷．

5.1　地形的特徴—— 197

3) 海溝陸側の海底地形

海溝陸側の地形的特徴を見ると，浅いところから，水深 200 m 程度の傾斜の緩やかな大陸棚，急傾斜の大陸斜面へとつながっている（図 5.3）．大陸斜面には比較的平坦な棚状の地形が見られるところがある．この地形は深海平坦面（deep-sea terrace）あるいはベンチ（bench）と呼ばれる．通常，深海平坦面の方がベンチより規模が大きい．大陸斜面上部などでは，陸側斜面において斜面の勾配が急激に変化するところ（海溝斜面ブレイク，trench-slope break）が見られる．小アンティル海溝陸側にあるバルバドス島は，海溝斜面ブレイクである高まりに相当するところが海面上まで上昇してできた島と考えられている．

海溝斜面ブレイクより陸側に前弧海盆（forearc basin）という堆積盆地が形成されることがある．南海トラフには熊野海盆や土佐海盆など幅の広い前弧海盆が存在する．熊野海盆の水深は 2000 m 程度で，幅は最大 80 km 程度である．

陸側斜面下部の地形は，海側斜面に比べて起伏に富んでいることが多い．日本海溝陸側では大規模な地すべり地形が存在する（図 5.11）．地すべり地形のいくつかは海山などの高まりが沈み込んだことによると考えられている．地すべり地形以外に特徴的な地形はベンチで，その多くは海溝軸とほぼ平行である．ベンチの起伏の間隔は 2-5 km 程度で，比高は 1000 m 以下である．ベンチの起伏の多くは，衝上断層（低角逆断層）運動によって生じたものである．

海溝の陸側には，海底谷が発達しているところがある．日本付近では釧路川沖合の釧路海底谷，天竜川沖合の天竜海底谷などがその代表である．プレート境界である相模トラフにも海底谷がある（図 5.10）．海底谷の流路は直線的なところもあるが，陸上の河川のように蛇行しているところも多い．海底谷は陸起源物質が海溝軸部へ運ばれる経路の役割を果たしている．海底谷の側面は陸側斜面の内部構造を見ることができる露頭であり，これまで多くの調査が実施されている．たとえば，天竜海底谷では日本とフランスの共同研究で潜水船による調査が実施されている．

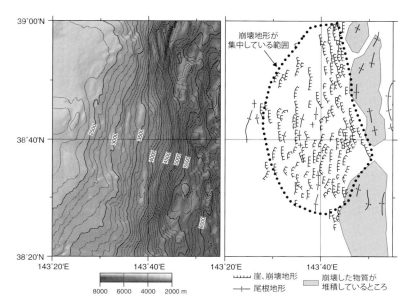

図 5.11 日本海溝陸側斜面の (a) 海底地形図と (b) その解釈図 (佐々木, 2004 を改変) 等深線間隔は 100 m.

5.2 造構性浸食作用と付加作用

　海溝では，海溝付近で陸側のリソスフェア前部が成長する作用（付加作用，accretion）と縮小する作用（造構性浸食作用，tectonic erosion）が起こっている．沈み込み帯全長の7割以上の3万1250 km では造構性浸食作用が卓越していると考えられている（図5.2）．付加作用が起こるためには，海洋リソスフェアの沈み込む速さに比べて，海溝軸部への堆積物の供給が十分多い必要があり（Clift and Vannucchi, 2004），厚さ1 km 以上の海溝充填堆積物が必要であると考えられている．南海トラフ，小アンティル海溝，カスカディア沈み込み帯などでは付加作用が起こっている（図5.2）．日本列島には過去の付加体が広く分布しているため，日本列島の骨格を形成したのは付加作用であると考えられている（木村, 2002）．

　陸側の地質構造は，卓越している作用にかかわらず海溝軸から陸側に向か

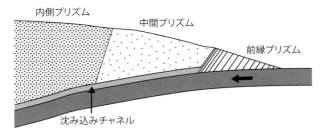

図 5.12 海溝陸側の断面構造の模式図（von Huene *et al*, 2009 を元に作成）スケールは実際と異なる．

って，大きく前縁プリズム（frontal prism），中間プリズム（middle prism），内側プリズム（inner prism）の3つに分けられる（図 5.12；Scholl and von Huene, 2010）．前縁プリズムは海溝軸部に接する前縁部で，陸側斜面起源の物質あるいは海洋地殻表面の堆積物からなる．中間プリズムは前縁プリズムより形成年代が古く，より固化の進んだ物質からなる．内側プリズムは陸側の元からある岩盤（rock framework）で，主に大陸地殻（火成岩あるいは変成岩，固化した堆積岩など）からなる．付加作用の大部分は前縁プリズムと中間プリズムにおいて起こっていて，内側プリズムはほとんど変形しない．造構性浸食作用が卓越している海溝では，明瞭な中間プリズムが見られないところがある．なお，同じような分類として，Kimura *et al*. (2007) は上記の地質構造を，それぞれ outer wedge, transition zone, inner wedge と分類している．以下では，Scholl and von Huene (2010) の分類に従う．

　沈み込む海洋地殻と陸側との間で主に砕屑性物質が存在するところを沈み込みチャネル（subduction channel；Cloos and Shreve, 1988）と呼ぶ．沈み込みチャネルは，造構性浸食作用あるいは付加作用のいずれが卓越していても見られる．

造構性浸食作用

　造構性浸食作用には，前縁浸食作用（frontal erosion）と下底浸食作用（basal erosion）がある（図 5.13）．

　前縁浸食作用は前縁プリズムで起こる．沈み込みが進行するにしたがって

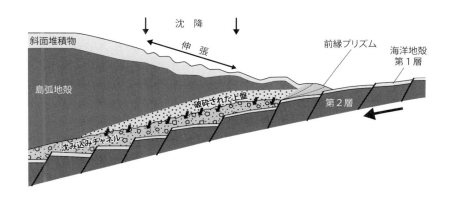

図 5.13 造構性浸食作用の模式図（von Huene *et al.*, 2004 を改変）
スケールは実際と異なる．

生じる陸側での斜面崩壊などによって，新たに物質が前縁プリズム付近に流入する．流入した物質と同じ，あるいはそれ以上の物質が沈み込むため，前縁プリズムは付加作用が卓越した海溝のように付加体が大きく成長することはない．中米グアテマラ沖の前縁プリズムではバラバラになった陸側斜面起源の物質が見付かっている（Aubouin and von Huene, 1985）．一方，中米コスタリカ沖では，前縁プリズムはデコルマン（décollement）[1]を伴う小さい付加体のような圧縮を受けた岩体である（Kimura *et al.*, 1997）．

　下底浸食作用は，沈み込む海洋地殻表面の断層地形や海山などの起伏によって引き起こされる．下底浸食作用によって中間プリズム付近の底面から物質が削り取られる．削り取られた物質は沈み込みチャネルに流入し，沈み込む海洋地殻とともに地球内部に沈み込む．この下底浸食作用によって大陸斜面や陸側斜面の沈降が引き起こされる．斜面が沈降したところに新たに堆積物が埋積することで，前弧海盆あるいは深海平坦面が形成される．

　日本海溝北部から伊豆・小笠原海溝北端までの海溝を横切る複数の反射法および屈折法地震波探査の結果から，陸側と沈み込む海洋地殻の間に，周り

---

[1] デコルマン： 海溝域に関する研究で使われる場合の意味は，主としてプレート境界の断層を指す．陸上の研究では数 m から数十 m の厚さの地層にほぼ平行なすべり面の集合のことである（小川・久田，2005）．

に比べて地震波速度が4 km/s 以下と遅い層が存在することが明らかになった（Tsuru et al., 2002）．この低速度層は堆積物で構成され，前縁プリズムと沈み込みチャネルにあたると考えられている．日本海溝北部では，三角形の形状をした低速度層が前縁プリズム付近で見られる．低速度層の厚さは海溝軸から陸側に向かって，その深度が増すにしたがって薄くなる．海溝軸付近では低速度層の厚さは5 km 程度であるが，深さ12 km のところでは数百 m 程度になる．この低速度層のP 波速度は2-3 km/s で上盤側のP 波速度より遅い．一方，日本海溝南部で見られる低速度層の形状は，細長い板状（あるいはチャネル状）で，その厚さの変化が小さい．深さ12 km のところでは低速度層の厚さは2 km 程度で，P 波速度は3-4 km/s である．日本海溝北部と南部でのこの層の形状の違いは，日本海溝北部では前縁プリズムが発達しているが，南部ではあまり発達していないことによると考えられる（佐々木，2004）．

前段落で説明した低速度層はプレート境界付近に存在するため，その形状はプレート間の固着状況に強い影響を与えると考えられている（von Huene et al., 1994）．これまで，三陸沖から宮城沖までの日本海溝北部と，福島沖から茨城沖までの日本海溝南部では，地震活動に違いがあることが知られている．ここで紹介した低速度層の形状の地域性は，この日本海溝沿いの地震活動の地域性を説明する１つの要因かもしれない．

三陸沖の海溝陸側斜面上部（水深3000 m 以浅）の前弧海盆である深海平坦面には，正断層が発達しているところがある（Nasu et al., 1980）．1977 年に実施された深海掘削によって，この正断層は海洋底の沈降によるものであることが明らかになった．また，青森県八戸から120 km 離れた大陸斜面（水深1560 m）における掘削によって，白亜紀末の陸地起源の地層が古第三紀末（23 Ma 頃）まで海面上に顔を出して浸食を受けていたことが判明した（図5.14）．この陸地は親潮古陸と名付けられた．この大陸斜面が沈降したのは，沈み込む太平洋プレートによって陸側の底面が剥ぎ取られたことによると考えられている（Murauchi and Ludwig, 1980）．過去2000 万年間に剥ぎ取られた物質が年間約9 cm の速さで沈み込んでいる太平洋プレートによって運ばれるためには，太平洋プレートと陸側との間に厚さ550 m 程度の沈

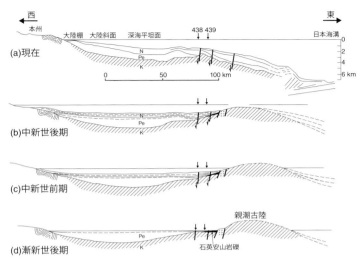

図 5.14 親潮古陸の沈降と深海平坦面の発達（von Huene *et al.*, 1980 を改変）
N：新第三紀，P_e：古第三紀，K：白亜紀．

込みチャネルが必要である（von Huene and Lallemand, 1990）．前述した通り，日本海溝で観測された沈み込むチャネルの厚さは数百 m 以上あるため，この見積もりは現実的なものである．日本海溝と同じような海溝陸側における沈降過程は，トンガ海溝，ペルー海溝でも確認されている（von Huene *et al.*, 2004）．

千島海溝と日本海溝会合部付近には襟裳海山が，茨城沖には第一鹿島海山が存在する．第一鹿島海山では，すでに沈み込みによる山体崩壊がはじまっている（Kobayashi *et al.*, 1987）．海山のような高まりが沈み込むことにより，海溝陸側斜面の上昇や大規模な下底浸食作用を引き起こすと考えられている．海山が通過した後，海溝陸側斜面の崩壊が生じる．海山の沈み込みによる崩壊地形は，コスタリカ海溝（von Huene *et al.*, 2004）などでも見られている．

2011 年東北地方太平洋沖地震のとき，陸側斜面においていくつかの変動構造が発見された．地震時の断層変位が前縁プリズムの海底面付近まで達したことによって，陸側斜面が崩壊した（図 5.15）．地震発生から 1 年が経過した 2012 年に地球深部探査船「ちきゅう」を使った掘削が，断層が海底面

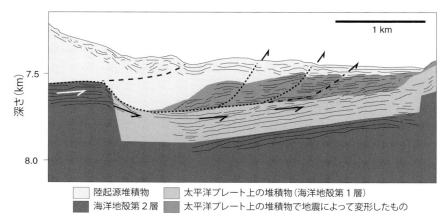

図5.15 2011年東北地方太平洋沖地震発生後の日本海溝海溝軸付近の反射法地震探査の解釈図（Kodaira *et al.*, 2012を改変）
破線は断層を，矢印は地震時の移動方向を示す．

付近まで達しているところにおいて実施された．掘削の結果，地震を起こした断層帯は遠洋性粘土層中に存在し，その厚さは約5 mであることが明らかとなった（Chester *et al.*, 2013）．採取された岩石試料に関する研究から，地震発生時は速度弱化状態（velocity-weakening；すべり速度が増加すると動摩擦係数が小さくなる）であったことが判明した（Fulton *et al.*, 2013）．断層帯が速度弱化状態であったことが，海底面まで断層変位が達した原因の1つであると考えられている．一方，陸側斜面では正断層起源の割れ目が地震後の潜水船などを使った調査で発見された（Tsuji *et al.*, 2013）．この割れ目は，プレート境界付近の断層運動の結果，陸側斜面の一部の応力場が伸張場になったことで形成されたと考えられている．

付加作用

付加作用には，前縁プリズムにおける引き剥がし作用と深部における底付け作用（subcreationあるいはunderplating）がある（図5.16）．

前縁プリズムでの引き剥がし作用によってできる岩体（付加体）の主要構成物質は，海溝充填堆積物である．前縁プリズムでは，沈み込んだ堆積物は

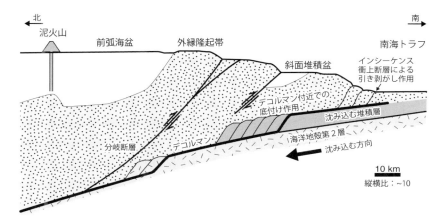

図 5.16 前縁プリズムにおける堆積物の引き剥がし作用と深部における海洋地殻の底付け作用の模式図（芦ほか，2009 を改変）
スケールは実際と異なる．

破砕され，デコルマンを通過し沈み込むプレートから剥ぎ取られ，うろこ状（瓦状，imbricate）になり付加体を形成する．このうろこ状の構造は覆瓦状構造と呼ばれる．新たにできた付加体はプレートの沈み込みに伴って，それより前にできている付加体を押し上げ，その下に付加する．この作用が繰り返されるときに，海溝軸から陸側に向かって順に若くなる低角度の逆断層（衝上断層）が形成される．このような衝上断層をインシーケンス衝上断層（in-sequence thrust），衝上断層で囲まれた板状の岩体をスラストシートと呼ぶ．一方，付加体内では深部の主断層から分岐した衝上断層あるいは分岐断層（splay fault）によってすでに形成されている地層が切られ，地層の年代順序が乱れることがある．このような衝上断層をアウトオブシーケンス衝上断層（out-of-sequence thrust）と呼ぶ．分岐断層が大規模になると海底面に到達する場合がある．南海トラフ陸側斜面では大規模な分岐断層が発見されている（Moore et al., 2005）．付加体の形（角度）を決める重要な要因は，付加体を構成している物質とすべり面の内部摩擦であると考えられている（Davis et al., 1983）．それぞれの内部摩擦はその摩擦係数と間隙水圧に関係している．

海洋地殻が付加体の中に取り込まれる主な作用は，引き剥がし作用ではなく底付け作用である（図5.16）．デコルマンより下の海洋地殻はある深さまで沈み込んでから底付け作用によって付加体に取り込まれる．底付け作用が起こっている下部ではデュープレックス構造[2]が見られる（Kimura and Ludden, 1995）．

　南海トラフは，太平洋プレートに比べて若いフィリピン海プレートの一部である四国海盆（25-15 Ma）が沈み込んでいる．トラフ底の水深は最大4800 m程度であり，日本海溝に比べてかなり浅い．南海トラフは付加作用が起こっている海溝の代表的なものであり，これまで地殻構造探査や深海掘削によって詳しく研究されている（図5.17）（研究結果の詳細は平，2004や木村・木下，2009を参照）．屈折法地震探査から陸側の地殻構造には地域性があることがわかり，その地域性とプレート境界地震のすべり領域とに関連があることが指摘されている（小平，2009）．1944年東南海地震の震源域である紀伊半島沖では，地震波速度が5 km/sより速い島弧地殻が海溝斜面ブレイクの下あたりまで広がっている．一方，1946年南海地震の震源域である四国沖では，前弧海盆の下あたりまでしか広がっていない（図5.18）．この島弧地殻の広がりの違いは，1944年東南海地震のすべり領域が，1946年南海地震に比べて海溝側にあることと調和的である．

　反射法地震探査記録では，前縁プリズム内の覆瓦状構造，インシーケンス衝上断層，中間プリズム内のアウトオブシーケンス衝上断層など，付加作用に伴うさまざまな構造が見られる（図5.19；Moore *et al.*, 2005）．衝上断層は沈み込む海洋地殻内の反射面の1つに収斂していることが明らかになり，この反射面がデコルマンであるとされた．デコルマンは沈み込む海洋地殻上の堆積物の上に位置している．これは，前縁プリズムにおける付加作用によって，沈み込む海洋地殻上の堆積物は陸側に付加されないことを示している．沈み込む海洋地殻上の堆積物はその下の海洋地殻とともに，中間プリズム付近での底付け作用によって陸側に付加される．

---

[2] デュープレックス構造（duplex structure）：　1つの地層の上下が衝上断層で囲まれていて，そのなかでその地層がより小規模な衝上断層によって切られ，瓦を斜めに重ねたようになっている構造．

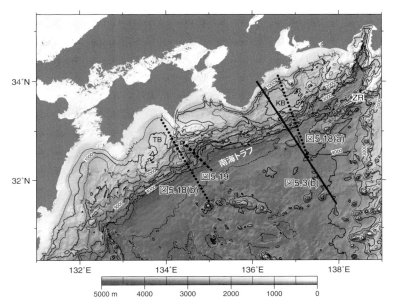

図 5.17 南海トラフ付近の海底地形図(浅田, 2000 の海底地形データを使用).等深線の間隔は 500 m. 実線, 点線, 破線はそれぞれ図 5.3 (b), 図 5.18, 図 5.19 の断面図の位置を示す. TB:土佐海盆, KB:熊野海盆, ZR:銭洲海嶺.

統合国際掘削計画第 314 次航海から 316 次航海までの掘削において,南海トラフの付加体先端部でのプレート境界断層と分岐断層からの岩石が採取された(Kimura et al., 2008). 分岐断層からの岩石試料の採取は世界初であった. 掘削地点付近の詳細な反射法地震探査と掘削から, 巨大分岐断層の活動は 1.95 Ma にはじまり, しばらくの間の活動低下後, 1.55 Ma に再活発化したことが判明した(Strasser et al., 2009).

熊野海盆の基盤は中新世後期あるいはそれより古い変形した付加体である. 付加体の上には鮮新世前期の堆積物が不整合に堆積している. 鮮新世の堆積物の上には第四紀の陸起源物質が堆積している. これらのことから, 熊野海盆は, アウトオブシーケンス断層の活動によって変形・隆起した付加体の上に形成された堆積盆地であると考えられている(図 5.20). 海溝斜面ブレイク付近が上昇し, 陸から流入してくる物質を堰止めて, 平らな海底面を作っ

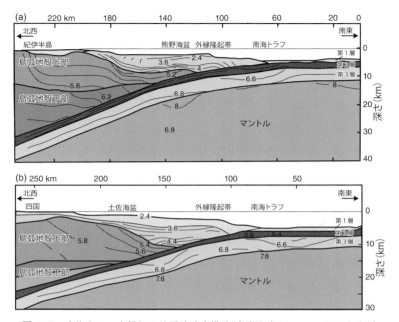

図 5.18 南海トラフを横切る地震波速度構造断面図（Wells *et al.*, 2003 を改変）
（a）紀伊半島沖，（b）四国沖．測線の位置は図 5.17 に示す．

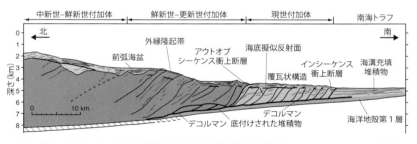

図 5.19 南海トラフ中部を横断する反射法地震探査記録（Moore *et al.*, 2005 を改変）
測線の位置は図 5.17 に示す．

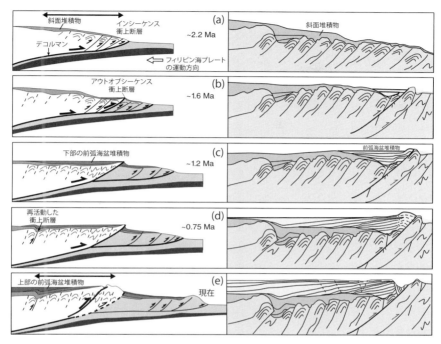

図 5.20 熊野海盆の形成モデル（Moore *et al.*, 2015 を改変）
左図：前縁プリズムから前弧海盆全体，右図：前弧海盆付近．図 (e) の水平方向の矢印は右図の範囲を示す．

た．造構性浸食作用のところで紹介したように，日本海溝の前弧海盆は逆に地殻の沈降によって形成された．同じ前弧海盆であっても，造構性浸食作用が卓越した海溝と付加作用が卓越した海溝では，前弧海盆の形成過程が異なる．

5.3 海溝付近における物質循環

海溝では，海洋リソスフェアの地球内部への沈み込みに伴って，地球表面の物質が地球内部に入っていく．それとは逆に，海洋リソスフェアの沈み込みによって，地球表面にやってくる物質がある．代表的なものとしては，第

2章や第4章で紹介した海洋島弧を含めた島弧を構成する物質である．

1) 島弧

海洋地殻の沈み込みに伴って，海水や鉱物内に含まれている水分は地球内部に入っていくが，前弧の下あたりで海洋地殻からマントルウェッジ最下部に放出される．その水分を含んだマントルウェッジ内のかんらん岩は海洋リソスフェアに引きずられるように，地球深部に移動する．かんらん岩が深さ110 km付近に到達すると脱水作用が起こり，かんらん岩に含まれていた水分がマントルウェッジ内に放出される．放出された水分は周辺物質より密度が低いため，上昇をはじめる．上昇した水分によって，その周辺ではかんらん岩の部分溶融が起こる．部分溶融で発生したメルト物質も周辺物質より密度が低いため，上昇しはじめる．上昇したメルト物質は，最終的には地表面付近で火成活動を引き起こし，島弧を形成する．伊豆・小笠原海溝からマリアナ海溝の西方にある海洋島弧は，太平洋プレートの沈み込みによるものである．

海洋島弧である伊豆・小笠原島弧の基になった島弧は四国海盆の形成に伴い，九州・パラオ海嶺と伊豆・小笠原島弧に分裂した（第4章）．北緯32度付近の北部伊豆・小笠原島弧における地震波探査から，平均的な地震波速度が6.2 km/sの中部地殻が見付かった（Suyehiro et al., 1996；第2章）．これまで，伊豆・小笠原島弧や九州・パラオ海嶺からは花崗岩質の岩石が採取されていることから，中部地殻を構成している岩石は花崗岩質の岩石であると考えられている．花崗岩質の中部地殻をもつことが海洋地殻と大陸地殻の大きな違いである．これは，海洋島弧形成過程において大陸地殻が形成される場合があることを示している．

2) 泥火山

南海トラフ，小アンティル海溝，カスカディア沈み込み帯では，陸側の断層に沿って流体が上昇することが深海掘削によって確認されている．流体の上昇を引き起こす原因は，海洋リソスフェアの沈み込みによって，デコルマンより上の堆積物が水平方向に圧縮され，鉛直方向に間隙水圧が増加するこ

とによる応力増加である．堆積物内の圧力が増加することで，衝上断層などに沿って堆積物中の流体が海底面まで上昇してくる．

　流体に含まれている物質の違いによって海底付近でさまざまな現象が見られる．泥を多く含む上昇流体は泥ダイアピル（mud diapir）と呼ばれる．泥ダイアピルが海底面から噴出したところでは，泥火山（mud volcano）ができる．一方，泥をほとんど含まずメタンなどを含む流体が海底面付近まで上昇しているところでは，化学合成細菌が関与した生物群集（化学合成生物群集）が見られる．

　海洋底で見られる泥火山は，付加作用が起こっている南海トラフ，アリューシャン海溝，地中海東部の海溝，小アンティル海溝やカスカディア沈み込み帯などの前弧域で見付かっている（Kopf, 2002）．一方，造構性浸食作用が起こっているコスタリカ海溝の前弧でも泥火山が見付かっている（Moerz et al., 2005）．日本海溝では前弧域ではなく，沈み込む前の太平洋プレート上で泥火山が発見された（Ogawa and Kobayashi, 1993）．マリアナ海溝前弧では，蛇紋岩を多く含む泥でできた泥火山（蛇紋岩泥火山，serpentinite mud volcano）がある（Fryer and Fryer, 1987）．蛇紋岩泥火山は通常の泥火山に比べてその規模が大きい．泥火山は大陸衝突域であるパキスタンやアペニン山脈など陸上でも見られる．これらの場所の泥火山の噴出間隔は年単位から数十年単位である．これらの地域の広域応力場は圧縮場であるが，黒海や南東ティレニア海といった広域応力場が伸張場であるところでも見付かっている．

　海洋底で見られる泥火山の直径は数百 m から数 km まで，比高は数十 m から数百 m までであることが多い（図 5.21 (a)）．噴出物質の空隙率によって泥火山の形状は異なる．空隙率が大きい場合，泥火山の形状は平たい円盤状になることが多い．空隙率が小さく，まとまりやすくなるにしたがって，より比高のある泥火山になる．また，気体成分を多く含む場合など噴出物質の移動速度が速い場合，爆発的な噴出が起こることがある．この場合の泥火山の形状は空隙率が大きい場合と同様に平たい円盤状になる．

　水分を多く含んだ泥は前弧域浅部から湧き出たものと深部から湧き出たものがある．浅部起源の泥は付加体中の堆積物から絞り出されたものであるが，深部起源の泥の多くはデコルマンにある空隙率の大きい堆積物に含まれてい

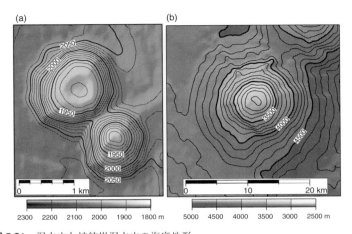

図 5.21 泥火山と蛇紋岩泥火山の海底地形
(a) 熊野海盆の泥火山．等深線間隔は 10 m．（海底地形データは海洋研究開発機構の観測・潜航データ検索システム（DARWIN）から取得）(b) マリアナ海溝付近の蛇紋岩泥火山．等深線間隔は 100 m．（海底地形データは米国海洋大気局（NOAA）のデータベースから取得）

たものである．前弧域の地殻内における水平方向の圧縮応力によって間隙水圧が上昇する．また，オパールや粘土鉱物（主にスメクタイト）に含まれている水分が脱水することによっても間隙水圧が増加する．この間隙水圧の上昇により，低密度で水分を多く含んだ泥が，割れ目に沿って泥ダイアピルとして上昇するようになる．水分を多く含んだ泥は分岐断層など既存の断層に沿って上昇することもある．南海トラフ東部の熊野海盆では，分岐断層に沿って泥火山が見付かっている（Kuramoto et al., 2001）．その泥の起源はデコルマン付近であると考えられている（Pape et al., 2014）．コスタリカ海溝前弧域では，正断層に沿って泥火山が見付かっている．

蛇紋岩泥火山は，伊豆・小笠原海溝とマリアナ海溝の海溝と火山弧の間で発見されている．蛇紋岩泥火山は蛇紋岩化した超苦鉄質岩の塊やそれらの岩石を主要構成物とした泥からできており，その比高は 2000 m 程度，直径 30-50 km 程度である（図 5.21 (b)）．蛇紋岩泥火山は火成活動起源の海山（第 6 章）に比べて，その表面がなめらかである．マリアナ海溝の蛇紋岩泥火山からは低温・高圧条件でできる青色片岩が発見され，この蛇紋岩は 16-

20 km の深いところから上昇してきたことが判明した（Maekawa et al., 1993）．これは，蛇紋岩火山を構成している蛇紋岩は，沈み込んだ太平洋プレート内で起こる脱水作用によってマントルウェッジに放出された水分がマントル内のかんらん岩と反応してできたものであることを示している．蛇紋岩化したかんらん岩は周囲のマントルかんらん岩に比べて密度が低く変形しやすい．そのため，蛇紋岩化したかんらん岩は断層などの割れ目に沿ってマントルから上昇しやすい．できた蛇紋岩を含む泥は断層に沿って海底面付近まで上昇すると考えられている．蛇紋岩泥火山を構成している泥には，蛇紋岩だけでなく変質したはんれい岩や玄武岩の岩片も含まれていて，これらの岩片は泥の流体が上盤側内を上昇する途中で取り込まれたものであると考えられる．

3) 化学合成生物群集

南海トラフ前弧域では衝上断層に沿って泥などの岩石粒子をほとんど含まないが，メタンを含む水が湧き出ているところがある．そのようなところでは，大型の2枚貝であるシロウリガイ（*Calyptogena*）を中心とする生物群集がいくつも発見されている（図 5.22；Kobayashi et al., 1992）．化学合成生物群集では，シロウリガイのほかに，バクテリアマット，炭酸塩でできたチムニーやクラスト（炭酸塩で固められた堆積物）が見られることがある（Kobayashi, 2002）．この湧水の温度は中央海嶺で見付かる熱水と異なり，周辺の海水とあまり差がないため，冷湧水と呼ばれている．冷湧水に含まれているメタンは，メタン生成菌あるいは有機物の熱分解によって作り出されたものである．

シロウリガイはエラ細胞内に化学合成細菌である硫黄酸化細菌を共生させて，その細菌が作り出す有機物をエネルギー源として生きている．硫黄酸化細菌はメタンと海底にしみ込んだ海水中の硫酸イオンの反応によって作られている硫化水素を利用して有機物を作り出している．

南海トラフで 1985 年に化学合成生物群集が発見される 1 年前に，相模湾初島南東沖において，シロウリガイやチューブワームを中心とする化学合成生物群集が見付かっている．この化学合成生物群集域では，地殻熱流量が周辺より高く，海底付近の水温も周辺に比べて 10 度近く高い（仲ほか，1991）．

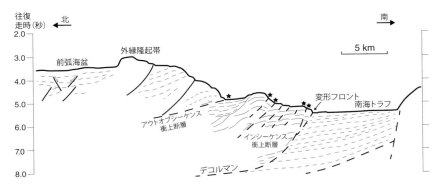

図 5.22 南海トラフ東部陸側の斜面におけるシロウリガイ群集地点付近の地殻構造（Kobayashi *et al.*, 1992 を改変）
星印はシロウリガイ群集地点を示す．

そのため，ここの湧水は一般的な冷湧水とは異なり，伊豆の単成火山群の火山活動の影響を受けていると考えられている．したがって初島南東沖の化学合成生物群集は，一般的な冷湧水による化学合成生物群集と区別した方がよい．

付加作用が卓越した海溝陸側以外でも，化学合成生物群集が見付かっている．造構性浸食作用が卓越している日本海溝の前縁プリズムにある三陸海底崖において，化学合成生物群集が海底面の割れ目に沿って存在している（Ogawa *et al.*, 1996）．三陸海底崖は日本海溝前縁プリズムでの衝上断層活動でできたものである．ここの化学合成生物群集の源であるメタンを含む冷湧水は，南海トラフの場合と同じく衝上断層に沿って上昇したものであろう．

化学合成生物群集は，南海トラフ，コスタリカ海溝，バルバドスの泥火山，蛇紋岩泥火山でも発見されている（Kuramoto *et al.*, 2001；Moerz *et al.*, 2005；Henry *et al.*, 1996；Mottl *et al.*, 2004）．南チャモロ海山（South Chamorro Seamount）では掘削と長期間の海底下の間隙水の流動に関する測定を行う装置（CORK：circulation obviation retrofit kit）を用いた孔内計測が実施され，pH 12.5 という高いアルカリ性を示す湧水の存在が確認されている（Mottl *et al.*, 2004）．

第6章 海洋リソスフェアの改変
——プレート内火成活動

　海洋底には，富士山より規模の大きな高まりが多数存在し，一般に海山（seamount）と呼ばれている（図6.1）．海山の一部が海水面より上に出ているところを海洋島と呼ぶ．

　海洋島に関する調査および研究の歴史は古くから行われてきた．1831年にはじまったイギリス軍艦ビーグル号による世界一周航海において，太平洋とインド洋の海洋島の地形調査と試料採取が行われた．その結果を基に，チャールズ・ダーウィンは，サンゴ礁生成に関する沈降説（1842年）を発表した．海山に関する総合的な調査は，1950年に米国スクリップス海洋研究所と米国海軍によって実施された（Midpac航海）．この航海ではハワイの西

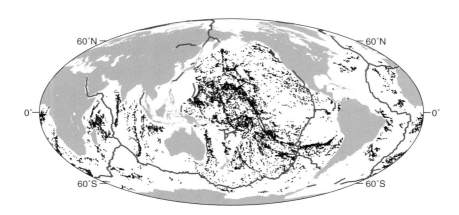

図 6.1　海山の分布図
　　黒色の点が Wessel（2001）で求められた海山の位置を示す．実線は主な中央海嶺．

—215

方沖の中部太平洋に存在するいくつかの海山において地形調査や地質調査が実施された（Hamilton, 1956）．その結果からこれらの海山には白亜紀後期の海洋底の沈降史の記録が保存されていることが明らかになった．

　広大な大洋に存在する海山や海洋島は，海洋生態系のオアシスとしての役割を果たしている．深海底にそびえ立つ海山の斜面に沿って，栄養素に富んだ深海の海水が海面近くまで湧き上がっているところがある．このような場所では，多様な海洋生物が存在する．たとえば，天皇海山列の山頂付近はよい漁場になっている．また，サンゴ礁が発達しているところには，熱帯魚はじめ多種多様な生物が活動している．

　海山は地球科学の分野においても重要な役割を果たしている．中央海嶺で誕生した海洋プレートの多くは，海溝において地球内部に沈み込むまでの間に，熱水循環や海水による変質作用，プレート内火成活動による変成作用や構造運動などの影響を受けて，その性質を変える．プレート内火成活動の産物の1つが海洋底の高まりである．海洋底の高まりは海洋リソスフェアの進化やプレート運動など地球表面付近の地球科学的情報だけでなく，マントルの組成とダイナミクスといった地球内部を理解するための手がかりも提供する．そのため，海山は地球科学において，地球内部をのぞき見ることができる「窓」と呼ばれることがある．この章では中央海嶺軸上を除く海洋リソスフェア上で見られる火成活動起源の海洋底の高まりを紹介する．

　周囲の海洋底と比べて急な斜面で囲まれた高まりで，その比高が1000 m以上の円形に近い形をした高まりを海山と呼ぶ（図6.2 (a)）．第1章で説明した通り，比高が1000 m以下の高まりは海丘と呼ぶ（図6.2 (b)）．しかし，海山と海丘を比高1000 mで区別する地球科学的根拠は特にないため，海丘を海山と呼んでいる場合もある．そのためこの章では，海山と海丘をあわせて海山として説明する．平坦な山頂部分をもち，その水深が200 mより深い海山をギヨー（guyot）[1]あるいは平頂海山と呼ぶ（第1章）．面積が海山よりかなり広い高まりを海台（oceanic plateau）と呼ぶ．

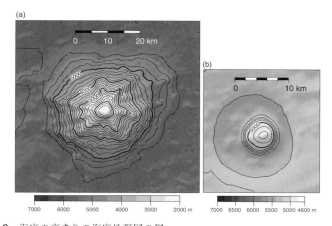

図 6.2 海底の高まりの海底地形図の例
(a) 第5鹿島海山．等深線の間隔は 200 m．(b) 日本海溝東方にある海丘．等深線の間隔は 100 m．

6.1 海山

1) 地形的特徴

　数千 m の比高をもつ海山の形成には数十万年以上かかるとされている．海山の表面付近の堆積物を除くと，海山上部は主に噴出岩と貫入岩から構成されている．噴出岩と貫入岩の割合は 7：3 程度であると推定されている（Staudigel and Clague, 2010）．

　深海底における火山噴出活動は，高い水圧と低い温度の条件下で起こる．したがって，マグマに含まれる火山ガス（揮発性物質）はマグマから抜け出すことが困難であり，爆発的な噴火はあまり起きない．その結果，溶岩は海山の表面に沿って流れることが多く，枕状溶岩あるいは塊状溶岩を形成する．噴出した溶岩表面は低温の海水に接するので，すぐに冷えて固まる．そのた

---

[1] ギヨー：Hess は太平洋において頂上が平坦な海山を 1946 年の論文で記述し，プリンストン大学の地質学の教授であった Henry Guyot（1807-1884）にちなんでその海山を guyot（ギヨー）と名付けた（Hess, 1946）．

め，陸上の火山のように，溶岩流は広範囲に広がらない．火山性砕屑物は急冷によって枕状溶岩ができるとき，急斜面でシート状溶岩が砕けるとき，大量の揮発性成分を含むときなどに形成される．

　誕生したばかりの海山は，円錐形をしている場合が多い．火成活動が長期間にわたる場合，その形状は複雑になることが多い．これは，長期間の火成活動の間に海山付近の海洋地殻や海山の応力状態が変化するためである．海山がある程度大きくなると，海山の周りに放射状にリフト（裂け目）ができて，そのリフトに沿って火成活動が起き，高まりが形成される．その結果，海山の形状は円錐形から星形に変わる（図6.2 (a)）．

　海洋島においては，海水面より上に出ている部分は，時間が経過するにしたがって浸食される．最終的には海水面の高さ付近まで浸食され，ほぼ平らになる．その海洋島の火成活動が終了すると，海洋島直下の海洋リソスフェアが冷えて沈降するにしたがって，海洋島は沈降しはじめる．このように頂上部が海面付近で浸食されて平坦になった海山がギヨーである．

　これとは別に，頂上部にサンゴ礁起源の浅海性石灰岩層が堆積しているギヨーも存在する．西太平洋のギヨーの多くはこのタイプである．サンゴ礁は海水の温度が18℃以上，太陽光線が届く浅海（40 m未満）で形成する．海洋島の周囲でサンゴ礁が発達しはじめるときは裾礁である（図6.3）．海洋島がリソスフェアの冷却沈降に伴って沈むときの沈降速度が，サンゴ礁が上方向に成長する速度より遅い場合，サンゴ礁の形態は裾礁から堡礁，ついには環礁に変化する．環礁で囲まれた礁湖（ラグーン）には，サンゴ礁の風化したかけらなどが堆積する．その結果，環礁の頂上部はほぼ平らになる．プレート運動などによって海洋環境が変化し，サンゴ礁の成長が止まった後も海洋島の沈降が続くと，海洋島はやがて海水面下まで沈降し，ギヨーになる．このメカニズムはチャールズ・ダーウィンが1842年に発表したサンゴ礁形成モデルと基本的なところは同じである．

2）分布と分類

　海山は太平洋に偏って存在している（図6.1）．Menardは太平洋中央部の測深調査において，比高が1000 m以上の海山を1000個程度発見した（Me-

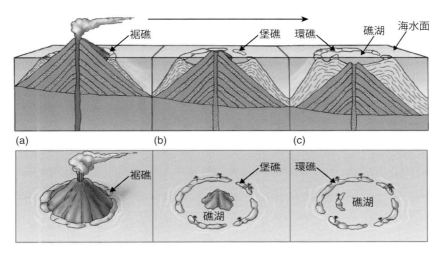

図 6.3 海洋島の沈降とサンゴ礁の発達 (Trujillo and Thurman, 2014)

nard, 1964).その結果から,彼は太平洋全体には1万個程度の海山が存在すると推定した.その後の多くの研究者による測深調査の結果をもとにした解析では,南緯60度から北緯60度の間の世界中の海洋底には,比高100 m以上の高まりが約20万個あることがわかっている (Hiller and Watts, 2007).

以下では海山を,中央海嶺付近に位置し中央海嶺の火成活動のみが関与している海山(ニアリッジ海山,near-ridge seamount)と,それ以外の海山に分けて説明する.中央海嶺の近くに位置するが,中央海嶺の火成活動以外の火成活動が卓越している海山は,ニアリッジ海山に含めない.

6.2 中央海嶺付近の海山

1) 地形的特徴

中央海嶺軸部では通常の海洋地殻形成だけでなく,大規模な海山が形成されることもある.中央海嶺でできる海山を軸上海山(on-axis seamount)と呼ぶ.北米大陸西岸沖のファンデフカ海嶺の軸上には,アクシャル海山

(Axial Seamount；北緯 46 度，西経 130 度，頂上部の水深は 1400 m）が存在する．山頂部分には四角形状のカルデラ（広さ 3 km×8 km）がある．頂上部付近では熱水活動とともに活発な火山活動が確認されている（Chadwick et al., 2012）．近年では，1998 年，2011 年，2015 年に海底に設置された観測機器によってこの海山で火山活動が観測されている．

　中央海嶺付近の比較的若いリソスフェア上で中央海嶺の火成活動のみが関与した海山のうち，軸上海山を除いたものをニアリッジ海山と呼ぶことがある．中速拡大系であるファンデフカ海嶺とゴーダー海嶺，高速拡大系の東太平洋海膨には，いくつかのニアリッジ海山起源の海山が 1 列に並んだ海山列が見られる（ヴァンス（Vance）海山列，ジャクソン大統領（President Jackson）海山列，テイニー（Taney）海山列；図 6.4）．これらの海山列の長さは 50-70 km である．海山の形状は円錐形であるものが多いが，不規則な形をしているものもある（Fornari et al., 1987）．海山の直径は 10 km 程度であり，比高は 500-1500 m 程度である．なかには，その頂上部が平坦になっているものや，その山頂にカルデラが存在するところもある（図 6.4）．

2) ニアリッジ海山の形成過程

　ニアリッジ海山起源の火山から採取された多くの玄武岩の化学的特徴は N-MORB（第 2 章）であるが，E-MORB のこともある（Davis and Clague, 2000）．また，アルカリ玄武岩が採取されることもある．これらの玄武岩の化学組成は隣接する中央海嶺でできた玄武岩より MgO の割合が高く，より始源的である．このことから中央海嶺とは異なり，ニアリッジ海山の内部あるいはその下には，継続的長期間にわたってマグマだまりは存在しないと考えられている（Fornari et al., 1984）．また，マグマだまりでの結晶分化作用はほとんど起こっていないか，起こっていてもその程度は低い．

　ニアリッジ海山を形成するマグマは，海底拡大に伴って中央海嶺軸に上昇してくるアセノスフェア物質から，マントル最上部付近で枝分かれしてきたものであると考えられている（Clague et al., 2000）．北東太平洋のニアリッジ海山起源の海山列の形成期間は，7 万 5000 年から 9 万 5000 年程度である．また海山列を構成する海山では，中央海嶺から離れるにしたがって規模が大

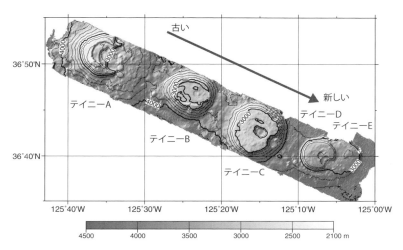

図 6.4 サンフランシスコ沖のニアリッジ海山(テイニー海山:Clague *et al.*, 2000) 等深線間隔は 200 m.

きくなることがある(図 6.4).これは,海山形成時の位置から多少離れても,ある程度の期間はマグマ供給が続くことを示している.

ニアリッジ海山起源の海山列の走向は,プレートの絶対運動あるいは相対運動の方向であることが多い.また,海山列は中央海嶺の両側に見られるのでなく,片側だけで見られることが多い.これは中央海嶺付近でのアセノスフェア物質の流れのパターンが,中央海嶺に対して対称的でないことを示している.このような流れの原因はわかっていない.

6.3　海洋プレート内火成活動起源の海山

1)　地形的特徴

ニアリッジ海山列が存在する海洋底より古い海洋底には,ニアリッジ海山列より規模の大きい海山が存在する.規模の大きな海山のほとんどは,プレート境界から離れたところで起こった火成活動によってできたものであり,海洋プレート内海山(oceanic intraplate seamounts)とも呼ぶ.

西太平洋の海山の多くはギヨーである．図6.5 (b) は日本列島の南東沖にある拓洋第二海山と拓洋第三海山の海底地形図を示す．海山の形状は円錐形ではなく，直線的に伸びる高まり（前述のリフト帯）がいくつかの方向に伸びている．

　拓洋第三海山の側面の勾配は，麓付近より山頂付近の方が急である（図6.5 (a)）．この海山の山頂部の水深は約1500 mで，面積は80-90 km^{2}程度であり（図6.6），1600 mより浅い部分はほぼ平らである．頂上部の東側の直線的なくぼみは，その南東端の斜面が崩壊地形の特徴を示しているため，何らかの理由でサンゴ礁が崩壊した結果できたものであると考えられる．

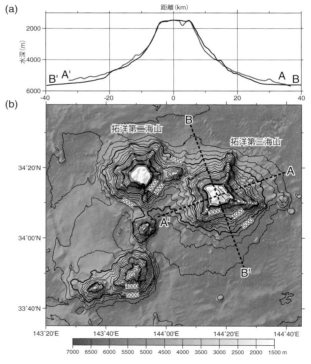

図6.5　プレート内海山の海底地形図の例（Nakanishi, 2011のデータを使用）
　　（a）拓洋第三海山を横切る海底地形断面．断面の位置は（b）図に示す．（b）拓洋第二海山と拓洋第三海山付近の海底地形図．等深線間隔は200 m．

アメリカ海軍は1960年代から独自に開発したマルチビーム音響測深機（sonar array sounding system, SASS）を用いて，広範囲に太平洋の海底地形調査を行ってきた．Smoot（1991）はその調査結果をもとに，北太平洋に存在する海山の地形的特徴をまとめた（図6.7，表6.1）．海山側面の傾斜は海山の規模にかかわらず，あまり違いがない．側面上部の傾斜は20-40度程度，側面下部の傾斜は10度以下である．アラスカ沖の海山はその他の北西

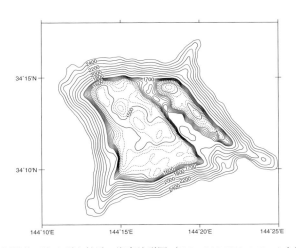

図6.6 拓洋第三海山頂上付近の海底地形図（Nakanishi, 2011のデータを使用）
　水深1700 m以深の等深線間隔は100 m，水深1700 mより浅い等深線間隔は20 m．

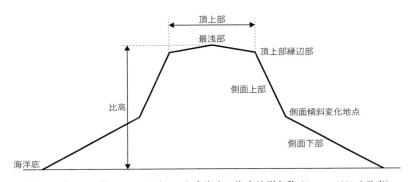

図6.7 表6.1で使っているプレート内海山の海底地形名称（Smoot, 1991を改変）

表 6.1　太平洋の主な海山の地形的情報（Smoot, 1991 に基づく）

	最浅部水深 (m)	頂上部縁辺部の水深 (m)	頂上部面積 (km²)	側面傾斜変化地点水深 (m)	側面上部傾斜 (%)	側面下部傾斜 (%)	比高 (m)
アラスカ湾沖							
Durgin	730	910	410		23		2740
Pratt	750	910	360		21		2820
Giacomini	730	730	50	3460	22		3110
天皇海山列							
推古	1100	1830	5340	3840	27	10	4940
仁徳	1100	1280	4050	2930	24	7	4940
考古	370	1650	5150	3290	19	5	5190
日本海山列							
拓洋第三	1410	1650	90	3290	45	6	4260
Winterer	1400	1650	90	4570	33	7	4460
Makarov	1370	1460	250	3840	39	5	4300
マーカス-ウェイク海山群							
Jaybee	840	1280	1860	3460	22	5	4650
Scripps	1280	1650	630	4390	24	4	4210
Sampson	1280	1460	740	3290	20	3	3840
マリアナ海溝東方							
Fryer	1320	1650	1150	2930	17	3	3800
Vogt	1630	2010	2190	3660	29	5	3490
Lowrie	1450	1650	540	4570	25	7	4040
平　均	1220	1550	940	3640	24	5	4090

地形的特徴は図 6.8 に示す．Smoot は 46 カ所の海山についてその地形的特徴をまとめたが，ここでは，そのうち代表的なものだけを示す．Smoot が求めた水深と面積の単位はそれぞれファゾム（1 ファゾム＝1.8288 m）と（海里×海里）である．ここでは，水深と面積の単位を m と km² に換算している．元データの精度に基づき，傾斜以外の値は 1 桁目を，傾斜は小数点以下 1 桁目を四捨五入している．一番下の平均値はアラスカ湾沖，天皇海山列，日本海山列，マーカス-ウェイク海山群，マリアナ海溝東方の 41 カ所の海山から求めたものである．

太平洋の海山に比べて山頂部の水深は浅いが，その比高は低い．これは，アラスカ沖の海山周辺の海洋底は北西太平洋の海山周辺の海洋底に比べて年代が若く，水深が浅いためである．天皇海山列の海山の頂上部の面積はほかの海山に比べて圧倒的に広く，比高も 5000 m 程度とかなり高い．それ以外の北西太平洋の多くの海山も，富士山の標高（3776 m）より高い比高をもっている．日本海山列からマリアナ海溝東方の海山の頂上部の水深は 1200-

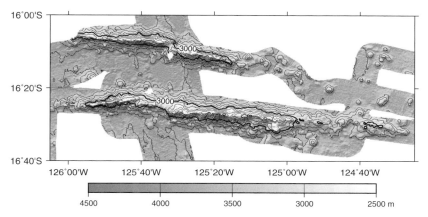

図 6.8 西経 125 度付近のプカプカ海嶺の海底地形図 (Sandwell *et al.* 1995) 等深線の間隔は 200 m.

2000 m であるが,Smoot (1991) が解析していない西太平洋の海山の頂上部の水深も 1200-2000 m 程度である.

南東太平洋には,円錐形ではなく細長く伸びたプレート内海山がいくつも存在する.プカプカ海嶺(Pukapuka Ridge)は南東太平洋フレンチポリネシアのツアモツ諸島から東太平洋海膨近くまで,約 3000 km 伸びている (Winterer and Sandwell, 1987).プカプカ海嶺の地形的特徴は,ニアリッジ海山のような円錐形の高まり,細長い海嶺(図 6.8),リフト帯を側面にもつ海山などである.これらの高まりには雁行配列をしているものや密集しているものがある.1 つの海嶺の長さは数十 km から 100 km 程度で,10 km 程度の幅と約 2 km の比高をもつ.海嶺はアビサルヒルとは直交していない.

2) 地殻構造

地震波速度構造

海山表面付近の P 波速度は,通常の噴出岩に比べてかなり小さいことがある(図 6.9).これは,頂上部の最上部と斜面には,密度が低く空隙率が高い火山性砕屑物が卓越するようになるためである.砕屑物は岩屑なだれを引き起こし,海山の麓に堆積する.麓の砕屑物は数百 km 程度まで広がってい

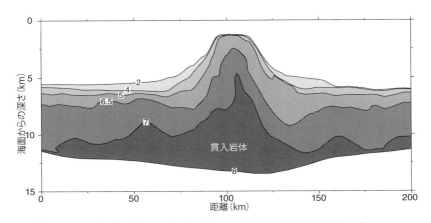

図 6.9 ルイビル海山列のルイビルギヨーの地震波速度構造断面図（Contreras-Reyes *et al.*, 2010 を改変）
数字は P 波速度（km/s）を示す．

ることがある．頂上部の砕屑物の P 波速度は 2.8-3.2 km/s であるが，麓の深いところでは 4.0-5.0 km/s 程度になる（たとえば，Contreras-Reyes *et al.*, 2010）．

海山内部に数 km 程度の厚さをもつ貫入岩体（intrusive volcanic core）が存在する海山が，西太平洋のマーカス-ウェイク海山群（Marcus-Wake Seamounts）や南太平洋のルイビル海山列（Louisville Seamount Chain）にある（Kaneda *et al.*, 2010；Contreras-Reyes *et al.*, 2010）．ルイビルギヨー（Louisville Guyot）の中心部では，P 波速度は 6.5 km/s 以上で，海洋地殻の第 3 層と同じ程度であるため，その部分にはんれい岩が存在すると考えられる．すなわち，山頂から深さ 2-4 km のところには，はんれい岩を形成するマグマの通り道やマグマだまりが存在する．この貫入岩体の下には，P 波速度が 7.0-7.2 km/s になるところがあり，地殻下部に大量の貫入起源の苦鉄質岩体が存在していることを示している．一方，ハワイ諸島やインド洋のレユニオン島（La Reunion）の海洋地殻最下部にも，P 波速度が速い層（>7.2-8.0 km/s）が見付かっている（Leahy *et al.*, 2010；Charvis *et al.*, 1999）．この高速度層は海洋地殻下部での底付け作用（underplating）によって形成されたと推定されている．

堆積物構造

　これまで述べてきたように，西太平洋にある多くのギヨーの山頂部付近の遠洋性堆積物の下には，浅海性石灰質物質が堆積している．このようなギヨー山頂部の堆積物構造は現在の環礁と同じような構造をしている（図6.10；Winterer *et al.*, 1993）．火山性基盤の上には，浅海性石灰岩のリーフ（reef）が形成され，リーフのなかには，礁湖性堆積物が層状に堆積している．礁湖性堆積物の上には，山頂部が海水面下になってから堆積した遠洋性堆積物が堆積している．図6.10に示す海山（アリソンギヨー，Allison Guyot，北緯18度31.2分，東経179度36分，水深1520 m）のリーフからは白亜紀の浅海性石灰岩が採取されている（Winterer *et al.*, 1993）．この海山の遠洋性堆積物（石灰質軟泥）と浅海性石灰岩の厚さは，それぞれ140 mと700 mである．

　アリソンギヨーの西方約800 kmにあるレゾリューションギヨー（Resolution Guyot，北緯21度15分，東経174度20分，水深1350 m）には，約20 mの遠洋性堆積物の下に厚さが1619 mにも及ぶ石灰岩層が存在する（Shipboard Scientific Party, 1993a）．これは，このギヨーが白亜紀中期には現在より最大3000 m程度隆起していたことを示している．火山性基盤と石灰岩層の間に薄い粘土層が見付かることがあり，これは火山性基盤が風化浸食作用を受けたことを示している．

　MITギヨー（北緯27度17.7分，東経151度49.39分）では，火成岩基盤直上の厚さ120 mの白亜紀アプチアン前期の石灰岩の上に，石灰岩と火成岩の岩片からなる厚さ200 mの火山性砕屑物が見付かった（Shipboard Scientific Party, 1993b）．このことは，MITギヨーでは2回の火成活動が，ある程度（数百万から1000万年程度）時間をおいて発生したことを示している．ハワイ島では約500万年間に複数回の火成活動があったことがわかっており，MITギヨーの火成活動も同程度の活動間隔をもっていたことになる．

3) 海洋プレート内海山の形成過程

　多くの海洋プレート内海山は主にアルカリ火成岩で構成されている．これは，海洋プレート内海山が古くて厚いリソスフェア上で形成するためである．アルカリ質マグマはソレアイト質マグマに比べて，発生深度が深く，部分溶

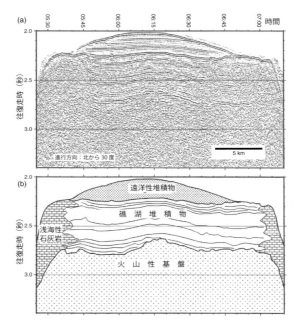

図6.10 アリソンギヨーの反射法地震探査記録(a)とその解釈図(b)(Winterer *et al.*, 1993)

融の程度が低い．そのため，アルカリ質火成岩を生成する火成活動がプレート内で起こるためには，マグマ生成物質が地球内部のある程度深いところに存在し，地殻まで上昇する必要がある．マグマ生成物質が上昇するしくみとして最も広く知られているのは，マントル物質の上昇流によって生じるホットスポットである．ホットスポット以外では，プレート割れ目に沿ってマグマ生成物質が上昇するしくみがいくつか提案されている（たとえば，Sandwell *et al.*, 1995；Natland and Winterer, 2005）．

ホットスポット

 第1章で説明した通り，Morgan（1972）は，ホットスポットは地球表面のプレート運動とは独立しており，地球の中心に対してほとんど動かないと考えた．ホットスポット上をプレートが移動するにしたがって海山列ができ

る．海山の並び方はプレート運動方向を示すことになる．さらに，ホットスポットから離れるにしたがって，海山の年代は古くなる．ハワイ海嶺-天皇海山列やルイビル海山列などでは，ホットスポットから離れるにしたがって，海山の年代が古くなる（図6.11）．

マーカス-ウェイク海山群やオーストラル海山列のように上記の海山列と同じような規模にもかかわらず，ホットスポットで説明できるような年代分布をしていないものもある．そのため，海洋プレート内海山の形成過程としてホットスポット説と異なるメカニズムによる火成活動を提案している研究もある（たとえば，McNutt *et al.*, 1997）．また，ホットスポットの不動性を否定する研究結果も報告されている（たとえば，Tarduno *et al.*, 2003；第7章）．

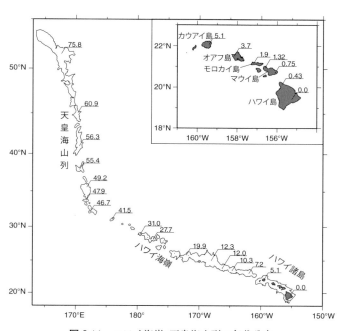

図 6.11 ハワイ海嶺-天皇海山列の年代分布
年代の単位は100万年．

リソスフェアの割れ目による海山形成

　東太平洋海膨西方のプカプカ海嶺（図 6.8）は，ホットスポット起源の海山に比べて規模が小さく，またホットスポット起源の海山列のようにプレート運動に関連した年代分布を示さない．そのため，この海嶺の形成にはホットスポットのようなマントルの上昇流によらない火成活動を考える必要がある．そのような火成活動には，リソスフェア形成後にさまざまなメカニズムによりマグマ起源物質の経路，すなわち割れ目を作らなければならない．この海嶺は比較的若いリソスフェア上に存在している．若いリソスフェアは比較的温度が高く，厚さは薄い．そのため古いリソスフェアに比べて若いリソスフェアには割れ目ができやすい．Sandwell and Fialko (2004) はプカプカ海嶺はアセノスフェア内の小規模の対流やリソスフェアの熱収縮によって生じる割れ目に沿った火成活動によって形成されたと結論付けた（図 6.12）．このようなしくみでできたリソスフェアの割れ目は，メルト物質の上昇だけでなく，減圧によるアセノスフェアのさらなる融解を引き起こす．リソスフ

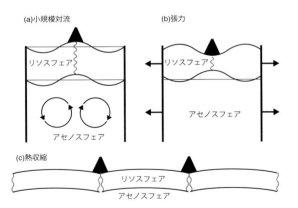

図 6.12　割れ目ができるモデルの概念図（Sandwell and Fialko, 2004）
　（a）アセノスフェア内のプレート全体運動の方向に並んでいる小規模の対流のモデル．上昇流のところで張力場になり，割れ目が生じる．（b）張力により生じるリソスフェア内の割れ目のモデル．リソスフェアが何らかの要因で水平方向に引っ張られることで，割れ目が生じる．（c）熱収縮によるリソスフェアのたわみのモデル．熱収縮によって割れ目が生じる．この場合の割れ目はある一定間隔をもつ．

ェアの割れ目による火成活動が起源である海山は，MORBより部分溶融の程度が低く，多様性がある．ハワイ海嶺の北方に存在する音楽家海山群（Musician Seamounts，海山に音楽家の名前が付いている）は太平洋プレートの運動方向が変化したことでリソスフェアに割れ目が生じた結果できたものと考えられている（O'Connor *et al.*, 2015）．

リソスフェアのたわみ（第2章）による割れ目に生じたと考えられる規模の小さい海丘もある．日本海溝に沈み込む直前の太平洋プレート上に0.05-8.5Maにできた単成火山と考えられる海丘（プチスポット火山）がいくつか発見された（図6.13；Hirano *et al.*, 2006, 2008）．プチスポット火山の直径はせいぜい2kmであり，その比高は数百mである．プチスポット海山からはアルカリ玄武岩が採取されている．これらは沈み込みに伴うリソスフェアの屈曲により生じた割れ目に沿って，溶融物質が上昇してできたと考えられている．

プチスポット火山に比べて規模はすこし大きいが，サモア付近の海山付近の単成火山やハワイオアフ島沖の単成火山（North Arch Volcanic Field）も，

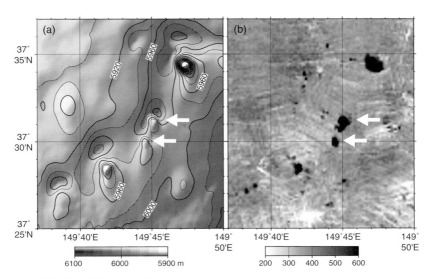

図6.13 プチスポット火山
(a) 海底地形図．(b) 反射強度図．矢印はプチスポット火山の位置を示す．

海山や海洋島の荷重で生じたリソスフェアのたわみ（第2章）による割れ目による火成活動によって形成されたと考えられている（たとえば，Natland, 1980）．

6.4 海台

1）海台の定義

海洋底には，日本列島の面積に匹敵するか，あるいはその数倍にも及ぶ広大な面積をもつ高まり（海台）が存在する．海台は巨大火成岩岩石区（large igenous provinces, LIPs）の一種である．海台の比高は数千m程度である．海台の分布も海山と同じように西太平洋に偏っている（図6.14，表6.2）．またインド洋は，大西洋に比べて海台が多く存在する．中米大陸西岸沖のココス海嶺など現在活動中のホットスポットとつながっている海台もある．そのため，海台形成とホットスポットとの間には関係があると考えられている．

日本列島を含め，環太平洋地帯の陸上で見付かっている海洋地殻起源の緑

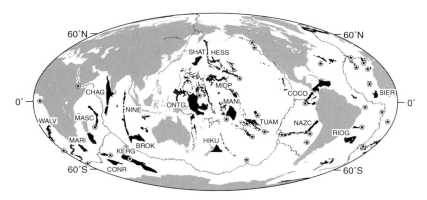

図6.14　海台，海山群と現在活動している主なホットスポットの分布図
　　　　黒ぬりの部分が海台と海山群の範囲を示す．丸で囲まれた星印がホットスポットの位置．海台，海山群の名称は表6.2を参照．

---

[2] 海洋地殻起源の緑色岩類：　海洋域での火成活動起源の岩石において，初生鉱物が変質作用や広域変成作用によって緑色の変成鉱物に置き換わった岩石．

表 6.2　代表的な海台や海山群と地殻の厚さ（Tetreault and Buiter, 2014 を改変）

海台・海山群	図 6.14 の略称	種類	地殻の厚さ (km)
ブロークン海嶺	BROK	海台	20.5
チャゴス・ラカダイブ海嶺	CHAG	海嶺	15
ココス海嶺	COCO	海嶺	21
コンラッドライズ	CONR	海台	
ヘスライズ	HESS	海台	>15
ヒクランギ海台	HIKU	海台	16-23(g)
ケルゲレン海台	KERG	海台	北部：17 南部：21-25
マニヒキ海台	MANI	海台	21.4
マダガスカル海嶺	MARI	海嶺	25
マスカレン海台	MASC	海台	
中部太平洋海山群	MIDP	海山	
ナスカ海嶺	NAZC	海嶺	18-21
東経 90 度海嶺	NINE	海嶺	
オントンジャワ海台	ONTG	海台	33
リオグランデライズ	RIOG	海台	11-12(g)
シャツキーライズ	SHAT	海台	30
シェラレオネライズ	SIER	海台	13-17
ツアモツ諸島	TUAM	海山	21
ワルビス海嶺	WALV	海嶺	12.5

(g) 重力モデルから決められた地殻の厚さを示す．地殻の厚さの欄が空白になっているものは公表された情報がないことを示す．

色岩類[2]のいくつかは，海台が沈み込み帯において大陸地殻に付加したものであると解釈されている．北海道の空知-エゾ帯の緑色岩類や，西南日本に広く分布する御荷鉾緑色岩類は，海台が日本列島に付加したものと考えられている（木村，2002）．

2）海台の地殻構造

海台の地殻構造は一般の海洋地殻と同じような構造をもつが，その厚さは，一般の海洋地殻より 3 倍以上の厚さ（20 km 以上）であることが多い（表 6.2）．地殻の厚さは，周辺海盆から中心部に向かうにしたがって厚くなる傾向がある．最上部の 1.0-4.0 km までの P 波速度は数 km/s 以下であり，遠洋性堆積物，石灰岩，火山性砕屑物などの堆積物で構成されている．上部地

殻のP波速度は4.5-6.0 km/sであり，主に溶岩からなる．上部地殻のP波速度に1.5 km/s程度のバラツキがあるのは，海水と接触した変質溶岩が存在することや，溶岩のすき間に遠洋性堆積物が入っていることによる．その下の地殻のP波速度は6.5-7.0 km/sで，この部分が厚い海台が多い．最下部のP波速度は7.0-7.9 km/sであり，この部分は前述のハワイ諸島やレユニオン島の場合と同じように苦鉄質のマントル物質の底付け作用によると考えられている（Ridley and Richards, 2010）．

3）海台形成過程における大規模火成活動

　海台の多くは，鉄とマグネシウムに富んだマグマによる火成活動で形成したものである．海台を形式する火成活動には，大量のマグマが必要である．マグマを大量に作るためには，マグマの源である上部マントルの温度が高い，メルトを作りやすい物質が多い，水分など揮発性成分が多い，のいずれの条件か，あるいは複数の条件が必要である．しかし上部マントルにはメルトを作りやすい物質が多いところはそれほどないと考えられている（Kerr and Mahoney, 2007）．そのため，海台を作るような大規模な火成活動は，マントル内の温度がその周辺より高いところで起こると考えられる．たとえば，通常のマントルのポテンシャル温度[3]は1300℃程度である（McKenzie and Bickle, 1988）のに対し，西太平洋中部に存在するオントンジャワ海台（Ontong Java Plateau）のポテンシャル温度は1500℃程度である（Herzberg, 2004）．

　マントルの温度を上昇させるメカニズムとして，より深いところからの高温のマントル物質の上昇（熱的プルーム）がある．熱的プルームが地球の浅いところまで到達すると，その熱によって生じる浮力のために海台が大規模に隆起することが予想される．しかし，オントンジャワ海台における深海掘削の結果からは，その隆起量はせいぜい1500 m程度であり，熱的プルームから期待される隆起量（数千m程度）より小さい（Ito and Clift, 1998）．Kerr and Mahoney（2007）は，熱だけでなく密度も周囲の物質より高いプ

---

[3] 　ポテンシャル温度： マントル物質が部分融解せずに断熱的に上昇して地表まで達したと仮定した時の温度．

ルーム（熱組成プルーム，thermochemical plume）の場合は，プルームによって生じる浮力は熱的プルームに比べ小さくなるため，オントンジャワ海台の掘削結果を説明できるとした．一方で，かんらん岩に富む通常のマントルに比べてエクロジャイトや輝石が多く含まれる場合は，低いポテンシャル温度でも部分溶融の程度が高くなることが示されている（たとえば，Korenaga, 2005）．そのため，海台形成過程に熱組成プルームは必要ないとする見解もある．

4）西太平洋の海台

西太平洋の海台

太平洋プレートの西半分の年代は，ジュラ紀から白亜紀である（図3.1と図3.17）．この部分には5つの大きな海台があり，いずれもジュラ紀後期から白亜紀にできたものである．これらのなかで最も古い海台は，日本列島の東方にあるシャツキーライズ（Shatsky Rise）であり，ジュラ紀後期に形成が始まった（Nakanishi et al., 1989, 1999）．中部太平洋海山群（Mid-Pacific Mountains）やマゼランライズ（Magellan Rise）も同時期とする研究結果（Nakanishi and Winterer, 1998）があるが，最終的な結論は得られていない．天皇海山列を挟んでシャツキーライズの東に位置するヘスライズ（Hess Rise）は，白亜紀中期（112-100 Ma）に形成された（Vallier et al., 1983）．また，オントンジャワ海台とマニヒキ海台（Manihiki Plateau）は，ニュージーランド東沖にあるヒクランギ海台（Hikurangi Plateau）（図6.14）と1つの巨大海台であったとする仮説が提案されている（Talyor, 2006）．

中部太平洋海山群以外の海台の地形的特徴は，なだらかな高まりである．このなだらかな地形は，海台の火成岩の上に石灰岩が堆積したことによる．一方，中部太平洋海山群はなだらかな台地の上に，ギヨーが多数存在している．海山を支えている部分の中央付近では，M10からM0までの中生代磁気異常縞模様（約135-125 Ma）が同定されている（Nakanishi et al., 1992）が，その近くにあるアリソンギヨーの年代は111.1 ± 1.3 Maである（Pringle and Duncan, 1995）．つまり，海山は海山を支えている台地の形成後しばらくしてからできたことになる．すなわち，中部太平洋海山群では，複数回の火成

活動があった.

シャツキーライズ

シャツキーライズの面積は $0.48 \times 10^6 \mathrm{km}^2$ であり，日本の面積（$0.38 \times 10^6 \mathrm{km}^2$）より少し広い（図 6.15）．シャツキーライズには3つの大きな高まり（タム海台，TAMU Plateau；オリ海台，ORI Plateau；シルショフ海台，Shirshov Plateau）が存在する[4]．タム海台の水深は 2400 m，オリ海台とシルショフ海台の水深は 3200 m である．これらの高まりには数百 m から

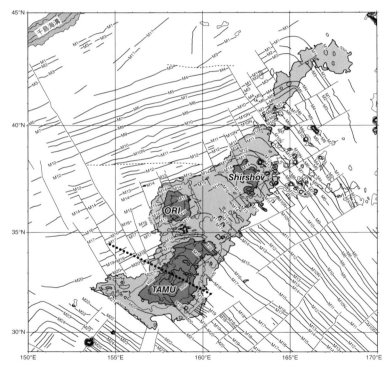

図 6.15 シャツキーライズ周辺の磁気異常縞模様（Nakanishi *et al.*, 1999, 2015 を改変）と海底地形

　磁気異常縞模様の線に付けられた数字は磁気異常番号を示す．細い点線は断裂帯を示す．TAMU, ORI, Shirshov はそれぞれ，タム海台，オリ海台，シルショフ海台を示す．太い点線は図 6.16 の測線．

1000 m にも及ぶ堆積物（主に石灰岩）が堆積している．地殻構造は，普通の海洋地殻と同じ地震波速度構造であるが，厚さは一般的な海洋地殻の約4倍以上（30 km 程度）である（図 6.16；Zhang et al., 2016）．タム海台を横切る反射法地震波探査の記録から，火山性基盤内に複数の反射面が見られる（Sager et al., 2013）．深海掘削の結果との比較から，この反射面は枕状溶岩と塊状溶岩の境界，溶岩と溶岩間の堆積物の境界に対応している．

シャッキーライズの平坦部分には，周辺の海洋底と同じ時代（ジュラ紀後期から白亜紀前期）の走向の異なる2つの磁気異常縞模様群（日本縞模様群とハワイ縞模様群）が存在する（図 6.15；Nakanishi et al., 1999）．磁気異常縞模様群の同定結果から，シャッキーライズは太平洋-イザナギ-ファラオン三重会合点がマントルプルーム付近に停滞してできた海台であり，ジュラ紀後期（148 Ma；磁気異常番号 M21 と M20 の間）にその形成がはじまったと考えられる（図 6.17）．このモデルからは，148 Ma から 126 Ma の間にシャッキーライズが形成されたことになる．

タム海台の南東縁には磁気異常縞模様 M21 が存在する（図 6.15）．この年代は Gradstein et al. (2012) の地磁気逆転年表では約 148 Ma である．一方，

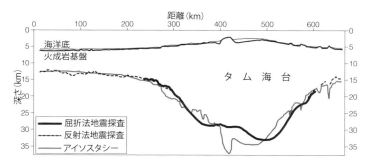

図 6.16 地震波とアイソスタシーの研究から決められたタム海台付近のモホ面（Zhang et al., 2016 を改変）
測線の位置は図 6.15 に示している．

---

[4] タム海台，オリ海台，シルショフ海台： 1994 年に Texas A & M 大学（TAMU），東京大学海洋研究所（ORI），ロシアのシルショフ研究所の研究者によってシャッキーライズにおける航海が実施されたとき，海底地形名が付いていなかった高まりにこれらを命名した．

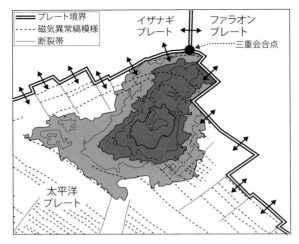

図 6.17 シャツキーライズの発達過程(Nakanishi *et al.*, 1999 を改変)

これまでタム海台における深海掘削によって得られた岩石試料の放射年代は,144.6 ± 0.8 Ma, 144.4 ± 1.0 Ma, 143.1 ± 3.3 Ma, 133.9 ± 2.3 Ma で(Mahoney *et al.*, 2005;Geldmacher *et al.*, 2014),タム海台主要部の形成年代としては,144 Ma 頃であると考えられる.したがって,タム海台の主要部の形成には 400 万年間程度かかったことになり,これまで 100 万年以下と考えられていたより時間がかかったことになる.古地磁気学的研究からもタム海台で正磁極期と逆磁極期にできた岩石が見付かっており(Sager *et al.*, 2015),これも形成期間が数百万年以上であったことを示している.

磁気異常縞模様から,シャツキーライズ内の 3 つの高まりは,タム海台,オリ海台,シルショフ海台の順にできたと考えられる.これは,各海台の放射年代(オリ海台:134 ± 1.0 Ma,シルショフ海台:128.2 ± 0.5 Ma;Heaton and Koppers, 2014)から考えられる 3 つの海台の形成順序と矛盾しない.

オントンジャワ海台

オントンジャワ海台は西部赤道太平洋の太平洋プレート南西縁に位置し,ビスマルク諸島,ソロモン諸島の北に位置する.地球上最大級の面積(約 $1.86 \times 10^6\,\mathrm{km^2}$)をもつ海台である(図 6.18).その面積は日本の面積の約 5

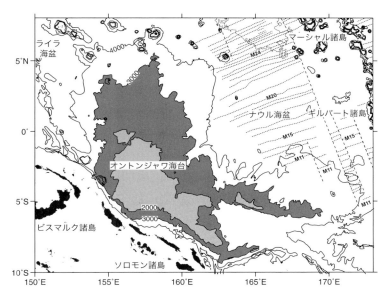

図 6.18 オントンジャワ海台の海底地形図 (Nakanishi and Winterer, 1996 を改変) 等深線間隔は 1000 m. 点線と破線は,それぞれ磁気異常縞模様と断裂帯を示す.

倍である.オントンジャワの海底地形はシャツキーライズに比べて,起伏が小さくなだらかである.反射法地震探査と深海掘削の結果からは,オントンジャワ海台表面の遠洋性堆積物の下には厚さ最大 1 km 程度の白亜紀の石灰岩層が存在することがわかっている (Shipboard scientific party, 1971). 屈折法地震探査からオントンジャワ海台の地殻の厚さは 30-40 km 程度である (Miura *et al.*, 2004).

オントンジャワ海台の北方の東マリアナ海盆 (East Mariana Basin) とピガフェッタ海盆 (Pigafetta Basin) と西方のナウル海盆では,海底の年代より若い火成岩層が広範囲に存在する (Shipley *et al.*, 1993; Abrams *et al.*, 1992). ピガフェッタ海盆やナウル海盆における深海掘削結果から,この火成岩層はオントンジャワ海台形成時期と同じ白亜紀であることが明らかになった.ほぼ同時期に起こった大規模な火成活動によって海台が形成される場合と,そうでない場合があることになる.

ソロモン諸島には，オントンジャワ海台の一部が衝突し，付加したと考えられるところがある．ソロモン諸島では，3-4 km の厚さの枕状溶岩と塊状溶岩が卓越した地層が見られる（Petterson et al., 1997）．ソロモン諸島にオントンジャワ海台の一部が付加したとすると，オントンジャワ海台を生み出した火成活動の規模は海台本体から推定するよりはるかに大規模であったことになる．

ソロモン諸島の付加体と考えられるところの放射性年代は 44-128 Ma とばらつくが，半数程度の岩石試料の放射性年代は 120-124 Ma であり，残りの岩石試料の年代は 89-95 Ma, 61-64 Ma, 44-47 Ma, 34 Ma である（Tejada et al., 1996, 2002）．オントンジャワ海台中央部の掘削地点（DSDP サイト 289, ODP807）の玄武岩の放射性年代は 120-125 Ma, ODP サイト 803 では 84-88 Ma である（Mahoney et al., 1993）．また，オントンジャワ海台の西側のライラ海盆の海山から採取された岩石試料の年代は 65 Ma であった（Shimizu et al., 2015）．これらから，オントンジャワ海台の大部分は 120-124 Ma の間に形成し，その後，複数回の火成活動があったと考えられる．これはシャツキーライズと同様に，オントンジャワ海台の形成は，短期間ではないことを示している．

6.5 白亜紀スーパープルームと海洋環境変動

1）白亜紀スーパープルーム

前述の通り，西太平洋中部には複数の白亜紀の海台が存在する．太平洋プレートの絶対運動モデルを基に，これらの海台ができた直後の位置を復元すると，現在の南太平洋に位置していたことがわかる（図 6.19；Larson, 1991a）．現在それぞれの海台は 1000 km 以上離れているが，当時はとても近い位置にあったこともわかる．形成時期がほぼ同時代であることもあわせると，西太平洋中部にある白亜紀の海台の形成には，互いに密接な関係があることが推測される．このようなことから Larson は，マントル深部からの超巨大な上昇流（スーパープルーム，superplume）の活動がこれらの海台形

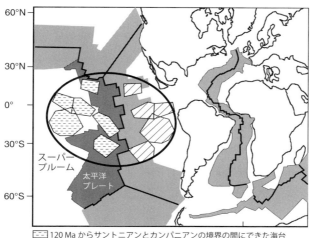

図 6.19 サントニアンとカンパニアンの境界（83.64 Ma）のときのプレート境界と主要な海台の位置（Larson, 1991a）
　灰色はこの間にできた海洋底の範囲を示す．海台は太平洋にあったものだけを示す．

成の原因であるとする考えを 1991 年に発表した（Larson, 1991a）．このスーパープルームの活動時期が白亜紀であるため，白亜紀スーパープルーム（Cretaceous superplume）と呼ばれている．

巨大な海台を形成するスーパープルーム活動のために，通常の状態に比べてマントル対流はとても激しく，マントルから地殻への物質や熱の流れが増加したと考えられる（Larson, 1991b）．そのため，スーパープルーム活動は地球内部ダイナミクス，海洋底の拡大速度の増加，海面上昇，地球環境に大きな変化をもたらしたと考えられている（図 6.20）．スーパープルームの活動時期と白亜紀磁気静穏期（第 3 章）がほぼ同時期であることから，スーパープルーム活動が白亜紀磁気静穏期の原因である可能性が指摘されている（Larson and Olsen, 1991）．

白亜紀には，インド洋や現在のカリブ海に相当する海域でも海台が形成されていた（図 6.19）．さらに，この時代の海底拡大速度も，ほかの時代に比べて速かったと考えられている．多数の海台の形成と速い速度での海底拡大

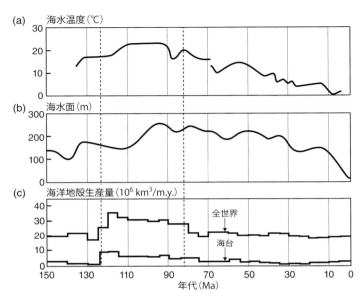

図 6.20 ジュラ紀中期から現在までの (a) 海面水温, (b) 海水面の高さ, (c) 海洋地殻生産速度 (Larson, 1995 を改変)

の結果, 白亜紀の海洋地殻生産量はほかの時代に比べて数倍であったと考えられている (Larson, 1991b). 海洋地殻生産量が増加すると, 地球表面における若い海底の占める割合が大きくなる. それにしたがって, 地球の平均水深は浅くなり, その結果海水面が上昇することになる. 実際, 白亜紀の海水面は 250 m 程度現在より高かったと推定されている.

西太平洋中部のギヨーや海台が多く存在する海洋底の大部分は, 海山や海台がほとんどない同じ年代の海洋底に比べて数百 m 程度浅く, 第 2 章で説明した海洋底の年代と水深の関係を満たしていない. 海洋底の年代と水深の関係を満たしていない海底の水深を水深異常 (depth anomaly) と呼ぶ. 西太平洋の水深異常は, リソスフェアが高温のスーパープルームによって暖められて隆起したためと考えられている.

リソスフェアの隆起とその後の沈降史を知ることができる 1 つの指標が, ギヨーに堆積している石灰岩である. 中部太平洋海山群のギヨーの現在の水

深は約1500 mであるため，白亜紀中期以降，現在の水深まで沈降したことになる．Menardは，海洋島の沈降によってサンゴ礁ができたとする説を提唱したチャールズ・ダーウィンにちなんで，この高まりをダーウィンライズ（Darwin Rise）と名付けた．Menardのこの考えは一度は否定されたが，1980年代後半からの海山や海台に関する研究から見直されるようになった．

南太平洋スーパースウェル

白亜紀スーパープルーム活動が見られた領域は，現在の南太平洋に相当する．南太平洋のフレンチポリネシア（French Polynesia；図6.21）には，複数のホットスポットが存在し，ソサエティー諸島などの火山島，海洋島，海山が乱立している．フレンチポリネシアの海洋底は年代から期待される水深より250 mから750 m浅い．このような水深異常が見られる範囲は500 km

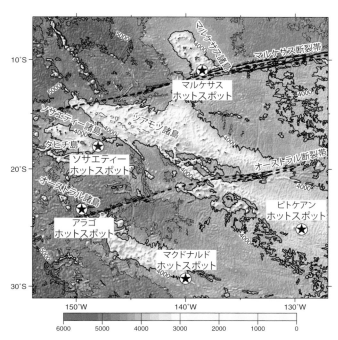

図6.21　フレンチポリネシア周辺の海底地形図
星印はホットスポットの位置を示す．破線は断裂帯を示す．

程度の広がりをもち，海台よりはるかに広い．そのため，この地域の海洋底は南太平洋スーパースウェル（South Pacific Superswell）と呼ばれている（McNutt and Fischer, 1987）．南太平洋スーパースウェルと同規模の高まりは，ほかの海洋底では見付かっていない．南太平洋スーパースウェルは白亜紀スーパープルームが活動した領域に含まれる．また両者には同程度の水深異常が見られる．このような類似性により，南太平洋スーパースウェルから白亜紀スーパープルームを理解する手がかりを得ることができる．

　南太平洋スーパースウェルには，次のような地球物理学あるいは地球化学的特徴がある．フリーエア重力異常は地形的高まりから期待されるほど大きくない，リソスフェアの弾性的厚さは薄い（McNutt and Menard, 1978），上部マントルにラブ波の低速度層が存在する（Nishimura and Forsyth, 1985），ジオイド高が低い（McNutt and Judge, 1990），デュープル異常（第2章）が見られる（Hart, 1984）．スーパースウェルがまわりより低密度の高温物質が上昇することによって支えられると考えると，これらの特徴を説明することができる．スーパースウェルを支えるような大規模なマントルの上昇流（マントルプルーム）は，地震波トモグラフィーによって，その存在が確認されている（Suetsugu et al., 2009；図6.22）．この図において，ソサエティー諸島の下1000 km程度より深い下部マントルには，周囲より地震波速度の遅い部分が広がっている．低速度域の直径は1000 km程度で，その温度は周囲より高いと考えられる．この高温部分がマントルプルームに相当するとされている．一方，上部マントル（深さ440 km以浅）では，このような広範囲な低速度領域は見られない．そのため，マントル深部からの大規模なマントルプルームは深さ1000 km程度までしか達していないと考えられる．上部マントルには小規模の低速度領域が見られるため，小規模なマントルプルームが存在すると推定することが可能である．この地震波トモグラフィーの結果から，上部マントルの小規模なマントルプルームは下部マントルまで到達した大規模マントルプルームから枝分かれしたものであると考えられる（図6.23；Suetsugu et al., 2009）．

　白亜紀の中頃に複数の海台が現在の南太平洋のかぎられた範囲に形成された（図6.19）．狭い範囲に地球深部からのマントルプルームが複数存在する

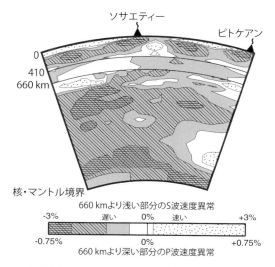

図 6.22 フレンチポリネシアのマントルの地震波トモグラフィー断面図 (Suetsugu *et al.*, 2009 を改変)

410 km までは S 波, 660 km から 2900 km (核・マントル境界) までは P 波の速度構造である. S 波のスケールは -3% から +3% まで, P 波のスケールは -0.75% から +0.75% まで.

ことは現実的ではない. 白亜紀中頃の白亜紀スーパープルームが, 南太平洋に現在のフレンチポリネシアの下にあるマントルプルームと同じような形態 (図 6.23) であったと考えれば, 複数の海台をほぼ同時期に形成することができる. この考えが正しければ, 南太平洋の下には, 白亜紀中頃から現在まで規模は時代によって異なるが, 現在と同じような形態をもつマントルプルームが存在していたことになる.

2) 白亜紀海洋環境変動

白亜紀は温暖な時代が数千年間続いた. この温暖な環境の要因の1つが, 白亜紀スーパープルーム活動であると考えられている (Larson, 1991b). また白亜紀スーパープルームによる大規模火成活動によって, 海洋環境が大きく変化した. たとえば, 現在の深層水の温度は 0℃ に近いが, 白亜紀の深層水の温度は 15℃ 程度に上昇していた (図 6.20).

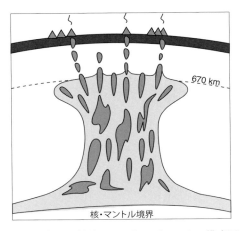

図 6.23 フレンチポリネシア付近のマントルプルームの模式図（Koppers, 2011 を改変）
灰色の部分がマントルプルームに相当する．三角形は海底面上の海山を示す．

最も特徴的な白亜紀の海洋環境変化は，海洋無酸素事変（oceanic anoxic event, OAE；Schlanger and Jenkins, 1976）である．海洋無酸素事変とは，海水中の酸素濃度が低下することで，原因としては，海洋循環の停滞，有機物の過剰供給，有機物分解の低下などが考えられる．海洋無酸素事変の結果として，海洋底に有機物を多く含み葉理の発達した黒色頁岩が堆積する．白亜紀の黒色頁岩（black shale）は世界中で見付かっているため，海洋無酸素事変は地球全体で起こっていたと考えられている．シャッキーライズ上の白亜紀の石灰岩中からも黒色頁岩が見付かっている（Bralower *et al.*, 2002）．海洋無酸素事変はバレミアンとアプチアンの境界（126.3 Ma；図 3.11）付近の4回（OAE-1a, 1b, 1c, 1d）とセノマニアンとチューロニアンの境界（93.9 Ma；図 3.11）付近（OAE-2）の1回の計5回起こったとされている（Leckie *et al.*, 2002）．

第7章 プレート運動と海洋底

7.1 プレート運動の記述と実測

1）プレート運動の記述

　地球の表層はプレート（plate）と呼ばれるリソスフェア（lithosphere）の断片で覆われており，プレートはその下のアセノスフェア（asthenosphere）の上を互いに運動している．これがプレートテクトニクスの考え方の基本であり，地球上の多くの地質現象はプレート運動に関連付けて理解することができる．それでは実際にプレート運動をどのように観測し，どのように記述したらよいのだろうか．

　球面に沿って動く剛体の運動は，その球の中心を通る1つの軸の周りの回転運動として記述することができる．これがオイラーの定理である（証明は測地学テキスト http://www.geod.jpn.org/web-text/part4/4-9/4-9-1.html を参照）．地球のプレート運動も地球表面に拘束された剛体プレートの運動であるので，地球中心を通る1つの軸の周りの回転運動として記述することができる（図7.1）．この仮想的な回転軸と地表が交わる点をオイラー極（Euler Pole）と呼ぶ．したがって，あるプレートの運動は，オイラー極の位置（緯度と経度）と回転角速度 ω か，もしくは回転ベクトル（ω_x, ω_y, ω_z）という3変数の組みあわせで記述することができる．プレート運動の「モデル」化とは，プレート境界を定義し，オイラー極と回転角速度を決めることにほかならない．

　しかし，私たちは直接オイラー極や回転速度を観測することはできない．

実際に観測できるのは，現在や過去の「ある場所の」プレート運動（速度）である．同じプレート上であれば，オイラー極に対する回転速度 ω はどこでも同じだが，地表面での速度 v は場所によって異なる．プレート上のある地点での速度 v は

$$|v| = |\omega \times r| = \omega R \sin(\Delta) \tag{7.1}$$

で表すことができる．ここで，R は地球半径，Δ は回転軸とその地点の位置ベクトル r（地心からその地点へ向かうベクトル）のなす角である．オイラー極を基準とした極座標では，Δ はその地点の余緯度にあたる．この式から容易にわかるように，オイラー極（$\Delta = 0°$）では観測点は不動であり，オイラー極に対する赤道（$\Delta = 90°$）で速度最大となる．後で述べるように，実際には多数の観測点で v を推定し，オイラー極と回転角速度 ω を決めているのである．オイラー極はプレートの内部に位置することも外部に位置する

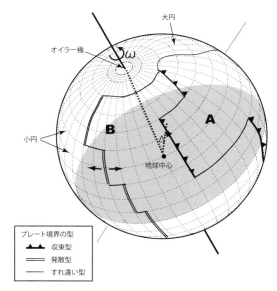

図7.1 プレートとオイラー極，プレート境界のタイプの関係
　　球面上の剛体プレートの運動は，地球中心を通るある軸の周りの回転で表すことができ，その軸と地球表面との交点をオイラー極と呼ぶ．プレート上の点は，オイラー極に対する小円に沿って運動する．小円に平行なプレート境界がすれ違い型（トランスフォーム断層）境界となる．

こともありうる．

　ここで注意すべき点が1つある．それはオイラー回転で記述されるプレート運動が「何に対して」動いているかという点だ．図7.1は，あたかも不動の球体の上をプレートが動いているようにも見える．すなわち，図に示したオイラー極や回転角速度 ω は，不動の球体という基準系に対してプレートがどのように相対運動をしているかを記載しているように見える．実際の地球の場合，このような不動の基準系を厳密に定義することは困難である．そのため，実際のプレートモデルでは，プレート運動をほかのプレートに対する相対運動として捉える（図7.1の場合，プレートBに対してAがどのように回転しているかを決める）か，もしくは地球深部が不動であると仮定してなんらかの形で地球深部に対する運動を求めるか，の大きく分けて2つのタイプがある．一般に，前者を相対運動モデル，後者を絶対運動モデルと呼ぶ．以下，まず相対運動モデルを構築するために必要な海底観測データについて説明し，7.1節4）で簡単に絶対運動モデルに触れる．

2) プレート境界の構造とプレート運動

　プレートテクトニクスの考えに基づくと，プレート境界は発散型，収束型，すれ違い型の3つに類別できる．発散型境界の典型的な構造は第4章で詳述した中央海嶺，収束型境界の典型的な構造は第5章で詳述した弧-海溝系である．すれ違い型の境界は海嶺と海嶺，海溝と海溝，海嶺と海溝をつなぐ横ずれ断層で，トランスフォーム断層（transform fault）と呼ばれる．これらプレート境界の大半は深海底にあり，現在から過去にいたるプレート運動の歴史は海洋底にその痕跡をとどめている．まず，古くからプレート運動の推定に使われてきた観測事実について見ていこう．

トランスフォーム断層と断裂帯の走向

　トランスフォーム断層はすれ違い型のプレート境界であり，断層の走向はまさにその地点の現在のプレート運動の方向に一致する．言い換えれば，トランスフォーム断層は図7.1に示すように，オイラー極に対する小円となっているはずである．小円に直交する線を仮想的にひいてみると，それはオイ

ラー極を通る大円となる．理論的には，トランスフォーム断層上の異なる2点で断層に直交する大円をひけば，その交点がオイラー極になるはずである．トランスフォーム断層は地形的に顕著な構造で，その走向を求めることは比較的簡単である．

現実の地球では，トランスフォーム断層もある幅をもった変動帯で理想的な「線」ではなく，プレート運動のゆらぎもあり，また観測誤差もあるため，大円が厳密に1点で交わることはない．そのため，一連のプレート境界を構成する複数のトランスフォーム断層の走向を用いて多くの大円を想定し，その交点の最小自乗解としてオイラー極を求めている（図7.2）．またトランスフォーム断層の軌跡である断裂帯を同様に利用すると，過去のプレート運動の方向を推定することもできる．

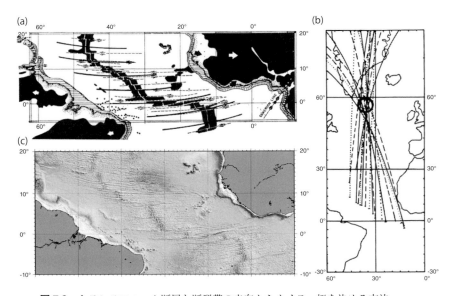

図 7.2 トランスフォーム断層と断裂帯の走向からオイラー極を決める方法
(a) Heezen and Tharp（1965）の描いた赤道大西洋域の断裂帯の分布，(b) (a) のデータを用いて，トランスフォーム断層に直交する大円を複数描き，交点（オイラー極）を求める（Morgan, 1968），(c) 衛星重力異常から求めた同海域の地形図（ETOPO2 による）．

磁気異常縞模様

　中央海嶺で生産された海洋地殻は，その時点での地球磁場の方向に磁化し，海洋底拡大過程により中央海嶺から外側に広がっていく．そのため，世界の海洋底には地球磁場の極性反転の歴史を反映した縞状の磁気異常を観測することができる．磁化した海洋地殻と観測される磁気異常の対応に関しては，第3章に詳しく述べた通りである．地磁気異常を同定する（それぞれの縞模様がどの時代の磁場反転に対応するかを決める）ことにより，海底拡大の速度を決めることができる．上で述べた方法で，トランスフォーム断層の走向からオイラー極の位置が決まっていれば，それに加えて1点の拡大速度がわかると，7.1式を逆に使って中央海嶺を境界として接する2つのプレートの相対運動の角速度が求められる．

地震のスリップベクトル

　プレート境界型の地震のスリップベクトルの方向もまた，プレート運動を推定するデータとなる．McKenzie and Parker（1967）は，はじめてアメリカプレートと太平洋プレートの相対運動の極の位置を決めたが，その際には北米西岸のサンアンドレアス断層（トランスフォーム断層）で起こる横ずれ地震のスリップベクトルと，日本海溝や千島海溝などの北西太平洋沈み込み帯で起こる逆断層地震のスリップベクトルを，プレート運動方向を決めるデータとして取り入れている．また，地震は定常的に起こるわけではないが，データが集積されればすべり速度を推定することも可能で，プレート運動の角速度を求めるために利用することができる．

　これらはいずれも古くからプレート運動の決定に利用されてきたデータであり，海底の地形や地磁気観測がプレート運動モデルの構築に大きな役割を果たしてきたことがわかるだろう．

3）グローバルプレートモデル

　前節に挙げたような観測データを元に，地球全体がどのようなプレートに分かれているか，そしてそれぞれのプレートがどのように運動しているかを

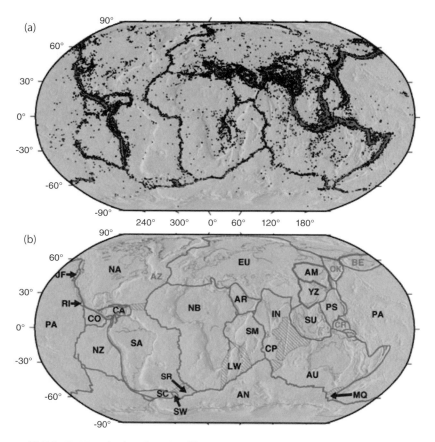

図 7.3 DeMets ら (2010) による新しいグローバルプレートモデル MORVEL (a) 深さ 40km 以浅の地震分布. (b) MORVEL モデルが定義するプレート境界とプレート名称. AM：アムール, AN：南極, AR：アラビア, AU：オーストラリア, AZ：アゾレス, BE：ベーリング, CA：カリブ, CO：ココス, CP：カプリコン, CR：カロリン, EU：ユーラシア, IN：インディア, JF：ファンデフカ, LW：ルワンドル, MQ：マッカーリー, NA：北アメリカ, NB：ヌビア, NZ：ナスカ, OK：オホーツク, PA：太平洋, PS：フィリピン海, RI：リベラ, SA：南アメリカ, SC：スコチア, SM：ソマリア, SR：スール, SU：スンダランド, SW：サンドイッチ, YZ：ヤンツー. 斜線で描かれているのは diffuse boundary. AZ, BE, CR, OK の運動はモデルに含まれていない.

252──第 7 章 プレート運動と海洋底

示すのが，グローバルプレートモデルである．Le Pichon（1968）は，はじめて主要な大プレート6つを定義し，それらの間の相対運動を決めた．彼は，最小自乗法を用いてオイラー極と回転角速度を同時に決める方法を使っている．その後，グローバルな相対運動モデルは，データの増大と手法の数学的な精緻化によって，より多くのプレートを定義し，それぞれの運動を決める方向へと進化していった．Minsterら（1974）は，アメリカプレートを南北に分けるなど11のプレートを定義して，最小自乗法を発展させた手法を取り入れたモデルを構築した．彼らのモデルRM1とその改良版RM2（Minster and Jordan, 1978）はその後十数年にわたって広く利用された．

　その後，1990年代になると，飛躍的に増大したデータを駆使してDeMetsら（1990）がグローバーモデルNUVEL-1（改良版がNUVEL-1A）を提案し，これが現在にいたるまで長く使われてきている．NUVEL-1（1A）は，14のプレートを定義し，太平洋プレートを基準プレートとして，その他のプレートの相対運動を決めている．これは太平洋プレートが最もプレート境界の長さが長く，多くのプレートと直接境界を分かち合っているからである．彼らのグループは，最近，さらに改良版としてMORVEL（DeMets *et al.*, 2010）と名付けられたより精緻なモデルを提案した（図7.3）．このモデルでは地球表層の25のプレートの運動を記述しており，そのうち19プレートの運動は上述のように中央海嶺における海底拡大速度とトランスフォーム断層の走向から決定し，比較的小さな6プレートの運動は，7.1節6）で述べるGPSを用いた地殻変動観測データを用いて決めている．また，インド-オーストラリアプレート境界など，境界が線としてはっきり認定できない場合にdiffuse boundaryという概念を導入した．なお，NUVEL-1Aでは東北日本は北米プレート，西南日本はユーラシアプレートに位置するとされるが，MORVELモデルでは東北日本はオホーツクプレート，西南日本はアムールプレートとヤンツープレートに含まれる．

4) プレート絶対運動

　これまで述べてきたプレート運動モデルは，いずれも基準となるプレート（たとえば太平洋プレート）に対する各プレートの相対運動を記述する相対

運動(relative plate motion)モデルである．これは，元となるデータの大半が，海底拡大速度のようにプレート境界における相対運動の観測によることを考えると，ごく自然なことである．しかし，特定のプレートを基準とせずに，より一般的な基準系からプレート運動を記載したい場合もある．この場合，基準系はなるべく不動とみなせるものがよい．メソスフェア(mesosphere)はマントルの深部，アセノスフェアの下で，アセノスフェアより100倍程度粘性が高く動きにくい部分と考えられる．メソスフェアを基準系として記述したプレート運動をプレート絶対運動(absolute plate motion)と呼ぶ．もちろん，メソスフェアも数千万年スケールではマントル対流で動いているので，完全に不動ではなく，「絶対」基準ではない．しかし，より短い時間スケールであれば，基準系として有効だと考えるのである．しかしながら，メソスフェアを直接観測することはできない．これはあくまで仮想の基準系であり，現実には次に述べるような系を用いて絶対運動を記述している．

ホットスポット系

　Wilson (1965)の提唱したホットスポット(hotspot)とは，下部マントルに固定された高温の領域があり，そこから上昇するプルームが地表に達して火成活動をもたらすとするものである．これが固定ホットスポット仮説(fixed hotspot hypothesis)である(第6章)．この仮説に基づけば，ホットスポットの位置はメソスフェアに固定されていることになるので，メソスフェア基準系の代用としてホットスポット系を用いることができる．ハワイー天皇海山列でよく知られているように，プレートがホットスポット上を移動すると，海底火山が列をなす．この列の方向が，ホットスポット系に対する運動の方向であり，また火山の活動年代を調べることにより運動速度を推定することができる．このような海山列をホットスポット軌跡と呼び，太平洋以外に大西洋やインド洋にも同じような軌跡があるので，プレート絶対運動を決めることができる．

　こうして決めたいくつかのプレートの運動と，NUVEL-1 (1A)やMORVELなどの相対運動を組みあわせて，グローバルなホットスポット基準系

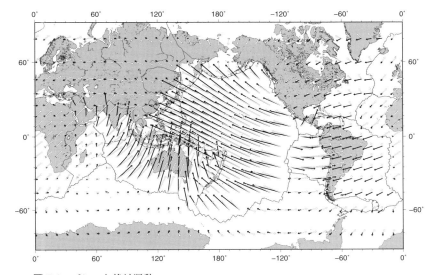

図 7.4 プレート絶対運動
黒矢印がホットスポット系モデル (HS2-NUVEL-1A), 白矢印が NNR 系モデル (NNR-NUVEL-1A).

の絶対運動モデルを構築する．代表的な例としては，HS3-NUVEL-1A モデルがあげられる（Gripp and Gordon, 2002）．このタイプのモデルでは，ホットスポット同士が相対的に動かないことを前提としているが，実際にはホットスポット同士が互いにゆっくり運動していることが最近では明らかになっている（次節参照）．そのため，太平洋プレートのように速い速度で運動するプレートの記述には適しているが，ユーラシアプレートのようなゆっくりした運動をするプレートの記述には不向きであると考えられる（図7.4）．

NNR（no-net rotation）系

　三次元空間でいくつかの質点がそれぞれ運動していたとしよう．これらの質点群をまとめて表そうとしたとき，質点群の慣性中心（運動量の総和がゼロになる点）とその運動として記述することができる．同じように，各プレートの運動からすべてのプレートの平均回転（回転極と角速度）を計算することができる．この平均回転から得られる速度ベクトルを各プレートの速度

7.1 プレート運動の記述と実測——255

場からひくと，プレート群が「全体としては」回転していないような系となる．これを正味の回転がないという意味で no-net rotation（NNR）系と呼ぶ．プレート群が全体としては回転していないということは，リソスフェア全体が球殻として動いていない，リソスフェアを丸ごと動かすようなトルクは働いていない，ということで，基準系として採用する意味があると考えられる．代表的な例としては，NNR-NUVEL-1A モデル（Argus and Gordon, 1991；図 7.4）や新しい NNR-MORVEL モデル（Argus et al., 2011）があげられる．

5）古地磁気を利用した過去のプレート運動

古緯度

　第3章で説明した通り，十分長い期間（数千年から数十万程度の期間）にわたって地球磁場を平均すると，地球磁場の非双極子磁場は無視することができる．この場合，岩石試料の残留磁化の伏角と偏角から（3.28）式を使って当時の古地磁気極の位置を知ることができる．得られた古地磁気極の位置と現在の北極の位置を比べることで，プレート運動を復元することが可能である．1950年代から1960年代はじめにかけて，この方法に基づいて複数の大陸に関する古地磁気極の移動が明らかになり，忘れられていた大陸移動説が復活した．

　深海掘削で得られる火成岩試料は掘削ドリルを回転させて採取されるため，残留磁化の偏角の情報を得ることができないことがほとんどである．そのため（3.28）式では古地磁気極を知ることができないが，（3.27）式を用いると，岩石試料形成時の緯度（古緯度）を求めることができる．たとえば，現在西太平洋の北半球側にある白亜紀にできたギヨーで掘削された岩石試料の古地磁気学的研究から，海山の多くは現在の南緯10度付近で誕生したことが明らかになった（Nakanishi and Gee, 1995）．これらの海山周辺の太平洋プレートは白亜紀には南緯10度付近に位置していたことを示している．

　伏角の情報しか得られなくても，1つのプレート内の複数の地点から同じ年代の伏角を知ることができれば，古地磁気極のおおよその範囲を知ることができる．（3.28）式において，岩石試料採取地点の緯度と経度および伏角の値はわかっているため，偏角にある範囲の値を与えることで古地磁気極の

図 7.5 掘削試料から求めた 92 Ma の太平洋プレートの古地磁気極の推定位置 (Sager, 2006)

実線・点線・鎖線等で示された曲線それぞれは，各掘削点の試料から得られた古緯度情報をもとに当時の古地磁気極がこの線上にあると推定される線（番号は掘削地点番号）．これらの線が交わるところが古地磁気極の位置となる．白丸が古地磁気極の推定位置，灰色楕円の領域が 95％信頼領域を示す．NP は北極，黒四角は ODP サイト 869 の堆積物から決められた古地磁気極の位置を示す．

位置の範囲がわかる．図 7.5 は太平洋プレートにおける 92 Ma の古地磁気極の位置を示している（Sager, 2006）．図中の 1 本の曲線（大円）が 1 つの地点の 92 Ma のときの古地磁気極の位置の範囲を示しており，複数の地点の曲線が集まっているところがもっともらしい古地磁気極の位置になる．このようにして決められた白亜紀の太平洋プレートに関する古地磁気極の位置は図 7.6 の通りである．古地磁気極を年代の順につないだ曲線を見かけの極移動曲線（apparent polar wander path, APWP）と呼ぶ．この図から，古地磁気極の位置は年代とともに北極に近付いていることがわかる．これは，白亜紀に太平洋プレートが北上していたことを示している．

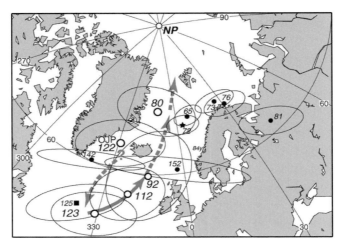

図 7.6 白亜紀太平洋プレートの古地磁気極移動曲線（Sager, 2006）
　白丸は古地磁気極の平均的位置を，黒色のシンボルはほかのデータから決められた極の位置を示す．各シンボルを中心とした楕円は 95％信頼領域を，各シンボルのそばの数字は年代（Ma）を示す．OJP はオントンジャワ海台，NP は北極の位置を示す．

ホットスポットの不動性

　先に説明したように，従来ホットスポットは地球深部に固定されていると考えられていた．この考えに基づくと，1 つのホットスポットからできた海山の古緯度はすべて同じであるはずである．しかし，そうではない結果がホットスポットの代表であるハワイ起源の海山で見付かっている．天皇海山列北部の推古海山の深海掘削によって採取された岩石試料の古地磁気学的研究から，推古海山の古緯度は約 25 度であることが判明した（Kono, 1980）．この古緯度は現在のハワイホットスポットが存在するハワイ島の緯度北緯 19 度 34 分とは 5 度程度異なる．Kono（1980）はこの 5 度の違いは北極が実際に 5 度移動した（真の極移動，true polar wondering, TPW）ことが原因として，ホットスポットは動かないものとした．その後，天皇海山列のなかの 3 つの海山に関する古地磁気学的研究からも，これらの海山の古緯度は現在のハワイの緯度とは大きく異なることが明らかになった（図 7.7；Tarduno *et al.*, 2003）．古緯度と現在の緯度との違いは年代とともに大きくなる傾向が

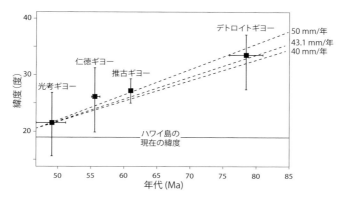

図 7.7 天皇海山列のギヨーの古緯度（Tarudono et al., 2003 を改変）
　四角は各ギヨーの古緯度，縦線は古緯度のエラーバー，横線は年代のエラーバーを示す．破線は右側の数字の年間速度でハワイホットスポットが移動したと仮定したときの年代と古緯度の関係を示す．

あるためこれは真の極移動ではなく，ハワイホットスポットが約 8100 万年前から 4700 万年前の間に約 15 度南へ動いたと考えられるようになった．

　このハワイホットスポットの移動を説明するため，太平洋プレート下のマントルダイナミクスモデルが提唱された（Steinberger et al., 2004）．このモデルでは，南太平洋プレート上のルイビルホットスポットは白亜紀以来ほとんど緯度方向には移動していないと推定された．このことは，ルイビルホットスポット起源の海山から掘削された岩石の古地磁気学的研究によって確認され（Koppers et al., 2012），ホットスポットの不動性は必ずしも成り立っていないことが広く認識されるようになった．

　ハワイのホットスポット軌跡は，天皇海山列とハワイ海嶺の間（約 50 Ma に対応）で南北方向から北西―南東方向に大きく変化している．このことは，ホットスポット不動説に基づいて太平洋プレートの運動がこの時期に大きく変化したためと考えられてきた．一方，海底の磁気異常縞模様や断裂帯の走向には大きな変化がないので，プレート運動変化を考えた場合はこの点が長年の疑問であった．ホットスポットが上述のように移動すると考えると，磁気異常縞模様などの方向が変わらないこともうまく説明できる．

7.1　プレート運動の記述と実測 —— 259

6) 宇宙測地を利用したプレートモデル

NUVEL-1 や MORVEL などの相対運動モデルにおいて，角速度を決める最も重要なデータは，海底の地磁気縞異常の同定による海底拡大速度である．NUVEL-1 では，地磁気縞異常と地球の地磁気逆転史を対応させ，200万年前の海底が中央海嶺からどれくらいの距離にあるかを計測し，過去200万年間の平均海底拡大速度を求めている．これを地質学的スケールでの「現在」の海底拡大速度と見なしているのである．一方，近年では宇宙測地技術を用いて実際に数年〜10年スケールでのプレート運動を実測することが可能になってきた．

プレート運動の最初の実測と呼べる観測は，準星からの信号を巨大なアンテナで受信して，アンテナ間の距離（基線）をミリメートル単位で精密に測る VLBI（Very Long Baseline Interferometry）という手法で行われた．この観測で，たとえばハワイと日本の鹿島にある電波天文台間の距離が毎年 6cm 減っていくことが明らかになったのである．現在では VLBI 網が構築され継続的な観測が行われているが，電波望遠鏡が必要なため，それほど多くの観測点（基線）をもつことができない．

VLBI では電波望遠鏡が必須であるため，観測点の設置は容易ではなく，密な観測網を築くことは難しい．一方，90年代以降に実用化した GPS（Global Positioning System；付録A1）を利用することにより，地殻変動観測研究は急展開を見せ，プレート運動の実測が格段に進んだ．2000年代には，GPS観測による地殻変動データのみを利用したグローバルプレート運動モデルを構築することが可能となり，Sella らは2002年に REVEL-2000 と命名された初の宇宙測地学的アプローチによるモデルを発表した（Sella *et al.*, 2002）．この新しいモデルでの速度場は，たかだか10年間の平均プレート運動で，まさに現在のプレート運動を表している．Sella らが彼らのモデルと NUVEL-1A を比較したところ，両者は全体としては驚くべき一致を示した（図7.8）．これは，地質学的現在（〜200万年）の平均プレート速度と測地学的現在（10年）の平均プレート速度が一致するということで，プレート運動がかなり定常的であることを示唆している．7.1節 3) で紹介した

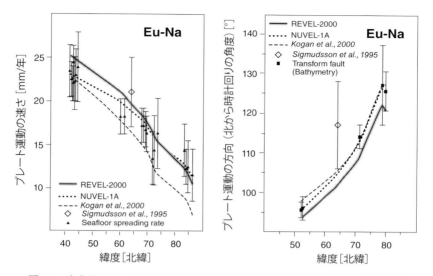

図 7.8 古典的プレートモデル（NUVEL-1A）と GPS 観測に基づく測地学的プレートモデル（REVEL-2000）の比較（Sella et al., 2002）
ユーラシアプレートと北アメリカプレートの相対運動（大西洋中央海嶺の北部）の速さと向きを比較している．

MORVEL モデルは，基本的には地質学的アプローチを主体としたモデルであるが，一部で GPS 観測データを取り入れている．

なお，宇宙測地技術による観測で使われている基準系は ITRF（International Terrestrial Reference Field）と呼ばれる．ITRF は地球重心を原点とし，北極方向を z 軸，グリニッジ子午線と赤道の交点方向を x 軸とする測地基準系で，NNR-NUVEL-1 と系全体の回転が近くなるように調整されているため，おおむね NNR 系と考えてよい．

7) 海洋底でのプレート運動の実測

前節の最後に紹介した GPS 観測によるプレート運動の実測は画期的な成果をもたらしたが，海域の観測に直接利用することはできない．GPS 衛星から発する電波信号（時刻，軌道情報など）は海水中では減衰してほとんど伝播しないため，受信機を地上に置く必要があるからである．しかし，プレ

ート境界の大半は深海底にあり，海底で正確に地殻変動やプレート運動を実測することは非常に重要なことである．

海中において減衰が小さく測距に利用できるのは音波である．たとえば，海底の2地点にトランスポンダーを設置し，2点間に音響信号を往復させて伝播にかかる時間を精密に計測する．海中での音速度を伝播時間に掛けてやれば2点間の距離を求めることができる．Chadwellらは，ファンデフカ海嶺において，海嶺軸をはさんで約700 m離れた場所に海底観測点を設け，1994年と1996年に2点間の距離を計測した（Chadwell et al., 1999）．グローバルプレートモデルによると，この海嶺における海底拡大速度は56 mm/年であるが，音響測距の結果は2年間でほとんど有意な変動は見られなかった（5±7 mm/年）．この結果は，海嶺軸部では地殻の伸張が間欠的に起こっている可能性を示している．

Chadwellらの行ったような海底の基地点間の距離を音響で測る方法に変わり，その後著しく進展したのが，海底測地基準点の設置と継続的な観測である．これは，海底に設置した基準点（トランスポンダー）と船との相対位置を音響測距によって正確に決めるものである．船の位置はGPSを利用して決定できるので，音響測距と組みあわせることにより，海底基準点の位置を決めるのである．原理は単純であるが，実際には2つの測地技術の結合や船の動揺，音速度の変動をはじめとする技術的困難が多く，地殻変動観測に必要な精度の観測が実現するまでに多大な努力が必要であった．日本では，東北大・名古屋大などの大学グループと海上保安庁によって，観測と解析の技術の改良が積み重ねられ，最近ようやく海底測地基準点として定常的な業務ベースの観測が日本海溝と南海トラフ沿いで実施されるようになったところである．現在では，水平方向の繰り返し測位精度が2-3 cm程度，数年間の観測で約1 cm/年の精度で変位速度が得られ，1点の観測にかかる時間も半日程度になった．

2005年8月の宮城沖地震（M 7.2）では，地震時の変化とともに地震後に宮城沖の観測点（北米プレート上）のユーラシア大陸内部に対する位置が東西方向に年間-6 cm，南北方向には年間2 cm程度変化していることが5年以上にわたって捉えられ，歪みが蓄積していることを明らかにしている．ま

た2011年3月11日の東日本太平洋沖地震（M 9.0）においても，海上保安庁の海底基準点観測データにより，海溝陸側が地震時に南東方向に24 m動いたことがはっきり示された（Sato *et al.*, 2011）．この地震によるプレート境界のすべり分布は，陸上のデータのみから推定すると30 m前後であるのに対し，海底測地データをあわせて推定すると，海溝軸に近い場所で最大すべり量が50-60 mであることがわかった．現在も震源域では継続的に海底測地観測が行われており，地震後もプレート間がゆっくりとすべり続ける余効変動が検出されている．

7.2 海洋プレートの生成史

大陸と海という地球独特の姿ができた原生代以降，地球表面は大陸の離合集散の時代になる．いわゆるウィルソンサイクルの開始である（図7.9）．ウィルソンサイクルとは，1）大陸の伸長場で地殻が割れて凹地ができ，2）や

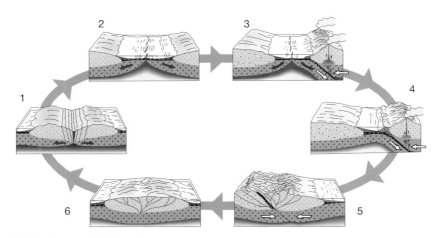

図7.9 ウィルソンサイクル
1）大陸が割れはじめ，2）やがて大陸は完全に分裂して間に海洋底が形成され，受動的縁辺域には堆積物がたまる．3）収束境界が形成されて沈み込みが開始し，島弧火成活動が起こり，4）海溝堆積物は再び大陸に付加される．5）2つの大陸が衝突し，山脈が形成され，6）1つの大陸として成立して浸食がはじまる．やがて1）大陸が割れはじめ，同じサイクルが繰り返される．

がて完全に大陸が分裂して海水が流入して新しい海ができ，3）海洋底拡大によって広がった海底はやがて大陸縁で沈み込み，4）沈み込みで海底がほとんど消費されてしまうと両端にあった大陸が衝突して再び大きな大陸ができ，5）大きな大陸の下では熱がたまって，また1）大陸の伸長と割れ目の形成がはじまる，という一連のサイクルを指す（Wilson, 1966）．このサイクルを通じて，大洋もまた生まれ消滅する．

現在の地球はいくつかの大陸が大洋を隔てて位置する時代であるが，海底の地磁気異常や大陸の地質構造や古地磁気データや化石の情報などを元に，過去の海陸配置を復元する試みが数多くなされている（たとえば Dalziel, 1997）．

地球上の大陸のほとんどが1つに集まっている状態を超大陸と呼び，約7億年前頃にはロディニア，15-10億年前頃にパノティア，約19億年前にヌーナ超大陸があったと推定されているが，このような古い時代の超大陸の名称や分裂時期については諸説あり，統一的な見解にいまだいたっていない．

地球史上最も最近の超大陸であるパンゲア（Pangea）ができたのは2億5000万年前である．パンゲアはおおむね赤道をはさんで三日月型に広がっていたと見られ，三日月の内側に広がる浅い海はテチス海（Tethys）と名付けられている．パンゲアは中世代初期の2億年前頃から分裂をはじめ，ジュラ紀中期の1億8000万年前頃には現在の北米とユーラシアからなるローラシア（Laurasia）と，インド・南米・アフリカ・南極からなるゴンドワナ（Gondowana）に分かれていった．太平洋やインド洋が広がっていく一方，テチス海は徐々に閉じていく．そして白亜紀以降に大陸はさらに分裂し，大西洋が広がりはじめ，世界は徐々に私たちのなじみのある海陸配置へと変わってきたのである（図7.10）．

1）太平洋の歴史

超大陸パンゲアが存在した頃の太平洋（それを「太平洋」と呼ぶのかという疑問もあるが）は，今よりもずっと大きかったはずだ．しかし，太平洋に現存する最も古い海洋底の年代は1億8000万年前であり，当時の太平洋の海底はすべて海溝から地球深部へと沈み込んでしまったことになる．

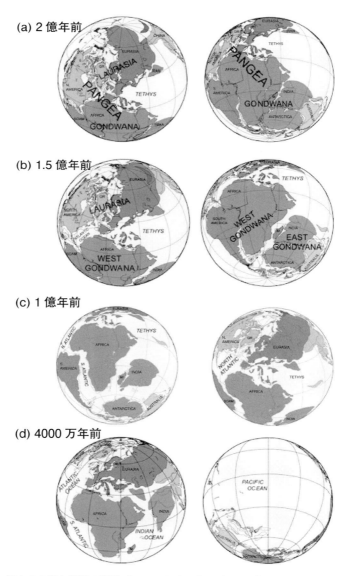

図 7.10 過去の大陸と海洋の配置（PLATES プロジェクトによる）
（a）2 億年前：超大陸パンゲアが存在．（b）1.5 億年前：東西ゴンドワナとローラシアに分裂．（c）1 億年前：大西洋が開きはじめ，ゴンドワナは分裂する．（d）4000 万年前：インドがユーラシアに衝突する．テチス海はほとんど失われた．

7.2 海洋プレートの生成史――265

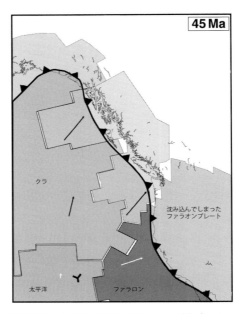

図7.11 約5000万年前の太平洋北西部のプレート配置（Madsen *et al.*, 2014）このあとクラプレートはすべて沈み込んでしまい，ファラオンプレートの断片が現在のファンデフカプレートである．

　1億8000万年前の状況はよくわからないが，少なくとも当時の太平洋は，太平洋プレートのほかに複数のプレート（ファラオン，フェニックス，クラ，イザナギ，アルクといったプレート名が提案されている）から構成されており，これらが急速に成長していったようである．現時点で中生代の比較的まとまった海底拡大史を追うことができるのは，西太平洋の赤道付近で，およそ1億4000万年前以降の地磁気縞異常を同定することができる．地磁気縞異常は大きく屈曲しており，約1億1000万年前頃までには海嶺三重点があって，三重点の北西側が現在の太平洋プレートと考えられている．

　その後，太平洋はさらに広がり，太平洋プレート以外のプレートはほぼ完全に沈み込んで消滅してしまった．太平洋の東側にあったファラオンプレート（Farallon Plate）も，アメリカ大陸下に急速に沈み込み，わずかに残された部分はより細かいプレートに分かれて現在のナスカ，ココス，ファンデ

フカプレートとなった（図7.11）．また，ファラオンプレートが消滅してしまった場所では，太平洋プレートと北アメリカプレートの新しい境界としてサンアンドレアス断層が生まれた．現在の太平洋プレートは東太平洋海膨（East Pacific Rise）に沿って成長を続ける一方，西太平洋の海溝で沈み込んでいる．

2）大西洋の歴史

大西洋の海底には大西洋中央海嶺を中心とした海底磁気異常が明瞭に残されており，断裂帯は大陸縁辺部までつながっている．これらの磁気異常の同定と大陸縁辺域での海底掘削の結果から，パンゲア分裂のあと現在にいたるまでの大西洋の歴史のおおよそを知ることができる．

北米とヨーロッパ・アフリカとの分離は，約1億8000万年前に中央大西洋とイベリア・ニューファンドランドでの大陸地殻のリフティングと，引き続く海洋底拡大ではじまった（図7.10 (b)）．同定されている最古の磁気異常は中生代の磁気異常M40（6500万年前）で，拡大初期の1億5000万年から1億2000万年前の間には拡大は非対称であった．その後，海底拡大は北のビスケー湾付近まで広がり，カナダとグリーンランドを分かつラブラドル海も8000万年前頃に拡大をはじめた．南米とアフリカ大陸が離れはじめたのは，北・中央大西洋よりもやや遅れて1億5000万年頃と推定されている．アイスランドの南のレイキャネス海嶺が拡大を開始したのは約6300万年前，さらに5200万年前にはアイスランドの北のモーンズ海嶺から現在の北極海の海嶺（ガッケル海嶺）が拡大をはじめ，大西洋全体が連続した拡大期に入る（図7.10 (d)）．

この時期までは，ラブラドル海が拡大してグリーンランドと北米は離れ続けていて，その拡大軸と大西洋中央海嶺の交点に海嶺三重点が存在したと考えられる．ラブラドル海の拡大は約3800万年前に止まって，グリーンランドは北米プレートの一部となり，大西洋は現在のようなひとつながりの大西洋中央海嶺から拡大する姿となった．

3) インド洋の歴史

　現在のインド洋の歴史は，南半球の超大陸ゴンドワナの分裂にはじまる．分裂は約1億8000万年前頃から徐々にはじまった．1億4000万年前にはインド・マダガスカル陸塊はアフリカと分離しており，さらに南極を離れてゆっくりと北上を開始した．ほぼ同じ時期にアフリカやオーストラリアと南極の間も離れはじめ，1億年前には現在に続くインド洋が南極，アフリカ，オーストラリア，インド・マダガスカルの間に誕生していた．約8000万年前頃になると，インドはマダガスカルから離れて急速に北上を開始する（図7.10 (c), (d)）．以後，インドの北に広がっていたテチス海は閉じていき，反対にインド洋がほぼ南北に拡大していく．この時代の南北拡大の証拠となる東西の地磁気縞異常は，現在のインド洋東部に広く残されている．4000万年前になると，オーストラリアと南極の間の拡大が加速し，インド洋西部では中央インド洋海嶺が北東―南西方向の拡大を開始する．また，おおむねこの頃に，インド亜大陸がユーラシアに衝突をはじめたと考えられる．やがてテチス海はほぼ失われ，現在ではアラビア海に名残をとどめている．インドの衝突はヒマラヤ山脈やチベット高原の隆起を引き起こし，アジアのモンスーン気候を生み出すことになる．

　インド・オーストラリアプレートは，かつてはインド亜大陸をのせたインドプレートとオーストラリア亜大陸をのせたオーストラリアプレートとしてそれぞれ動いていたが，現在のGPS観測の結果では両者の間の相対運動は小さいことがわかり，インド・オーストラリアプレートという1つのプレートとして扱われることが多い．また，両者の境界を現在の海底から特定することもかなり難しいので，MORVELモデルでは，この境界をdiffused boundaryとしている（7.1節3））．

7.3　残された問題

　プレートテクトニクスは，地球表層の構造と現象を理解する上で非常に優れたパラダイムである．プレートテクトニクスの考え方が提唱されてから約

50年がたつが，現在でも地球科学の多岐にわたる分野でこのパラダイムはよく機能しているといえる．しかしながら，プレートテクトニクスは万能というわけではない．以下に，残された問題として代表的な2つを取り上げる．

1) なぜプレートテクトニクスなのか

20世紀初頭に大陸移動説を唱えたウェゲナーに対し，当時の地球物理学者の多くは「大陸を動かすような原動力があるものか」と反論したらしい．60年代に登場したプレートテクトニクスにおいても，基本となるのはプレート運動論（kinematics）であって，力学（dynamics）ではない．どのようにプレートが動いているかはわかるが，プレートがなぜ動くのか，という原動力についてはまだわからないことが多いのである．

Forsyth and Uyeda（1975）は，単純であるが卓抜な発想でこの問題を論じた．彼らはまず代表的なプレートそれぞれについて，全面積，大陸の面積，周囲の海溝の長さ，海嶺の長さ，トランスフォーム断層の長さを計測した．そして，これらのパラメターとプレートの絶対運動速度に相関があるかどうかを調べた．その結果，海溝の長さがプレート絶対速度と明らかな正の相関を示したのである．つまり，海溝部が多いプレートは速く動いているということだ．彼らは，このことを説明できるようにプレートに働くさまざまな力の相対的な大小を決定し，スラブに働く負の浮力がその他の力に比べて1桁大きく，プレート運動速度を規制しているのだと結論付けた．負の浮力とは，スラブが周囲のマントルよりも低温で高密度のため，いわゆる浮力とは反対に沈んでいこうとする力である．

スラブに働く負の浮力がプレート運動を支配しているということは，現在のプレート運動の様子からも直感的に理解しやすいことである．たとえば，周囲に海溝のない南極プレートやユーラシアプレートは絶対運動は非常に小さく，かなりの部分を海溝に縁取られた太平洋は絶対運動が大きい．一方で，両側に海溝のない大西洋の拡大速度は太平洋に比べて遅い．Linthgow-Bertelloni と Richards（1995）の全球的なプレート運動のシミュレーションも，スラブに働く負の浮力によって，現在のプレート絶対運動がよく再現できることを示している．

しかしながら，これらの研究が示しているのは「プレート運動速度の大小にはスラブが効いている」ということであって，そもそも地球の表層がなぜプレートに分かれて相対運動をしているのかという根本的な疑問に答えているとはいえない．第2章で述べたように，プレートとはマントルが表層で冷やされてできる熱境界層である．マントル最上部に生じたこの熱境界層は冷たく重力的に不安定になるので，下降して対流が生じる．これが地球におけるマントル対流とプレートテクトニクスの姿である．プレートテクトニクスは惑星内部の対流の1つの（かなり特殊な）タイプであって，対流の最上部に冷えて粘性の高くなった硬い層ができて，その層が沈み込み帯で地球深部に下降するというシステムと考えられる．ところが，太陽系のほかの惑星では，同じように表層が冷やされているのにもかかわらず，プレートテクトニクスが支配している世界は見付かっていない．ほかの惑星では，冷やされた表面はきわめて硬くて変形せず，沈み込むスラブのような構造が作られないようである．どうして地球だけが，「プレートは硬いけれど，沈み込み帯で曲げられるくらいは柔らかい」という条件になっているのか．海洋の存在がその鍵を握っているという説も有力だが，まだよくわかっていない．

2）非定常的な運動：沈み込みの開始

　通常のプレートテクトニクスの枠組みでは，プレートに働くそれぞれの力はつりあっていてプレートは等速度運動をしていると考える．もちろん，地球史においてプレートが過去から現在までまったく同じ速度で運動していたわけではない．海底の地磁気縞異常やホットスポット軌跡は，プレート運動の速さや方向が変化してきたことをはっきりと示している．しかし，過去のプレート運動を記述する際には，期間（時代）を少しずつ区切り，各期間のオイラー極とオイラー極周りの回転変位を示すのが通例である．実際には加速や減速も起こっているはずであるが，加速度を論ずることは難しく，期間ごとの運動を記載するにとどまっているのである．

　プレートテクトニクスは現在の定常的なプレート運動をよく説明しているが，その状態がどのように開始したかについては，ほとんど扱えずにいた．代表的な問題として，沈み込みの開始（subduction initiation）問題が挙げ

られる．沈み込みの開始は一時的な現象であるが，プレートテクトニクスのサイクルにおいては非常に重要である．プレートの沈み込みが可能となっているのは，年代を経て冷却した海洋リソスフェアの密度が周囲のアセノスフェアより高いためであると基本的には理解されている．そしてひとたび沈み込んだスラブが深さ90 km付近まで達すると，相変化によりさらに高密度になり沈み込みは維持される．しかし，沈み込みがどのように開始するかについては未解明の部分が多い．

　沈み込み開始のモデルとしては，「自発的（spontaneous）」な開始と「誘発的な（induced）」な開始の2つが提案されている（図7.12；Stern, 2004など）．自発的な開始とは，年齢が古く冷たく重くなったプレートが重力的に不安定になり，アセノスフェアに自発的に沈み込むというモデルである．このモデルの肝要な点は，沈み込みの開始時にはプレート収束境界を必要としないところである．沈み込みが進行していくある時点で，スラブに働く負の浮力がプレート全体を沈み込み帯に向かって引っ張りはじめ，プレート収束境界が生じると考える．海洋プレートは年齢とともに強度も増すと考えられるので，自発的な開始が起こるには，なんらかのリソスフェアの弱線が必要である．一般的には大陸縁辺域や断裂帯などがその場所として想定される．しかし，新生代において大陸縁辺が収束型プレート境界に転じた例はない．大西洋の両側で見られる最も古い海底の年代は170 Maで十分古いが，沈み込みが開始して大西洋が閉じていく時代に入る兆しはない．数値モデリングによると，自発的な沈み込みの開始はかなり困難であるとされているが

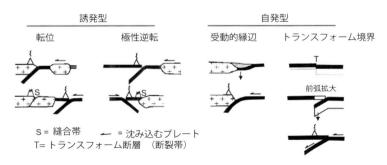

図7.12　沈み込みの開始モデル（Stern, 2004を改変）

(Gurnis et al., 2004)．少なくとも地球史においてプレートテクトニクスがはじまった時点では，自発的に沈み込みが開始したはずである．Sternらは，始新世の西太平洋において，トランスフォーム断層と海底拡大軸の交点から自発的な沈み込み開始があったのではないかと提案している．

　誘発的な開始とは，沈み込み帯が形成される以前にすでにプレート同士が収束する方向に運動している場合を想定している．最も単純なケースとしては，既存のプレート収束帯に大陸塊などの浮揚性の地殻が衝突して，そこで沈み込みができなくなる例がある．この場合，沈み込めなかった大陸塊は上盤側プレートの一部となり，かつての収束境界は縫合帯（suture zone）として上盤側に残される．一方，衝突の起こらなかった周囲の部分では，沈み込みが継続しているので，大陸塊の外側で破壊が起こり，新たな沈み込みが誘発されるのである．カロリン海嶺がヤップ海溝に衝突している場所では，太平洋プレートの下にカロリンプレートが10 km程度沈み込みを開始しているとの報告がある（Hegarty et al., 1983）．また，インド亜大陸がユーラシアプレートに衝突している南では，明らかな沈み込みの開始は起こっていないが，プレート内地震の活動があり，やがて新しい沈み込み帯が形成される可能性がある．衝突が起こって沈み込みが阻害された場合，新たな沈み込み帯が上盤側に形成されることもある．このよい例としては，ソロモン弧が挙げられる．ここでは，沈み込む太平洋上にあったオントンジャワ海台がヴィチャージ海溝に達して衝突が起こり，新たな沈み込み帯がソロモン島弧の南のオーストラリアプレート側に形成され，プレート沈み込みの向きが逆転したと考えられている．このほか，日本海東縁やニュージーランド南方のマッカリー海嶺付近は，現在沈み込み開始段階にあたるのではないかと考えられ研究が進んでいる．日本海の東縁は収束型プレート境界で，逆断層型の大地震や圧縮場を示す地質構造が見られるが，明らかな沈み込みは開始しておらず，海溝もない．

　現在の地球上で沈み込み開始を観測できる場は非常に少ない．一方，数値モデリングはこの問題を解決する上で必須であるが，プレートの強度などの物性を現実的に設定することがしばしば難しい．沈み込みの開始の問題は，そもそもこの地球上でいつプレートテクトニクスがはじまったのか，どうし

て地球のマントル対流はプレートテクトニクスの形をとるのか，という根源的な問いに直結している．プレートテクトニクスは地球表層の構造や現象を理解する上で現在でも非常に有効な枠組みであるが，地球内部のダイナミクスや地球史の全体像を理解するにはプレートテクトニクスをさらに深めた枠組みが必要であり，海洋底の科学をさらに深めていかなければならない．

付録　海洋底観測方法

A1　海で位置をはかる―測位技術

　海底の調査をするにあたって，測器の位置を正確に知ることは測定そのものと同じくらい重要なことである．現在では衛星航法（Global Navigation Satellite System, GNSS）を利用して，研究船の位置はさほど苦労なく知ることができる．衛星航法とは，複数の人工衛星から送信される航法信号を受信して自己の位置や進路を知る方式である．海洋観測に衛星航法が用いられるようになったのは1990年代の半ば頃，それ以前は電波航法が主体であった．電波航法では，各地の沿岸に設けられた電波灯台からの電波を受信して，自船の位置を決める．電波航法の代表であるLoran Cの絶対位置精度は約500 mとされ，実際には受信状況によって数十m～数百m程度の誤差があった（つまり，古い論文の遠洋での試料採取点は過度に信用してはいけない）．その後米国が運用する汎地球的な衛星航法システムGPS（Global Positioning System）が導入され，さらに大気遅延などの補正情報を船舶で受信してより正確な位置を決めるDGPS（Differential GPS）が広く使われるようになり，現在では測位精度1-2 mが実現している．この精度をさらに向上させるには，補正量として搬送波位相データを用いたキネマティック測位と呼ばれる手法が必要となる．当初キネマティック測位は時間もかかり技術的にも実際の観測で使うことが難しかったが，近年では実時間で高精度に移動体の位置を決める（RTK, Real-Time Kinematic）測位が可能になり，係留観測ブイの測位や海底地殻変動観測（7.1節6）参照）においては必須の技術となっている．また，米国GPS以外にもロシアや欧州連合，中国などで独自の衛星システムの構築が進んでいる．

　一方，海中での測位，特に移動体測位には陸上とは異なる困難が待ち受けている．海中では電磁波はすぐに減衰してしまうため，距離をはかるためには音波を使うしかない．海底に設置する地震計や磁力計（A10参照）には，通常はトランスポンダーと呼ばれる装置を付ける．これは，船など親局から発信された音響信号に応答するもので，親局との相対的な位置を測定する．海底設置型機器の場合は，設置点の周辺を船が周回して測定を繰り返し，測位精度を高める．地殻変動観測においては，条件がそろえば10 cm以内の精度が得られる．

　潜水船や海中ロボットのような移動体の場合は，繰り返し測定ができないため，測位はより深刻な問題である．有人潜水船の場合は，速度が遅く移動が不規則であることが多いので，音響測位が主体である．特定の海域で集中して観測を行う場合は，観測海域の海底に基地局となるトランスポンダーを複数設置し，移動体はその中を移動して海底基地局との間で送受信を行って相対位置を決める方法がとられる．これは基線（基地局間の距離）が一般に50 m～数kmと長いので，LBL（Long Base Line）方式と呼ばれる．音響測位

の精度はおおむね通信距離に比例するので，海底基地局を置く方法は母船を基地局とするよりもよい精度で測位ができる．一方，基地局の設置・回収に時間・労力・費用がかかるという欠点がある．海底基地局を置かない場合は，基線が短い SBL, SSBL（Super Short Base Line）方式がとられる．これは，母船の船底や探査機に送受波器を複数並べる（アレイ）方式で，受波器の間隔がそれぞれ 10-50 m（SBL），数十 cm（SSBL）である．日本の有人・無人の探査機は通常は SSBL を利用しており，精度は母船—移動体間の距離のおおむね 0.5% である．最近ではインターフェロメトリー（干渉）を利用した，より高精度の音響測位法の開発も進んでいる．航行型海中ロボットのように，比較的速い速度で規則的に移動する場合は，SSBL による音響測位と慣性航法を組みあわせて利用するのが主流である．慣性航法とは，GPS などで初期位置を得たあと，移動体の加速度や速度を連続して測定し，軌跡をたどることで位置を決める方式である．慣性航法では，よいジャイロスコープや加速度計を搭載していると，SSBL に比べて高精度かつ高密度で位置情報を得ることができる．しかしながら，航路の途中で生じたエラーが累積してしまうので，初期位置を与えてからの経過時間が延びるにつれて誤差が拡大していく傾向がある．

A2　地形をはかる—マルチビーム測深機とサイドスキャンソナー

　マルチビーム音響測深機では，指向性を絞った音響ビームを複数合成することにより，広範囲にわたる多数のデータを一度に得ることができる．まず，送波器を複数並べることにより指向性のある音響ビームを発信する．1つの音源から発信された波は等方的に広がってしまうが，音源が2つになると，それぞれの音源から出た波はお互いに干渉し，2つの音源からの距離の差が発信した波の波長の整数倍になる点で振幅が強くなる．一般の海底調査では海底は音源から十分離れたところにあるので，2つの音源から出た波が干渉した結果の振幅の分布は，音源の並んだ方向に対する角度の関数となる（図 A2.1 (a)）．仮に音源の間隔が使用している波の波長の 1/2 だとすると，音源の並んだ線を垂直 2 等分する方向で振幅が最も強く，音源の並んだ線の延長上では常に波の山と谷が干渉しあって振幅がゼロになる．振幅のパターンは音源の数や間隔によって複雑なものとなるが，数多くの送波器を船首—船尾方向に1直線状に並べる（送波アレイを作る）ことにより，アレイに直交する方向の幅を狭く絞った扇形のビームを合成することができる．アレイが大きくなるほど指向性に優れた幅の狭いビームができるが，そのためには大型船舶の船底に装備しなければならない．小型のアレイであれば，調査の都度船の舷側に固定する可搬型の測深機も可能となる．

　一方，受信する際にも複数の受波器を並べて（受波アレイ）特定の角度からきた波のみを受信するしくみを採用する．図 A2.1 (b) に示すように受波アレイに対して直角に入射してくる波の場合，それぞれの受波器の信号を足しあわせると，海底面からの反射信号が強めあって検知できる．一方，受波アレイに対してある角度をもって入射してきた波は，単に信号を足しあわせると反射信号がずれるので強い信号にはならず，各受波器にある特定の時間差を与えて足しあわせたときに反射信号が強めあう．逆にいえば，この時間差を変化させることによって，任意の角度から入射した波だけを強め検知できる．このようにある角度範囲からくる波のみを検知することを「受波ビームを合成する」という．実際のマルチビーム音響測深機では，送波アレイに直交する方向に受波アレイを固定し，信号処

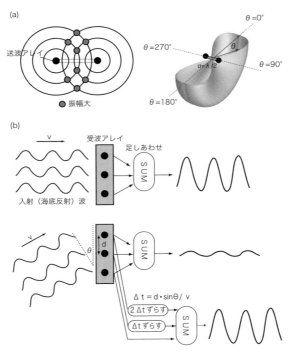

図 A2.1 マルチビーム測深機の (a) 送波ビームの指向性と (b) 受波ビームの偏向の原理

理の段階で複数の時間差に対応した足しあわせを行う．

　こうして送波と受波のビームの重なった狭い範囲の海底と測深機との距離を測ることが可能になり，測深点の位置とその場所の水深が得られる．また，1回の発信に対して複数の水深値を得ることができるため，海底地形を面的に調査することが可能となり調査効率が飛躍的に向上する．船の進行に従って帯状にデータがとれることから，このような測深をスワス測深（swath,「芝刈り」の意．海底面を芝刈りするように面的に測るので）と呼び，実際にデータが得られる幅をスワス幅（swath width）と呼ぶ．スワス幅は通常は図 A2.1 (b) に示す角度 θ で表し，実際に測深できる幅（距離）は水深に依存する．送波ビームと受波ビームが重なった部分はフットプリントと呼ばれ，これが1本のビームに対する海底での照射面にあたる．1980 年代のマルチビーム測深機では，上述したような指向特性のみからビームを形成する方式（ミルズクロス法）のみが使われていたが，近年ではさらにビーム間の干渉の度合いを解析することにより精密に海底反射波のくる方向を計測する方式（インターフェロメトリー法）が組みあわされ，特に傾斜角の大きな外側のビームの測深精度が向上している．現在の中深海・深海用の測深機では，スワス幅は 120° から 150°，受波ビームの間隔は 1°，フットプリントが 2°×2°〜1°×1°のものが主流であ

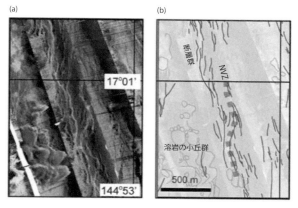

図 A2.2 マリアナトラフ拡大軸部における (a) 海底音響画像と (b) 表層地質構造の解釈 (Asada *et al.*, 2007 を改変)
 NVZ (neo volcanic zone):海底拡大軸で最も新しい火成活動の起こっている場所.

る.たとえば水深 3000 m の海底をフットプリント 1°×1°,スワス幅 120° の測深機で測った場合,海底面でのフットプリントの大きさは船の直下でおおむね 50 m,スワスの外側で 100 m 程度となる.受波ビームを等角度間隔とすると,スワスの外側では取得データの間隔が広くなる.最近では,取得データが海底面でほぼ等間隔に並ぶようにするシステムも増えてきた.

 ビーム幅を狭くするほど海底地形の詳細な姿が得られることが期待されるが,一方で船が動揺した場合にはビーム幅が狭いほど大きな影響を受ける.したがって,単に指向性を向上させるだけではなく,船の動揺の情報を正確に計測し,かつリアルタイムで信号処理に取り入れることが高精度のデータを得るために必要である.研究船に装備されたマルチビーム音響測深機の多くは,船の運航用の GPS とは独立した専用 GPS システムを同時に備えている.これは,複数の GPS アンテナを用いて,船の位置だけでなく動揺を計測するためである.

 測深の原理は送信してから受信するまでの時間差を測り距離に置き換えるということだが,同じように音波を出して海底から散乱して戻ってくる波の強さを測る観測もある.散乱の強度は,底質(泥か溶岩か)や海底の微地形(海底面が音源に対してどちらを向いているか)によって異なり,強度分布を地図上に並べると白黒写真のような海底の音響画像ができあがる(図 A2.2).このような観測に特化した機器がサイドスキャンソナーである.いわゆる測深に比べると水深の絶対値を知ることは難しいが,受信時にビームを合成せずに時系列の連続記録をとるので微細な地形変化を知ることができ,さらに堆積物の有無,地質情報などを得ることができる.サイドスキャンソナーは,船舶や深海探査機の船底に取り付ける以外に,母船から曳航する場合もある.最近では,マルチビーム探査機が測深値のほかにサイドスキャンソナー記録も同時に収録する機能をもつことも多い.

図 A3.1 (a) 曳航式プロトン磁力計．白色の部分にセンサーコイルが収納されている．(b)「うらしま」に搭載した3成分磁力計．手前と奥の筒のなかにフラックスゲート磁力計が，真ん中の筒のなかにデータ記録装置，システム制御装置が収納されている．

A3 地磁気をはかる—磁力計

　地球磁場の全磁力観測で現在も広く利用されているプロトン磁力計は，1940年代に開発された水素原子核の核磁気共鳴を利用した磁力計である．プロトン磁力計の精度を向上させたオーバーハウザー磁力計，電子スピン共鳴を利用した光ポンピング磁力計などが開発され，徐々にその使用が広がっている．これらの曳航式磁力計は全磁力のみを測定するため，曳航するセンサーの動揺の影響は受けない．光ポンピング磁力計はプロトン磁力計に比べて測定感度，測定間隔の短さ，低消費電力の点で優れている．光ポンピング磁力計は弱い磁場の測定にも適しているため，地球からある程度離れた宇宙空間での人工衛星による磁場観測にも使用されている．この磁力計の難点は測定する磁場とセンサー（ポンピング光軸）の角度によっては，正しく観測できないことがあるところである．

　曳航式プロトン磁力計（図A3.1 (a)）の観測精度は数nT程度である．研究船には多くの鉄材が使用されているため，観測精度を向上させるためにはセンサーを船からできるだけ離した方がよい．船の長さの2倍以上，センサーを離して曳航するとよいとされている．1nT以下の精度にするためには，500m程度研究船から離す必要がある．たとえば，学術研究船「白鳳丸」で使用されている曳航ケーブルの長さは300m程度で，船の長さ（100m）の3倍である．曳航ケーブルには2本の導線が入っていて，電流が流れるようになっている．時速20-30km程度で曳航しても曳航ケーブルが破断しないように，非磁性であるステンレスの網などを巻いている．近年その利用が増えた光ファイバーを使った曳航ケーブルは従来のケーブルに比べて細くて軽量であるため，大きなウィンチ装置は不必要である．

　地球磁場はベクトル量であるため，本来であれば全磁力だけでなく，その方向も測定することが望まれていた．1980年代には，船上で地磁気をベクトル量として測定する機器が開発された（Isezaki, 1986）．磁力計と船の姿勢観測装置からなる．通常フラックスゲート磁力計を3軸方向（船首方向，横方向，船の真下方向）に1台ずつ設置している．フラックスゲート磁力計はパーマロイなど高い透磁率をもつ材料の磁化飽和特性を利用している．この磁力計の利点はコイル軸方向の磁場のみの測定が可能な点であり，欠点は時間経

278 —— 付録　海洋底観測方法

過によるドリフトや温度によって観測結果が異なる点である．観測結果を実際の地球磁場の座標系へ変換するためには，船の姿勢（横揺：ロール，縦揺：ピッチ，船首揺：ヨー）と船首方向の情報が必要である．

船上 3 成分磁力計は船に設置しているため，船がもっている永久磁化と船が移動することによって発生する誘導磁場などの成分の影響を取り除く必要がある．そのために，ある地点で 8 の字を作るように時計回りと反時計回りの 2 回旋回を行う．1 回の 8 の字観測にかかる時間は 20-30 分程度である．鉛直方向の影響を評価するために，異なる緯度でこの観測を行うこともある．船に起因する磁場成分は船の位置や姿勢によって変化するため，船上 3 成分磁力計は地球磁場の相対値を測定するにはよいが，絶対値の観測には数十 nT あるいは 100 nT 以上ずれることがあり，注意が必要である．

地球磁場はポテンシャル場であるため，できるだけ海洋底に近付いて観測した方が，より短い波長成分を観測することができる．1990 年代には船上 3 成分磁力計のシステムをもとに，耐圧容器に納めることができるような小型のシステムが開発された．国内で使用されているシステムでは，1 台のオーバーハウザー磁力計と複数台の 3 軸フラックスゲート磁力計から構成されている．有人潜水船や深海巡航探査機「うらしま」（A9）などに搭載され，海洋底に近付いて観測を行うことが可能になった．この観測の問題点は潜水船の位置と姿勢の決定精度で，これらの情報の精度が観測精度に大きく関わる．中央海嶺の海洋底付近での観測から過去の地球磁場変動や熱水活動域の磁化構造に関する研究に貢献している．

A4　重力をはかる—船上重力計

海域での重力測定は，20 世紀はじめ頃（1920 年代初頭）は，振り子の周期を測定することによって行われていた．この測定には船の動揺の影響を受けない潜水艦を用いた．1930 年には日本海溝において，日本海軍の潜水艦を用いて重力観測が行われた．1960 年代の船上での使用を目的に開発された重力計は，バネの伸縮変化（LaCoste, 1967）や弦の振動周期変化を利用するものであった．研究船では，バネの伸縮変化を利用した重力計が広く使用されている（図 A4.1）．船上重力計は重力値そのものを測定するのではなく，ある地点と別の地点での重力値の差を測定するものである．そのため，重力値の基準となる地点が必要で，通常は港での観測結果を重力値の基準とする．港の重力値は，港から重力値が既知であるところまでの間で陸上観測用の重力計を使って測定を行う．

バネを使った重力計は，時間とともに応答が変化する．船上重力計の場合，2 カ所以上の寄港地における重力値を比較することによってこの影響を補正する．

本文中で説明した通り，船上重力計の観測精度はエトベス補正をいかに正確にするかに関わっている．GNSS 技術向上により，1 mGal 程度の精度が得られるようになった．

船上での重力観測では，船が方向転換（変針）したときに，船の姿勢情報を正しく得られないことがあるため，注意が必要である．そのため，変針後ある程度の時間（たとえば 5 分程度）が経過するまでの観測結果は使用しない場合がある（図 2.23）．

図 A4.1 船上重力計（白鳳丸）
真ん中の吊された部分に重力計本体が収納されている．

A5　地殻構造を調べる—反射法および屈折法地震探査

　地震波を使った構造探査は 1910 年代から行われていたが，現在広く実施されているマルチチャンネル反射法地震探査（後述）が行われるようになったのは 1950 年代である．地震波構造を調べるときに利用する信号は，人工地震と自然地震がある．海域での地震探査において，人工的に地震波を発生させる機器（発振器）としてはエアガン（air-gun, 図 A5.1 (b)），ウォーターガン（water-gun），ダイナマイトなどがある．これらは陸上探査で広く利用されているバイブロサイス（vibroseis）のように，ある程度長い時間幅の信号（地震波）を出すのではなく，パルス状の短い時間の信号を出す．

　発振器のなかで広く利用されているのは，圧縮された高圧空気を発射するエアガンである．エアガンは，高圧空気（10-15 MPa 程度）をエアガン内部（エアチャンバー）にためて，一気にその高圧空気を水中に放出し，その際にできる空気泡の振幅振動が疎密波（圧力波）となって水中や海洋リソスフェア内部に伝わる．エアガンはそのエアチャンバーの容量によって，発振する地震波の強さと周波数が異なる．容量の大きいエアガンから発振される地震波は大きなエネルギーで低周波であり，容量の小さいエアガンから発振される地震波は小さなエネルギーで高周波である．エネルギーが大きい地震波ほどより深部まで到達する．一方，周波数が高い地震波ほど高い分解能で情報を得ることができる．そのため観測対象に応じてどのようなエアガンを使うか決める必要がある．観測によっては，複数の容量が異なるエアガンを組みあわせて，観測に適した地震波を作り出すこともある．

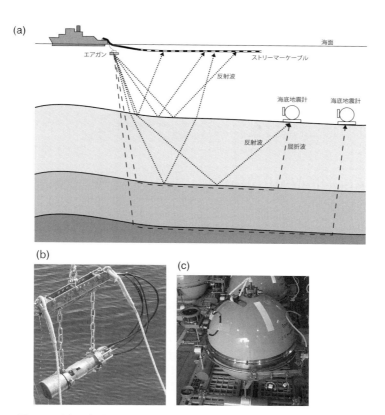

図 A5.1 (a) 反射法および屈折法探査の模式図, (b) エアガン, (c) 海底地震計.

たとえば, 海洋研究開発機構が実施した探査では, 1.6-9.8 L までの容量が異なるエアガンを 32 本組みあわせ, 総容量 128 L のエアガンアレイを使用した. 海上保安庁海洋情報部が実施した延長大陸棚申請のための地震波探査では, 容量が異なる 36 本のエアガンからなる総容量 131.8 L のエアガンアレイを使用していた.

ウォーターガンは, 高圧空気によって水を高速放出する. 水が放出される際にできる空洞の急速な収縮によって生じる引き波が発振源となる. ウォーターガンが発振する信号はエアガンに比べて短く, 高周波 (200 Hz 以上) の信号が強いため, 浅部構造をより高い分解能で見ることが可能である. しかし, 低周波の波の信号強度はエアガンに比べて弱いため, 深部構造探査には向かない. ダイナマイトは, 測線長が 1000 km といった長距離探査で, モホ面や上部マントルの構造を探査するときなどに用いられる. 数百 kg 程度のダイナマイトを使うことが多いが, 1 トン程度のものを使うこともある.

エアガンやウォーターガンでは発振距離間隔を一定にするように, 船速に応じて発振時間間隔を変更する. 発振距離間隔を 50 m にする場合, 船速が 5 ノット (時速 9.26 km)

では発振時間間隔を 19.5 秒にする必要がある．実際の探査では，きりのよい 20 秒を発振時間間隔とすることが多い．

　地震波を受信する機器（受振器）としては，ストリーマーケーブル（streamer cable），海底地震計（ocean bottom seismometer, OBS，図 A5.1 (c)），ソノブイ（sonobuoy）がある．ストリーマーケーブルは，ハイドロフォンアレイを入れた合成樹脂製チューブを連結したものである．ハイドロフォンには圧力を感知するセンサーが用いられ，地殻内を伝播してきた地震波が海底面で変換された水中粗密波（圧縮波：T 波）による水圧変化を観測している．ハイドロフォン間の電気的リークを防ぐために，従来はチューブ内にケロシンなどの水より密度の小さい油が充填されていたが，近年は環境汚染を考慮したゲル状物質を充填したストリーマーケーブル，あるいは S/N 比を高めるためにウレタン樹脂などの固形樹脂でハイドロフォンを固定したソリッドストリーマーケーブルが使用されることが多くなっている．ストリーマーケーブルの海面からの深度を調整する装置（形状が羽を広げた鳥に似ていることから，バード（bird）と呼ばれている）が一定間隔でストリーマーケーブルに取り付けられることがある．この装置には，深度計と方位コンパスが装備されている．深度計の情報にしたがって遠隔操作でストリーマーケーブルの深度を調整することができる．方位コンパスの情報は，潮流によってストリーマーケーブルが船の進行方向と異なる方向に曳航されている場合や，三次元反射法地震探査など，発振器と受振器の位置を正確に復元する必要があるときに使われている．

　ストリーマーケーブルには，1 つのハイドロフォンアレイ（チャンネルと呼ぶ）からなるシングルチャンネルストリーマーケーブルと，複数のハイドロフォンアレイからなるマルチチャンネルストリーマーケーブルがある．反射法地震探査は使用するストリーマーケーブルによって，シングルチャンネル反射法地震探査（single-channel seismic reflection survey, SCS）とマルチチャンネル反射法地震探査（multi-channel seismic reflection survey, MCS）に区別される．マルチチャンネル反射法地震探査の方がより高精度の解析を行うことができ，詳細な地震波構造を明らかにできる．

　シングルチャンネルストリーマーケーブルのケーブル長は数百 m（300 m 程度）である．一方，マルチチャンネルストリーマーケーブルの長さはチャンネル数とチャンネル間隔によって異なり，たとえば，海洋研究開発機構のチャンネル数とチャンネル間隔は，それぞれ 444 と 12.5 m で，全ケーブル長はテールブイなどを含めると約 6 km になる．

　海底に設置する受振器としては，海底地震計（図 A5.1 (c)）が広く用いられている．一般的な海底地震計は，速度型地震センサー，時計，データ収録装置，電池などを収めた直径 40-50 cm 程度の耐圧容器，音響通信用トランスポンダー，フラッシャー，ビーコン，おもりで構成されている．地震センサーは水平方向 2 成分と上下方向 1 成分で地震波を観測できるように配置されている．海底地震計が傾斜地に設置されたときに，地震センサーが水平方向と鉛直方向に正確に向くように，地震センサーにはジンバル機構などを用いた姿勢制御装置が取り付けられている．ハイドロフォンを装備している海底地震計もある．

　数カ月程度までの短期間観測の海底地震計で多く利用されている耐圧容器はガラス製である．自然地震観測など 1 年程度の長期間観測用の耐圧容器はチタン合金製である．トランスポンダーは海底地震計投入時，自己浮上時の地震計の位置を知るとき，おもりを切り離すときなどの音響通信のためのものである．フラッシャーとビーコンは海面に浮上した

ときにそれぞれ光と電波を出す装置であり，海面まで浮上してきた海底地震計を捜索するのに役立つ．

現在の海底地震計は自己浮上で回収するが，その信頼性がまだ低かった 1960 年代から 1970 年代にかけては，電波を使って観測結果を船に送信するソノブイ（sonobuoy）が使用されていた．もともとソノブイは潜水艦の位置を知るためなどに利用されていた．電波発信装置を内挿したブイとその下に取り付けられたハイドロフォンからなる．ソノブイは基本的に使い捨てである．ハイドロフォンで受信した信号を電波によって船に送信し，船からソノブイが 40-50 km 程度離れていても受信可能である．

人工地震探査は受信する信号の種類によって，反射法地震探査と屈折法地震探査に分けられる（図 A5.1 (a)）．反射法地震探査では，通常 1 隻の船で発振器（エアガンあるいはウォーターガン）と受振器（ストリーマーケーブル）を曳航する．石油などの資源探査のための三次元反射法地震探査では，1 隻の船で複数の発振器や受振器を曳航する場合がある．このような場合は，発振器と受振器の位置を正確に知ることが必要であり，ストリーマーケーブルのテールブイに GNSS 機能を搭載したり，ピンガー（一定周期で超音波信号を発信する機器）をエアガンの近くに取り付けたりすることによって，エアガンとストリーマーケーブルの位置関係に関する情報を取得している．

屈折法地震探査では，発振器あるいは受振器のいずれかを移動させながら探査を実施することが多い．たとえば，海底地震計を海底に設置し，船からエアガンなどの発振器を曳航して発振する．また 1 隻の船で発振器を曳航し，もう 1 隻の船で受振器を曳航する二船式屈折法地震探査が行われることもある．屈折法地震探査では深部からの反射波が観測されることがあるが，深部からの反射波を用いる地震探査は，反射波の反射角が広いため広角反射法地震探査と呼ぶ．

掘削孔内に異なる深度に地震計を設置し，エアガンを用いて掘削孔周辺を発振する探査（垂直地震探査法，Vertical Seismic Profiling, VSP）も行われている．鉛直上向き方向と鉛直下向き方向に伝播する地震波を観測することができるため，観測の分解能が向上する．掘削孔内の地震計で記録される地震波の形状は海底に設置した地震計よりノイズが少ないことも，この方法の利点である．

海底における自然地震観測には海底地震計が用いられている．数多くの自然地震を観測するためには，できるだけ長期間海底に海底地震計を設置する必要がある．短周期から長周期までの広帯域の地震波を観測するために，広帯域地震センサーを搭載している海底地震計は広帯域地震計（broad-band OBS, BBOBS）と呼ばれる（図 A5.1 (c)）．自然地震観測結果からトモグラフィー技術を使って地殻深部からマントルまでの三次元地震波速度構造を明らかにする研究も行われている（地震波トモグラフィー）．

A6　熱流量をはかる—熱流量計

海洋底における地殻熱流量の測定は 1950 年代から始まった．熱流量は地温勾配と熱伝導率の積で算出する．そのため，観測ではその地点の地温勾配と岩石試料の熱伝導率の両方を測定する必要がある．海洋底に用いる熱流量計は，複数の温度センサーを取り付けた金属製のパイプ（槍）を海洋底に突き刺すことで測定を行う．狭い海域で熱流量計を海中に吊したまま，船を移動させて測定を繰り返す方式を pogo 方式と呼ぶ．

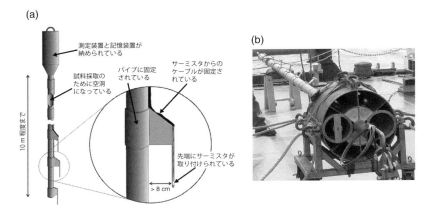

図 A6.1 ユーイングタイプの熱流量計の (a) 模式図 (Beardsmore and Cull, 2001) と (b) 写真
パイプから出ているところに温度センサーが付いている．堆積物に刺さりやすいように，センサーの位置をらせん状にずらしている．

ブラードタイプ (Bullard-type)	外径数 cm，長さ数 m の内部に複数の温度センサーを取り付けたパイプと記録装置などを納めた耐圧容器から構成されている．耐圧容器は，パイプが堆積物に突き刺さるときのおもりの役割も果たしている．熱伝導率を測定するための堆積物は別にピストンコアラーなどで採取する．このタイプの槍は海底に刺さりやすいが，曲がりやすい．
ユーイングタイプ (Ewing-type)	ピストンコアラーのような大きさのパイプの外側に，突き出したように温度センサーを取り付けたもの．測定と同時に堆積物が得られるため，ブラードタイプより作業時間の短縮が可能である．また，センサーが納められているパイプの径が数 mm でブラードタイプより細いため，機器を突き刺したときの温度擾乱の影響を受ける時間は短い．パイプが突き刺さるときに，温度センサー部分によって大きな抵抗が生じないように，温度センサー部分をらせん状に配置している．
リスタータイプ (Lister-type)	パイプにバイオリンの弓のような直径 1 cm 程度の管を付けて，その管内に複数の温度センサーを一定間隔 (5 cm 間隔程度) あけて取り付ける．また，1 m 程度の間隔をあけて加熱用ヒーター線を取り付ける．観測部の形状がバイオリンの弓に似ていることから，バイオリンボータイプ (violin bow type) と呼ぶこともある．ヒーターによって堆積物を加熱し，加熱による温度変化を測定することによって熱伝導率を算出する．堆積物を採取する必要がないことが利点である．

　熱流量を求めるために必要な温度分解能は 0.002°C 程度である．地殻熱流量計は測定方法によって以下の 3 つのタイプに分類される．国内ではユーイングタイプが多く利用されている (図 A6.1)．

熱水活動域や冷湧水域において，潜水船やROVによる温度測定のために，ブラードタイプの小型タイプのものも開発されている．小型化されたブラードタイプの熱流量計はマニピュレーターの力で海底に突き刺すため，おもりの役割を果たす部分は付いていない．

　センサーが堆積物に刺さった直後は，堆積物の圧縮や摩擦熱の発生等によって，温度構造が平衡状態から乱されるため，しばらくしてからの観測結果を使用する．ブラードタイプの槍の径はほかのタイプに比べて大きいため，平衡状態になっていない状態で観測を行うことがある．この場合は，ブラード補正式を用いて平衡状態で測定したと仮定し，本来の温度変化をもとめる．

　ピストンコアラーなどで得られた堆積物の熱伝導率は，乾燥などの影響をできるだけ避けるため，採取後早い時期に行う必要がある．海底堆積物の熱伝導率の測定に一般的に用いられる方法はニードルプローブ法で，温度センサーと加熱用ヒーター線を封入した細い針を堆積物に刺し込み，数分間連続加熱したときの堆積物中の温度変化を測定する．

　熱流量計の槍の長さは10 m前後であることが多く，より深部の温度勾配を知るためには，掘削孔を利用した測定を行わなくてはならない．掘削によって掘削孔付近の温度場は大きく変化するため，掘削直後の測定結果は平衡状態のものではないことが多く，本来の平衡状態のもとで温度測定をすることが容易でない．南海トラフ付近の掘削孔では，数年単位の長い期間にわたって温度測定をすることも行われている．

A7　深海底からの岩石採取

　海底から岩石試料を採取する方法としてすぐ思いつく方法は，掘削や有人あるいは無人潜水船による潜航調査である．しかし，これらの方法は，高額な費用がかかること，岩石採取範囲が狭いなどの欠点がある．そのため，新たな海域で研究を始めるときなどには，これらの方法による岩石採取は効率的ではない．以下に紹介するドレッジやピストンコアを用いて岩石を採取する方が賢明であることが多い．

　海洋底表面付近の未固結の堆積物を採取する方法としては，ピストンコアやボックスコアがある．ボックスコアは一辺の長さが数十cmの金属の箱を用いて，海洋底表面付近の堆積物をできるだけ乱さず採取することができる．数mから10 m程度までの堆積物を連続的に採取するためには，ピストンコアが用いられる．国内では長いものは20 m程度のものが使われている．ピストンコアに用いられるパイプは，堆積物の磁気的性質を乱さないために，非磁性の金属（ステンレスやアルミ）が多い．パイプの中には，パイプの内径よりわずかに小さいピストンが先端に入れられていて，O-リングでパイプと密着している．

　ピストンコアの採取原理を図A7.1 (a) に示す．海底直前までピストン本体はパイロットコアラーと天秤で釣り合いが取れている．パイロットコアラーが着底するより少し上で，パイプの姿勢をなるべく垂直にするために一度停止させる．しばらくののち，ワイヤーを繰り出し，パイロットコアラーを海底に突き刺す．すると天秤の釣り合いが崩れ，本体のパイプと天秤を繋いでいるトリガーフックが取れてパイプが自由落下し，海底に突き刺さる．パイプは海底面下にめり込むが，ピストンは海底面にとどまったままである．そのため，パイプの中は注射器と同じような状況になり，パイプの中に堆積物が入っていく．上がってきたパイプは，作業しやすい長さに切った後，油圧を使った押し出し機などで取り出す．取り出し試料は長さ方向に半割して，一方を保存用（アーカイブハーフ，archive

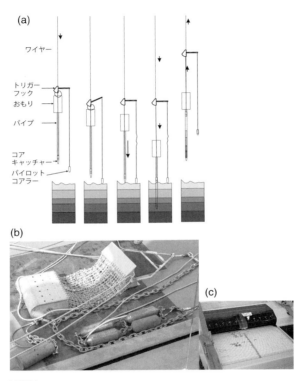

図 A7.1 試料採取
(a) ピストンコアの原理（Mulder *et al.*, 2011 を改変）．(b) ドレッジシステム．奥の鉄製の容器がドレッジ本体，手前の金属の塊はおもり．(c) 張力計の記録計．

half），もう一方を作業用（ワーキングハーフ，working half）にすることが多い．掘削試料の場合もこの分割方法が用いられている．

　ドレッジによる岩石採取は，底引き網漁法と基本的なところは同じである．ドレッジは金属製のバケツのようなものを使用する（図 A7.1 (b)）．1860 年代に行われた HMS チャレンジャー号の航海において，海洋底から生物学的・地質学的試料を採取するためにドレッジはすでに用いられていた．基本的なしくみは 1 世紀以上ほとんど変わっていない．ドレッジの重さだけでは，すぐに海底面から離れてしまうために，おもりをつける．水深以上にワイヤーを繰り出すので，その位置を正確に決めることが容易でないため，ピンガーや SSBL 方式のトランスポンダーを併用することがある．ウィンチワイヤーが破断すると船上で大きな事故が起こることがあるため，ドレッジとウィンチワイヤーを繋ぐワイヤー（ヒューズワイヤー）はある程度の張力がかかると切れる強度にしている．ヒューズワイヤーが切れてもドレッジを回収することができるように，ドレッジとウィンチワイヤーは

ヒューズワイヤーより長く強度のあるワイヤー（ライフワイヤー）で繋いでいる．ライフワイヤーは，ヒューズワイヤーが切れたときに，ドレッジの姿勢が変わって，引っかかりが外れるように繋いである．

ドレッジは，はじめに急斜面の麓付近の海底面に着底させる．着底したかどうかは，ウィンチワイヤーに働く張力から判断する．その後，ドレッジが斜面を駆け上がるように，ウィンチワイヤーを巻き上げるか，船を低速で移動させる．ドレッジが岩石を採取したかの判断は，ワイヤーの張力の変化を見る（図 A7.1 (c)）．張力が徐々に増加した後，急激に減少するが，この判断にはある程度の経験が必要である．

A8 海底掘削と孔内計測

掘削技術

深海掘削は岩相に応じてさまざまな掘削方法を用いている．海底表面付近の未固結堆積物のように柔らかい堆積物の場合は，高い水圧でコアバレルを打ち出す APC（advanced piston core）という方法が用いられる（地球深部探査船「ちきゅう」では水圧式ピストンコア採取システム（hydraulic piston coring system, HPCS）と呼ぶ）．その先端は，ナイフのように鋭く尖っている．この方法では採取される岩石試料は乱されにくい．回収率は 90％以上で，100％に近いことも多い．堆積物が硬くなり，APC が使えなくなると XCB（extended core barrel）を用いる（「ちきゅう」では伸縮式コア採取システム（extended shoe coring system, ESCS）と呼ぶ）．この方法は，ドリルパイプを回転させることで掘り進み，岩石試料を採取する．堆積物がさらに硬くなった場合や，火成岩を掘削する場合は，回転式掘削コア採取システム（rotary core barrel, RCB）を用いる．APC や XCB と RCB の間での一番の違いは，先端のドリルビットである（図 A8.1）．APC や XCB では試料採取した後にその周囲を掘削し深く進むが，RCB では周囲を掘削したあと中心部分に残った岩石を回収する．そのため，RCB で掘削された岩石試料は短く砕けていることが多い．

JR（Joides Resolution 号）の場合，掘削パイプ1本の長さは9m程度である．掘削後

図 A8.1 「ちきゅう」で使われているドリルビット
左：APC と XCB 用．右：RCB 用．

回収されたパイプは，船内作業が行いやすいように1.5 m ごとに切り分けられる．切り分けられたパイプは，保存用試料（アーカイブハーフ）と船上作業用試料（ワーキングハーフ）に半割される．
　「ちきゅう」では，ライザー技術を使ってより深部から岩石試料を採取することが可能である．ライザー技術は石油掘削で広く使われている技術であり，孔内に泥水を循環させることによって孔内壁が崩れないように孔内圧力をある一定の強さに保つ．掘削後は孔内壁を安定に保つために，孔内に丈夫な鋼管（ケーシングパイプ）を入れ，掘削孔とケーシングパイプはセメントで固める．
　深海掘削作業においては，ドリルビットの交換にも時間がかかる．ドリルビットは掘削を続けると，次第に掘削能力が低下するため，掘削途中での交換が必要になる．水深3000 m の場合，海底面まで掘削装置を下ろすのに必要な長さ9 m のドリルパイプは単純計算で333本である．ドリルビットを交換するためにはすべてのドリルパイプを船上に引き上げる必要があり，相当の時間がかかる．深部掘削において解決しなければならない大きな問題の1つは，ドリルビットの交換の回数をいかに減らすかである．

孔内計測

　深海掘削では単に岩石試料を採取するだけでなく，掘削孔内にワイヤーで観測機器を吊り降ろしてさまざまな情報を測定することがある．これを孔内検層（borehole logging）と呼び，観測する内容から物理検層や化学検層などに分類されている．物理検層では，地震波速度，密度，空隙率，温度，帯磁率などを測定する．FMS（formation microscanner）装置は，地層の比抵抗を高密度に測定することによって，孔内壁の画像化を行うことができ，岩相，微細な亀裂や堆積構造を明らかにできる．FMS 検層の結果から，掘削試料の水平方向の方位を決めたり，掘削試料の残留磁化の偏角を推定することができる場合がある．化学検層では，さまざまな元素（アルミニウム，ケイ素，鉄，硫黄，カルシウム，カリウム，トリウム，ウラニウムなど）の含有量を計測している．国際深海科学掘削計画（IODP）では，岩石学的および岩石物性的情報（密度，空隙率，比抵抗，ガンマ線量）を1回の孔内計測で同時に測定するシステム（triple combo tool）がよく使われている．
　検層装置を装備した掘削装置を使って掘削しながら検層を行う方法を掘削同時検層（logging-while-drilling, LWD）と呼ぶ．この方法では，掘削している直上で，密度，空隙率，比抵抗，ガンマ線量等の測定を行うことが可能である．大きな利点は孔内壁の崩れ，間隙水の出水などによって孔内の状態が悪くなる前に孔内検層を実施できることである．2011年東北地方太平洋沖地震から1年後に日本海溝陸側斜面の震源域において「ちきゅう」により実施された深海掘削のときにLDWが実施された．LWDと掘削試料に関する研究から，プレート境界断層の厚さは5 m 以下であることが判明した．
　上記の孔内検層は，基本的には短時間の測定である．日本近海の掘削孔には，長期観測を目的とした地震計や温度計が設置されているところもある．南海トラフや蛇紋岩泥火山（南チャモロ海山；第5章）などの掘削孔には，孔内周辺の流体の挙動を長期間観測するシステム（CORK, circulation obviation retrofit kit）あるいはその改良版（Advanced CORK, ACORK）が設置されている．設置後はROVなどを使って，データの回収や機器

のメンテナンスを行っている．

A9　何に乗る？―プラットフォーム技術

　海洋底の観測で主役となるのは観測船である．観測船は，目的とする観測の種類や対象海域にあうように特殊な仕様がほどこされている．まず，観測をするにあたって，環境が（いろいろな意味で）静穏・安定でなければならない．たとえば揺れという面に着目すると，中型〜大型船では船体に動揺を抑える機構がそなえられていることが多く，また船の動揺がウィンチを通じて観測機器に伝わらないようにヒーブコンペンセイターという機構をウィンチに装備することも行われている．音響的に静穏であること，低速でも安定して航行できることもまた重要な要素である．このために観測船ではしばしば電気推進が取り入れられている．これは，燃料を燃やして得たエネルギーで直接プロペラを回すのではなく，いったん発電して電気の力でプロペラを回して船を動かすシステムである．電気推進では，速度の変更もなめらかにできる．近年の観測では，定点保持やごく低速での観測機器の曳航などのニーズが高い．実際の現場では，船は風や潮に押されるので，一定の場所にとどまったり，非常にゆっくりと一定方向に進む，といったことが実は大変難しい．このような困難を解決するために，アジマススラスターと呼ばれる水平方向に360°回転できるプロペラを装備する観測船も増えてきた．アジマススラスターなどを駆使して指定の位置を保つことをダイナミックポジショニングと呼ぶ．

　船による観測の歴史は長いが，近年急速に発展し，海底観測を担うようになったのが深海まで潜るプラットフォームである．現在主に利用されている深海探査プラットフォームとしては，HOV（human occupied vehicle，有人潜水船），ROV（remotely operating vehicle，無人遠隔探査機），AUV（autonomous underwater vehicle，自律型海中探査機）

図 A9.1　（a）学術研究船「白鳳丸」，（b）ROV「ハイパードルフィン」，（c）AUV「うらしま」，（d）有人潜水調査船「しんかい6500」（写真協力：JAMSTEC）

がある（図 A9.1）．

　HOV の利点は，なんといっても肉眼観察ができることにつきる．人間の目と脳はきわめて優れた観測機器であり，各種センサーでは代替できない．一方，HOV は有人であるが故にきわめてコストが高く，安全基準も高く設定されるので運用できない海域もかなりある．移動速度も遅く（徒歩なみ），視野も限定されるので，実際に観察できる範囲も限定的である．現在世界で定常運用されている科学目的の HOV は米国の Alvin，仏国の Nautile，日本の「しんかい 6500」など数少なく，深海探査の主流は後述の無人機に移りつつある．しかしながら，研究者が実際に現場に行くことで得られる興奮と経験も，数値的に測ることはできないが決して軽視できない要素である．2012 年には中国が HOV 蛟竜を開発し，7000 m まで潜水したことが話題になった．日本でも，海洋研究開発機構が超深海まで達する「しんかい 12000」の計画を先頃発表した．

　無人機のうち，母船とケーブルでつながっていて探査を行うものを一般に ROV と呼ぶ．ROV の利点は，母船から電力が供給できるため力仕事ができることで，観測機器の設置や接続などの作業で特に活躍している．母船との間のデータ伝送もリアルタイムでできるため，運航担当者は母船の大きなスクリーンで海底画像を見て操作することができる．また，HOV と違って複数の研究者が同時に観察できることも研究上の利点である．欠点は，ケーブルがあるために行動範囲が限られることである．日本では，「ハイパードルフィン」（3000 m 級）や「かいこう 7000II」（7000 m 級）が活躍している．

　近年飛躍的に改良され活躍の範囲が広がっているのが AUV である．母船とは独立した自律システムであるので，より自由度の高い観測が可能である．事前に設定したプログラムで海中観測を行うが，音響通信で母船から指令を出すことも可能である．現在実績のある AUV の多くは航行型で，基本的に停止せず安定して航走するタイプの調査に利用されている．音響機器や物理・化学センサーなどを搭載し，深海底での高分解能マッピングが行われるようになった．日本では，海洋研究開発機構の「うらしま」や東京大学生産技術研究所の「AE2000f」などが熱水系の探査などで成果を挙げている．最近では，ホバリング型の AUV も実用化され，より海底に接近して映像を撮影したり，岩石や生物のサンプリングを行うことが可能になってきた．浅海では商用の AUV が産業面でも活躍しており，今後はおそらく比較的小型安価で特定の機能に特化した多様な AUV が観測を担うことになるだろう．複数台の AUV の連携運用などの課題を越えて，ますます進展が期待できるプラットフォーム技術である．

A10　海底設置型観測

　海底で長期間の連続観測を行うためには，海底に観測機器を設置する必要がある．代表的なものは A5 で紹介した海底地震計（ocean bottom seismometer, OBS）である．人工震源を用いた探査のように数日もしくは 1 航海で設置・回収を行う場合もあるが，自然地震の観測のために海底に年間を通じて設置する場合もある．また，地震計とあわせて傾斜計，圧力計（津波計）などの観測も行われている．これらの海底設置型機器では，通常はガラス・チタン・セラミックなどで作られた耐圧球のなかにセンサーや記録計や電池が配置され，設置回収時に母船と音響通信をするトランスポンダーが付属している．海底面に直接設置することが大半であるが，海底掘削孔を利用してより高品質のデータを得る試み

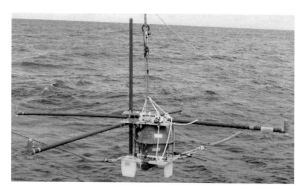

図 A10.1　海底電位差磁力計

も成果を挙げている．海底設置機器の場合，耐圧性能や記録容量の制約，設置技術などに加え，大きな課題は電力供給である．低温で安定して長時間使える電池の開発が進むほか，海底ケーブルから電力を得ることによって長期連続観測網を展開している場所もある．海底ケーブルは，沿岸部で新たに光ケーブルを敷設する場合もあるが，使用中止になった商用海底電線を再利用することもよく行われている．

地震観測と並んで精力的に行われているのは電磁気学的な観測である．長期設置型の海底磁力計（ocean bottom magnetometer, OBM）は海底における地磁気定点観測をめざし，陸上の地磁気観測所と連携して地球磁場の精密な決定と磁場変動を明らかにする取り組みに主に使われている．一方，海底電位差磁力計（ocean bottom electro magnetometer, OBEM）は主に構造探査のために利用され，磁力に加えて両端に電極をつけた長さ 5-6 m に及ぶ十字の腕で海中の電位差を測定している（図 A10.1）．OBEM で海中での地磁気変化と電場変化を同時に観測することにより，電磁誘導の原理を利用して地球の電気伝導度構造を推定する．電気伝導度によって岩石の種類や特性がわかるほか，地震波速度に比べて水やメルトなど流体の存在に非常に敏感であるため，地殻やマントル中の流体の分布量などの探査に特に有効である．自然の地球磁場変動による電場変動を観測して比較的深い（上部マントル程度）構造を探査する場合と，母船から海中に電気を流す能動的な探査で浅部構造を調べる場合がある．

参考図書

全体と第 1 章

小林和男『海洋底地球科学』東京大学出版会（1977）
　日本に「海洋底地球科学」という学問を創設した著者による教科書．30 年以上にわたり，この分野を学ぶ学生・研究者の必読書として読み継がれてきた名著である．その後大きな展開のあったテーマも多いが，基本的なところは今でも十分に通用する．

Paul R. Pinet, *Invitation to Oceanography, fourth edition*（2006），ポール・R・ピネ著，東京大学海洋研究所監訳『海洋学 原著第 4 版』東海大学出版会（2010）
　海洋底も含めて，海洋，大気，海洋生物，海岸生態系や資源といった社会的問題まで広く網羅した初学者向け入門書の日本語訳．平易で図版もわかりやすく，「海」を総合的に学ぶにはお勧めの教科書である．原著はすでに第 7 版が出版されている．

Nick Rogers ed., *An Introduction to Our Dynamic Planet*, Cambridge University Press（2007）
　海洋底に特化していない包括的な地球科学の教科書であるが，中央海嶺や沈み込み帯のプロセスについても詳しい．地球物理と地球化学の両方の視点がほぼ均等に入っている点が素晴らしい．

平朝彦『地質学』（全 3 巻）岩波書店（2001-2007）
　同じく海洋底に特化している本ではないが，日本語で書かれた地質学全般の教科書としてお勧め．海底も含めて野外観察の重要性が基調に流れる．

Open Universty, *The Ocean Basins: Their Structure and Evolution, Second Edition*, Elsevier（1998）
　英国オープン大学による海洋学シリーズの一部として 1989 年に出版された海洋底に関する教科書の第 2 版である．内容は，測深技術の歴史，海底地形，プレート運動，海洋地殻構造，熱水活動，海洋底が地球環境に与える影響内容と広範囲に及び，海洋底の入門書に適している．内容は少し古いことは否めないが，基本的な部分は現在でも通用する．出版社のウェブサイトから pdf 形式での購入も可能である．

Ruediger Stein *et al.* eds., *Earth and Life Processes Discovered from Subseafloor Environments*, Elsevier（2014）
　2003 年から 2013 年まで実施された国際掘削プロジェクト（統合国際掘削計画，IODP）の研究成果が 4 つの章に分けてまとめられている．すべてのサイトの情報が付録として掲載されている．本書で取り扱っている中央海嶺，ルイビル海山列，シャツキ

ーライズ，南海トラフにおける掘削結果が紹介されている．

地球物理学に関する書籍としては下記のものがある．

C. M. R. Fowler, *The Solid Earth: An Introduction to Global Geophysics, Second Edition*, Cambridge University Press（2005）
　地球物理学全般の解説．海陸両方を取り扱っていて，海洋リソスフェアだけで単独の章がある．多くの図面が使用されている．

William Lowrie, *Fundamentals of Geophysics, Second Edition*, Cambridge University Press（2007）
　この書籍も海陸区別せず，地球物理学全般を解説している．著者の専門分野が古地磁気学であるため，地磁気に関する一部の説明が細かすぎるところがあるが，全体としては難しくない．図面の多くはオリジナルであり，いくつかの図面は本書で引用した．

E. J. W. Jones, *Marine Geophysics*, John Wiley & Sons（1999）
　海洋底の物理に限定した参考書は世界的にもほとんどなく，その意味で貴重な本．測位，音響・地震探査，重力探査，熱流量観測，電気探査，孔内計測，年代決定と網羅し，それぞれきっちり数式を伴った詳細な解説がある．やや古いのでその後の進展が大きい項目もあるが，事典としても使える1冊．

Richard J. Blakely, *Potential Theory in Gravity and Magnetic Applications*, Cambridge University Press（1996）
　ポテンシャル論に基づいて重力と地球磁場を解説している．モデル計算とインバージョンの数学的解説がある．フォートランのプログラムが付録として掲載されており，実際のデータ解析にも有益な書籍である．地球物理学探査の実務者にも役立つ．

第2章

Heiko Hüneke and Thierry Mulder eds., *Deep-sea sediments, Developments in Sedimentology* 63: 1-24, Elsevier（2011）
　堆積物の採取方法など観測手法や，本書ではほとんど取り扱っていない堆積過程に関する説明がある．

Donald L. Turcotte and Gerald Schubert, *Geodynamics, Third Edition*, Cambridge University Press（2014）
　数式の導出から詳しく解説されている．計算問題も多く含まれていて，数学的取り扱いの理解が進む．

Anthony Brian Watts, *Isostasy and Flexure of the Lithosphere*, Cambridge University Press（2001）
　アイソスタシーとリソスフェアのたわみに特化したユニークな書籍．具体的な例が多く紹介されている．地球だけでなく，ほかの惑星に関する記述もある．

第3章

Felix M. Gradstein *et al.* eds., *The Geologic Time Scale 2012*, Elsevier（2012）
さまざまな年代決定方法と地質年表を解説している．地球磁場逆転年表の具体的な年代を示した表が掲載されている．年代決定に用いた化石が採取された地点の解説などもある．

兼岡一郎『年代測定概論』東京大学出版会（1998）
さまざまな放射年代の測定方法とその特徴がまとめられている．

地球磁場に関しては、下記の書籍を紹介しておく．
Ronald T. Merrill *et al.*, *The magnetic field of the Earth: paleomagnetism, the core and the deep mantle*, Academic Press（1996）
地球磁場全体について記述されている。副題が示すように，過去から現在までの地球磁場に関する説明がある．地球磁場を広く学習するのに適している．地球磁場の原因論とそれに関連した地球内部構造に関する記述もある点が特徴である．

Robert F. Bulter, *Paleomagnetism: Magnetic Domains to Geologic Terranes*, Blackwell Scientific Publications（1992）
古地磁気学全般の入門書．古地磁気研究の年代学とプレート運動への応用に関する解説もある．

Lisa Tauxe, *Essentials of Paleomagnetism*, University of California Press（2010）
上述の書籍より専門的である．古地磁気学データ解析に関する少し細かい記述があるところが特徴である．ウェブページで改訂版が公開されている．

小玉一人『古地磁気学』東京大学出版会（1999）
古地磁気学全般を説明している数少ない国内の書籍である．

第4章

Roger Searle, *Mid-Ocean Ridges*, Cambridge University Press（2013）
長年にわたって中央海嶺の研究をリードしてきた著者が大学退官を機に執筆した中央海嶺に関する総合的な教科書．基本的な事柄からはじまり，ごく最近の研究成果も含まれた新しい1冊．

Adolphe Nicolas, *The Mid-Oceanic Ridges*, Springer（1990）
やや古くなったが，オフィオライト研究の第一人者による中央海嶺研究の入門書として読み継がれてきた本．非常に平易な英語で流れるように書かれており，教科書というよりは読み物として面白い．内容は岩石学よりだが，海嶺プロセスの全体像を理解するにはお勧めである．

Oceanography vol. 20, Special issue on InterRidge, The Oceanography Society（2007）
米国 Oceanography Society の学会誌 *Oceanography* は，毎号の特集テーマについて

「異分野の研究者が読んでわかるレビュー」を集めているので，初学者が読むには最適である．この特集号は，中央海嶺研究者の世界組織 InterRidge が協力して，海嶺・熱水研究のさまざまなテーマについての解説が集められている．個々の解説についてはウェブ上で pdf 版が公開されている．

蒲生俊敬『海洋の科学—深海底から探る』NHK ブックス（1996）
　海洋無機化学が専門の著者が世界中の海での観測の様子を描写しつつ海洋・海底の科学を解説した読み物．海底熱水系や冷湧水系での調査の様子が生き生きと伝わってくる．古書市場でもやや入手が難しくなってきた．より最近の情報も含めた教科書としては，同じ著者による『海洋地球化学』講談社（2014）が参考になる．

地学雑誌 118 号「特集号：海洋地殻内熱水循環と地下微生物圏の相互作用」東京地学協会（2009）

J. Ishibashi *et al.* eds., *Subseafloor Bioshere Linked to Hydrothermal Systems: TAIGA Concept,* Springer（2015）Open Access e-book
　2008-2012 年に，国内の海嶺・熱水研究者が集結し，熱水系の生態系から地下構造までを総合的に研究した「海底下の大河」プロジェクトの準備段階での解説論文集（地学雑誌）と成果本（Springer e-book）．

David M. Christie *et al.* ed., *Back-arc Spreading Systems: geological, biological, chemical, and physical interactions,* AGU Geophysical Monograph Series（2006）
　世界の背弧海盆研究のレビュー論文集．専門的ではあるが，背弧海盆研究の現在がわかる．

第 5 章

木村学『プレート収束帯のテクトニクス学』東京大学出版会（2002）
　世界中のさまざまなプレート収束帯に関する解説．海溝付近で起きる島弧形成，プレートの衝突などの解説もある．

木村学・木下正高編『付加体と巨大地震発生帯—南海地震の解明に向けて』東京大学出版会（2009）
　沈み込み帯，特に付加体に関する研究の歴史から，南海トラフにおける研究結果がまとめられている．

小川勇二郎・久田健一郎『付加体地質学』共立出版（2005）．
　現在陸上で見られる付加体を含めた付加体研究の入門書．

第 6 章

Henry W. Menard, *Islands,* Scientific American Library（1986），卯田強訳『島の一生』東京化学同人（1998）
　太平洋の海洋底研究の第一人者であった Menard 博士が海洋島の探検航海，プレートテクトニクス，海洋島と火山の地球科学における重要性，ダーウィンの沈降説，海山の沈み込みと衝突，島の生物などを美しい図面や写真とともに解説したユニークな書籍．

Oceanography vol. 23, Special issue on Mountains in the Sea, The Oceanography Society (2010)
　　第 4 章で紹介した学会誌 *Oceanography* の海山に関する特集号である．地球科学的側面だけでなく，海山付近での生物活動や資源に関する論文もある．

Richard E. Ernst, *Large Igneous Provinces*, Cambridge University Press (2014)
　　海台を含めた巨大火成岩岩石区全体に関する書籍である．陸上の巨大火成岩岩石区に関する解説が多く海台の解説が少ないが，巨大火成岩岩石区の岩石学的特徴や形成過程について学ぶことができる．

第 7 章

瀬野徹三『プレートテクトニクスの基礎』『続　プレートテクトニクスの基礎』朝倉書店 (1995, 2001)
　　プレートテクトニクスの教科書としてお勧めである．ほかのあまたの教科書とはかなり異なる章立てであるが，プレートテクトニクスの本質を捉える構成で，簡単な計算問題を解くことでさらに理解が深まる．続刊はかなり難しい項目も含まれるが，1 巻目だけでも必読．

是永淳『絵でわかるプレートテクトニクス』講談社 (2014)
　　一般向けの啓蒙書の体裁で書かれているが，地球内部の対流を本質として解説している点が素晴らしく，上述の『プレートテクトニクスの基礎』ではカバーしきれていないプレートテクトニクスの開始や終焉，生命圏との関係や惑星科学への発展に多くの紙数が割かれている点が特徴である．

付録

海洋調査技術学会編，海洋調査フロンティア (1993, 増補版 2004)
　　海洋・海底観測の技術を解説している．項目によって書きぶりがかなり異なり，初学者にわかりにくい部分も多いが，実際に現在利用されている技術の全体像と課題が示されている．

引用文献

Abrams LJ *et al.* (1992) The seismic stratigraphy and sedimentary history of the East Mariana and Pigafetta basins of the western Pacific. *Proc ODP Sci Results*, 129: College Station TX (ODP), 551-569. doi:10.2973/odp.proc.sr.129.143.1992.

Acton GD *et al.* (1996) A test of the geocentric axial dipole hypothesis from an analysis of the skewness of the Central marine magnetic anomaly. *Earth Planet Sci Lett* 144: 337-346. doi:10.1016/S0012-821X(96)00168-9.

Allen DE and Seyfried WE (2004) Serpentinization and heat generation: constraints from Lost City and Rainbow hydrothermal systems. *Geochim Cosmochim Acta* 68: 1347-1354. doi:10.1016/j.gca.2003.09.003.

Argus DF and Gordon RG (1991) No-net-rotation model of current plate velocities incorporating plate motion model NUVEL-1. *Geophys Res Lett* 18: 2039-2042.

Argus D *et al.* (2011) Geologically current motion of 56 plates relative to the no-net-rotation reference frame. *Geochem Geophys Geosyst* 12: Q11001. doi:10.1029/2011GC003751.

Asada M *et al.* (2007) Submarine lava flow emplacement and faulting in the axial valley of two morphologically distinct spreading segments of the Mariana back-arc basin from Wadatsumi side-scan sonar images. *Geochem Geophys Geosyst* 8: 1-22. doi:10.1029/2006GC001418.

Atwater T and Mudie JD (1973) Detailed near-bottom geophysical study of the Gorda Rise. *J Geophys Res* 78: 8665-8686. doi:10.1029/JB078i035p08665.

Atwater TM and Severinghaus JP (1989) Tectonic maps of the northeast Pacific. in Winterer EL *et al.* eds, *The Geology of North America, N: The northeastern Pacific Ocean and Hawaii*, 15-20, Geol Soc Am. doi:10.1130/DNAG-GNA-N.15.

Aubouin J and von Huene R (1985) Summary: Leg 84, Middle America Trench transect off Guatemala and Costa Rica. *Init Rep Deep Sea*, 84: Washington DC (US Govt Printing Office), 939-957. doi:10.2973/dsdp.proc.84.144.1985.

Auzende JM *et al.* (1989) Direct observation of a section through slow-spreading oceanic crust. *Nature* 337: 726-729. doi:10.1038/337726a0.

Beardsmore GR and Cul JP (2001) *Crustal Heat Flow*, Cambridge University Press, Cambridge, 336 pp. doi:10.1017/CBO9780511606021.

Begnaud ML *et al.* (1997) Velocity structure from forward modeling of the eastern ridge-transform intersection area of the Clipperton Fracture Zone, East Pacific Rise. *J Geophys Res* 102: 7803-7820. doi:10.1029/96JB03393.

Berger WH (1974) Deep-Sea Sedimentation. in Burk CA and Drake CL eds, *The Geology of Continental Margins*, Springer-Verlag, New York, 213-241. doi:10.1007/978-3-662-01141-6_16.

Bevis M *et al.* (1995) Geodetic observations of very rapid convergence and back-arc extension at the Tonga arc. *Nature* 374: 249-251. doi:10.1038/374249a0.

Bilotti F and Suppe J (1999) The Global Topography of Mars and Implications for Surface Evolution. *Icarus* 139: 137-157.

Blackman DK *et al.* (2006) *Proc IODP*, 304/305: College Station TX (IODP). doi:10.2204/iodp.proc.304305.2006.

Bohrmann G and Torres ME (2006) Gas Hydrates in Marine Sediments, in Schulz HD and Zabel M eds, *Marine Geochemistry 2nd ed.*, Springer-Verlag, Berlin Heidelberg, 482-512. doi:10.1007/3-540-32144-6_14.

Bralower TJ *et al.* (2002) *Proc ODP Init Repts*, 198: College Station TX (ODP). doi:10.2973/odp.proc.ir.198.2002.

Buck W et al. (2005) Modes of faulting at mid-ocean ridges. *Nature* 434: 719-723. doi:10.1038/nature03358.

Butler RF (1992) *Paleomagnetism*, Blackwell Scientific Publications, Boston, 319 pp.

Cande SC (1976) A Paleomagnetic pole from Late Cretaceous marine magnetic anomalies in the Pacific. *Geophys J Int* 44: 547-566. doi:10.1111/j.1365-246X.1976.tb00292.x.

Cande SC and Kent DV (1976) Constraints imposed by shape of marine magnetic anomalies on magnetic source. *J Geophys Res* 81: 4157-4162. doi:10.1029/JB081i023p04157.

Cande SC et al. (1978) Magnetic lineations in the Pacific Jurassic Quiet Zone. *Earth Planet Sci Lett* 41: 434-440. doi:10.1016/0012-821X(78)90174-7.

Cande SC et al. (1989) *Magnetic lineations of the world's ocean basins*, Amer Assoc Petrol Geol, Tulsa.

Cande SC and Kent DV (1992a) A new geomagnetic polarity time scale for the Late Cretaceous and Cenozoic. *J Geophys Res* 97: 13917. doi:10.1029/92jb01202.

Cande SC and Kent DV (1992b) Ultrahigh resolution marine magnetic anomaly profiles: A record of continuous paleointensity variations?. *J Geophys Res* 97: 15075-15083. doi:10.1029/92JB01090.

Cande SC and Kent DV (1995) Revised calibration of the geomagnetic polarity timescale for the Late Cretaceous and Cenozoic. *J Geophys Res* 100: 6093-6095. doi:10.1029/94JB03098.

Cannat M et al. (2006) Modes of seafloor generation at a melt-poor ultraslow-spreading ridge. *Geology* 34: 605-608. doi:10.1130/G22486.1.

Chadwell CD et al. (1999) No spreading across the southern Juan de Fuca ridge axial cleft during 1994-1996. *Geophys Res Lett* 26: 2525-2528.

Chadwick WW et al. (2012) Seafloor deformation and forecasts of the April 2011 eruption at Axial Seamount. *Nature Geosci* 5: 474-477. doi:10.1038/ngeo1464.

Channell JET et al. (1995) Late Jurassic-Early Cretaceous time scales and oceanic magnetic anomaly block models. in Berggren WA ed, *Geochronology, Time Scales and Global Stratigraphic Correlations, SEPM Special publication*, Soc Sediment Geol, Tulsa, 51-63. doi:10.2110/pec.95.04.0051.

Charvis PA et al. (1999) Spatial distribution of hotspot material added to the lithosphere under La Réunion, from wide-angle seismic data. *J Geophys Res* 104: 2875-2893. doi:10.1029/98JB02841.

Chen YJ (2004) Modeling the thermal state of the oceanic crust. in German CR et al. eds, *Mid-Ocean Ridges: Hydrothermal Interactions Between the Lithosphere and Oceans*, AGU, Washington DC, 95-110. doi:10.1029/148GM04.

Chester FM et al. (2013) Structure and composition of the plate-boundary slip zone for the 2011 Tohoku-Oki Earthquake. *Science* 342: 1208-1211. doi:10.1126/science.1243719.

Clague DA et al. (2000) Near-ridge seamount chains in the northeastern Pacific Ocean. *J Geophys Res* 105: 16541-16561. doi:10.1029/2000JB900082.

Claypool GE and Kaplan IR (1974) The origin and distribution of methane in marine sediments. in Kaplan IR ed, *Natural Gases in Marine Sediments*, Springer, Boston, 99-139. doi:10.1007/978-1-4684-2757-8_8.

Clift P and Vannucchi P (2004) Controls on tectonic accretion versus erosion in subduction zones: Implications for the origin and recycling of the continental crust. *Rev Geophys* 42: RG2001. doi:10.1029/2003RG000127.

Cloos M and Shreve RL (1988) Subduction-channel model of prism accretion, melange formation, sediment subduction, and subduction erosion at convergent plate margins: 1. Background and description. *Pure Appl Geophys* 128: 455-500. doi:10.1007/bf00874548.

Contreras-Reyes E et al. (2007) Alteration of the subducting oceanic lithosphere at the southern central Chile trench-outer rise. *Geochem Geophys Geosyst* 8: Q07003. doi:10.1029/2007GC001632.

Contreras-Reyes E et al. (2010) Crustal intrusion beneath the Louisville hotspot track. *Earth Planet Sci Lett* 289: 323-333. doi:10.1016/j.epsl.2009.11.020.

Coplen TB (1988) Normalization of oxygen and hydrogen isotope data. *Chem Geol: Isotope Geosci*

sec 72: 293-297. doi:10.1016/0168-9622(88)90042-5.
Cox A *et al.* (1963) Geomagnetic polarity epochs and Pleistocene geochronometry. *Nature* 198: 1049-1051.
Crowder LK and Macdonald KC (1997) Implications for the width of the active faulting on the East Pacific Rise: How wide is it? *EOS* 78: 647.
Dalziel I (1997) Neoproterozoic-paleozoic geography and tectonics: Review, hypothesis, environmental speculation. *Bull Geol Soc Am* 109:16-42. doi:10.1130/0016-7606(1997)109<0016:ONPGAT>2.3.CO;2.
Davis AS and Clague DA (2000) President Jackson Seamounts, northern Gorda Ridge: Tectonomagmatic relationship between on- and off-axis volcanism. *J Geophys Res* 105: 27939-27956. doi:10.1029/2000JB900291.
Davis D *et al.* (1983) Mechanics of fold-and-thrust belts and accretionary wedges. *J Geophys Res* 88: 1153-1172. doi:10.1029/JB088iB02p01153.
Degens ET and Ross DA (eds) (1969) *Hot Brines and Recent Heavy Metal Deposits in the Red Sea; a geochemical and geophysical account*, Springer-Verlag.
deMartin BJ *et al.* (2007) Kinematics and geometry of active detachment faulting beneath the Trans-Atlantic Geotraverse (TAG) hydrothermal field on the Mid-Atlantic Ridge. *Geology* 35: 711. doi:10.1130/G23718A.1.
DeMets C *et al.* (1990) Current Plate Motions. *Geophys J Int* 101: 425-478.
DeMets C *et al.* (2010) Geologically current plate motions. *Geophys J Int* 181: 1-80. doi:10.1111/j.1365-246X.2009.04491.x.
Detrick R *et al.* (1994) In situ evidence for the nature of the seismic layer 2/3 boundary in oceanic crust. *Nature* 370: 288-290. doi:10.1038/370288a0.
Dick HJB *et al.* (2003) An ultraslow-spreading class of ocean ridge. *Nature* 426: 405-412. doi:10.1038/nature02128.
Dupré B and Allègre CJ (1983) Pb-Sr isotope variation in Indian Ocean basalts and mixing phenomena. *Nature* 303: 142-146. doi:10.1038/303142a0.
Edmond JM *et al.* (1982) Chemistry of hot springs on the East Pacific Rise and their effluent dispersal. *Nature* 297: 187-191.
Eittreim SL *et al.* (1994) Oceanic crustal thickness and seismic character along a central Pacific transect. *J Geophys Res* 99: 3139. doi:10.1029/93jb02967.
Elderfield H and Schultz A (1996) Mid-ocean ridge hydrothermal fluxes and the chemical composition of the ocean. *Ann Rev Earth Planet Sci* 24: 191-224.
Emiliani C (1955) Pleistocene temperatures. *J Geol* 63: 538-578.
Epstein S *et al.* (1953) Revised carbonate water isotopic temperature scale. *Bull Geol Soc Am* 64: 1315-1325. doi:10.1130/0016-7606(1953)64[1315:RCITS]2.0.CO;2
Escrig S *et al.* (2004) Osmium isotopic constraints on the nature of the DUPAL anomaly from Indian mid-ocean-ridge basalts. *Nature* 431: 59-63. doi:10.1038/nature02904.
Evans R *et al.* (1999) Asymmetric Electrical Structure in the Mantle Beneath the East Pacific Rise at 17 degrees S. *Science* 286: 752-756.
Faller AM *et al.* (1979) Paleomagnetism of basalts and interlayered sediments drilled during DSDP Leg 49 (N–S transect of the northern Mid-Atlantic Ridge). *Init Rep DSDP*, 49: Washington DC (US Govt Printing Office), 769-780. doi:10.2973/dsdp.proc.49.132.1979.
Fornari DJ *et al.* (1984) The evolution of craters and calderas on young seamounts: Insights from SEA MARC I and Sea beam sonar surveys of a small seamount group near the axis of the East Pacific Rise at ~ 10°N. *J Geophys Res* 89: 11069-11083. doi:10.1029/JB089iB13p11069.
Fornari DJ *et al.* (1987) Irregularly shaped seamounts near the East Pacific Rise: implications for seamount origin and rise-crest processes. in Keating BH *et al.* eds, *Seamounts, Islands, and Atolls*, Geophys Monogr Ser 43, AGU, Washington DC, 35-47. doi:10.1029/GM043p0035.
Forsyth D and Uyeda S (1975) Relative Importance of Driving Forces of Plate Motion. *Geophys J Roy Astron Soc* 43: 163-200.
Fowler CMR (2005) *The Solid Earth: An Introduction to Global Geophysics 2nd ed*, Cambridge University Press, Cambridge, 685 pp.

Frisch W et al. (2011) *Plate Tectonics*, Springer-Verlag, Berlin Heidelberg, 212 pp.

Fryer P and Fryer GJ (1987) Origins of nonvolcanic seamounts in a forearc environment. in Keating BH et al. eds, *Seamounts, Islands, and Atolls*, AGU, Washington DC, 61-69. doi:10.1029/GM043p0061.

Fujie G et al. (2013) Systematic changes in the incoming plate structure at the Kuril Trench. *Geophys Res Lett* 40: 88-93. doi:10.1029/2012gl054340.

Fulton PM et al. (2013) Low coseismic friction on the Tohoku-Oki fault determined from temperature measurements. *Science* 342: 1214-1217. doi:10.1126/science.1243641.

Furuta T (1993) Magnetic properties and ferromagnetic mineralogy of oceanic basalts. *Geophys J Int* 113: 95-114. doi:10.1111/j.1365-246X.1993.tb02531.x.

Fütterer DK (2006) The solid phase of marine sediments, in Schulz HD and Zabel M eds, *Marine Geochemistry*, Springer-Verlag, Berlin Heidelberg, 1-25. doi:10.1007/3-540-32144-6_1.

Garcia-Castellanos D et al. (2000) Slab pull effects from a flexural analysis of the Tonga and Kermadec trenches (Pacific Plate). *Geophys J Int* 141: 479-484. doi:10.1046/j.1365-246x.2000.00096.x.

Geldmacher JP et al. (2014) The age of Earth's largest volcano: Tamu Massif on Shatsky Rise (northwest Pacific Ocean). *Int J Earth Sci* 103: 2351-2357. doi:10.1007/s00531-014-1078-6.

German CR et al. (1998) Hydrothermal activity along the southwest Indian ridge. *Nature* 395: 490-493.

Geshi N et al. (2007) Discrete plumbing systems and heterogeneous magma sources of a 24 km^3 off-axis lava field on the western flank of East Pacific Rise, 14°S. *Earth Planet Sci Lett* 258: 61-72. doi:10.1016/j.epsl.2007.03.019.

Gillis KM et al. (2014) Primitive layered gabbros from fast-spreading lower oceanic crust. *Nature* 505: 204-207. doi:10.1038/nature12778.

Gradstein FM et al. (2004) *A Geologic Time Scale 2004*, Cambridge University Press, Cambridge, 610 pp.

Gradstein FM et al. (2012) *The Geologic Time Scale 2012*, Elsevier, Amsterdam, 1176 pp.

Griffin JJ et al. (1968) The distribution of clay minerals in the world oceans. *Deep-Sea Res* 15: 433-459.

Gripp AE and Gordon RG (2002) Young tracks of hotspots and current plate velocities. *Geophys J Int* 150: 321-361.

Gröning M (2004) International stable isotope reference materials. in de Groot PA ed, *Handbook of Stable Isotope Analytical Techniques 1*, Elsevier, Amsterdam, 874-906.

Gurnis M et al. (2004) Evolving force balance during incipient subduction. *Geochem Geophys Geosyst* 5. doi:10.1029/2003GC000681.

Hamilton EL (1956) *Sunken Islands of The Mid-Pacific Mountains, Geol Soc Am Memoir* 64, Geol Soc Am, Boulder, 92 pp. doi:10.1130/MEM64-p1.

Handschumacher DW et al. (1988) Pre-Cretaceous tectonic evolution of the Pacific plate and extension of the geomagnetic polarity reversal time scale with implications for the origin of the Jurassic "Quiet Zone". *Tectonophys* 155: 365-380. doi:10.1016/0040-1951(88)90275-2.

Harland WB et al. (1982) *A Geologic Time Scale*, Cambridge University Press, Cambridge, 131 pp.

Harland WB et al. (1990) *A Geologic Time Scale 1989*, Cambridge University Press, Cambridge, 263 pp.

Hart SR (1984) A large-scale isotope anomaly in the Southern Hemisphere mantle. *Nature* 309: 753-757. doi:10.1038/309753a0.

Hart SR (1988) Heterogeneous mantle domains: signatures, genesis and mixing chronologies. *Earth Planet Sci Lett* 90: 273-296. doi:10.1016/0012-821X(88)90131-8.

Hasterok D et al. (2011) Oceanic heat flow: Implications for global heat loss. *Earth Planet Sci Lett* 311: 386-395. doi:10.1016/j.epsl.2011.09.044.

Haymon RM and Kastner MC (1981) Hot spring deposits on the East Pacific Rise at 21°N, preliminary description of mineralogy and genesis. *Earth Planet Sci Lett* 53: 363-381.

Heaton DE and Koppers AAP (2014) Constraining the rapid construction of Tamu Massif at a

146 Myr old triple junction [abs.]: 2014 Goldschmidt Conference, 8-13 June, Sacramento.
Heezen BC and Tharp M (1965) Tectonic fabric of the Atlantic and Indian Oceans and continental drift. *Phil Trans Roy Soc London A: Math Phys Engineer Sci* 258: 90-106.
Hegarty K *et al.* (1983) Convergence at the Caroline-Pacific plate boundary; collision and subduction. *The tectonic and geologic evolution of Southeast Asian seas and islands, Part 2, Geophys Monographs Ser*, AGU, 326-348.
Hein JR *et al.* (2012) Copper-nickel-rich, amalgamated ferromanganese crust-nodule deposits from Shatsky Rise, NW Pacific. *Geochem Geophys Geosyst* 13: Q10022. doi:10.1029/2012GC004286.
Heirtzler JR *et al.* (1968). Marine magnetic anomalies, geomagnetic field reversals, and motions of the ocean floor and continents. *J Geophys Res* 73: 2119-2136. doi:10.1029/JB073i006p02119.
Henry P *et al.* (1996) Fluid flow in and around a mud volcano field seaward of the Barbados accretionary wedge: Results from Manon cruise. *J Geophys Res* 101: 20297-20323. doi: 10.1029/96JB00953.
Herzberg C (2004) Partial melting below the Ontong Java Plateau, in Fitton JG *et al.* eds, *Origin and Evolution of the Ontong Java Plateau*, Geol Soc London, 179-183. doi:10.1144/gsl. sp.2004.229.01.11.
Hess HH (1946) Drowned ancient islands of the Pacific Basin. *Am J Sci* 244: 772-791. doi:10.2475/ajs.244.11.772.
Hess HH (1962) History of ocean basins. *Petrol studies* 4:599-620.
Hess HH (1964) Seismic anisotropy of the uppermost mantle under oceans. *Nature* 203: 629-631. doi:10.1038/203629a0.
Hillier JK and Watts AB (2007) Global distribution of seamounts from ship-track bathymetry data. *Geophys Res Lett* 34: L13304. doi:10.1029/2007GL029874.
Hirano N *et al.* (2006) Volcanism in Response to Plate Flexure. *Science* 313: 1426-1428. doi:10.1126/science.1128235.
Hirano N *et al.* (2008) Seamounts, knolls and petit-spot monogenetic volcanoes on the subducting Pacific Plate. *Basin Res* 20: 543-553. doi:10.1111/j.1365-2117.2008.00363.x.
Hirata N *et al.* (1992) Oceanic crust in the Japan Basin of the Japan Sea by the 1990 Japan-USSR Expedition. *Geophys Res Lett* 19: 2027-2030. doi:10.1029/92GL02094.
Hustedt F (1930) Bacillariophyta (Diatomeae). in Pascher A ed, *Die Süßwasser-Flora Mitteleuropas 10*, Gustav Fischer, Jena, 466 pp.
Hydrographic Department, Japan Maritime Safety Agency (1984) Mariana Trench survey by the "Takuyo". *Int Hydrogr Bull*, 351-352.
Hyndman RD and Davis EE (1992) A mechanism for the formation of methane hydrate and seafloor bottom-simulating reflectors by vertical fluid expulsion. *J Geophys Res* 97: 7025-7041. doi:10.1029/91JB03061.
Ildefonse B and the IODP Expeditions 304 and 305 Scientists (2005) Oceanic core complex formation, Atlantis Massif. *Sci Dril* 1: 28-31. doi:10.5194/sd-1-28-2005.
Ildefonse B *et al.* (2014) Formation and evolution of oceanic lithosphere: New insights on crustal structure and igneous geochemistry from ODP/IODP Sites 1256, U1309, and U1415. *Earth and Life Processes Discovered from Subseafloor Environments* 7: 449-505. doi:10.1016/b978-0-444-62617-2.00017-7.
Isezaki N and Uyeda S (1971) Geomagnetic anomaly pattern of the Japan Sea. *Mar Geophys Res* 2: 51-59. doi:10.1007/bf00451870.
Isezaki N (1986) A new shipboard three-component magnetometer. *Geophys* 51: 1992-1998. doi:10.1190/1.1442054.
Ito G and Clift PD (1998) Subsidence and growth of Pacific Cretaceous plateaus. *Earth Planet Sci Lett* 161: 85-100. doi:10.1016/S0012-821X(98)00139-3.
Johnson HP and Pariso JE (1993) Variations in oceanic crustal magnetization: Systematic changes in the last 160 million years. *J Geophys Res* 98: 435-445. doi:10.1029/92JB01322.
Kaneda K *et al.* (2010) Structural evolution of preexisting oceanic crust through intraplate igneous activities in the Marcus-Wake seamount chain. *Geochem Geophys Geosyst* 11: Q10014. doi:10.1029/2010gc003231.

Karato S and Jung H (1998) Water, partial melting and the origin of the seismic low velocity and high attenuation zone in the upper mantle. *Earth Planet Sci Lett* 157: 193-207. doi:10.1016/S0012-821X(98)00034-X.

Kennett JP (1982) *Marine Geology*, Prentice Hall, Englewood Cliffs, 813 pp.

Kent DV and Gradstein FM (1985) A Cretaceous and Jurassic geochronology. *Geol Soc Am Bull* 96: 1419-1427. doi:10.1130/0016-7606(1985)96<1419:ACAJG>2.0.CO;2.

Kerr AC and Mahoney JJ (2007) Oceanic plateaus: Problematic plumes, potential paradigms. *Chem Geol* 241: 332-353. doi:10.1016/j.chemgeo.2007.01.019.

Kimura G and Ludden J (1995) Peeling oceanic crust in subduction zones. *Geology* 23: 217-220. doi:10.1130/0091-7613(1995)023<0217:pocisz>2.3.co;2.

Kimura G *et al*. (1997) *Proc ODP Init Repts*, 170: College Station TX (ODP). doi:10.2973/odp.proc.ir.170.1997.

Kimura G *et al*. (2007) Transition of accretionary wedge structures around the up-dip limit of the seismogenic subduction zone. *Earth Planet Sci Lett* 255: 471-484. doi:10.1016/j.epsl.2007.01.005.

Kimura G *et al*. (2008) Links among mountain building, surface erosion, and growth of an accretionary prism in a subduction zone—An example from southwest Japan. in Draut AE *et al*. eds, *Formation and Applications of the Sedimentary Record in Arc Collision Zones*, Geol Soc Am Spec Pap, Geol Soc Am, Boulder, 391-403. doi:10.1130/2008.2436(17).

Kobayashi K *et al*. (1986) Complex pseudofault pattern of the Japan Sea: results of detailed geomagnetic survey. *Eos Trans AGU* 66: 1227.

Kobayashi K *et al*. (1987) Normal faulting of the Daiichi-Kashima Seamount in the Japan Trench revealed by the Kaiko I cruise, Leg 3. *Earth Planet Sci Lett* 83: 257-266. doi:10.1016/0012-821X(87)90070-7.

Kobayashi K *et al*. (1992) Deep-tow survey in the KAIKO-Nankai cold seepage areas. *Earth Planet Sci Lett* 109: 347-354. doi:10.1016/0012-821X(92)90097-F.

Kobayashi K *et al*. (1995) Shikoku Basin and its margins. in Taylor B ed, *Back-arc Basins*, Plenum, New York, 381-405. doi:10.1007/978-1-4615-1843-3_10.

Kobayashi K *et al*. (1998) Outer slope faulting associated with the western Kuril and Japan trenches. *Geophys J Int* 134: 356-372. doi:10.1046/j.1365-246x.1998.00569.x.

Kobayashi K (2002) Tectonic significance of the cold seepage zones in the eastern Nankai accretionary wedge – an outcome of the 15 years' KAIKO projects. *Mar Geol* 187: 3-30. doi:10.1016/S0025-3227(02)00242-6.

Kodaira S *et al*. (2012) Coseismic fault rupture at the trench axis during the 2011 Tohoku-oki earthquake. *Nature Geosci* 5: 646-650. doi:10.1038/ngeo1547.

Kodaira S *et al*. (2014) Seismological evidence of mantle flow driving plate motions at a palaeo-spreading centre. *Nature Geosci* 7: 371-375. doi:10.1038/ngeo2121.

Kono M (1980) Geomagnetic paleointensity measurements on Leg 55 basalts. in Jackson E *et al*. eds, *Init Repts DSDP*, 55: Washington DC (US Govt Printing Office), 753-758. doi:10.2973/dsdp.proc.55.134.1980.

Kopf AJ (2002) Significance of mud volcanism. *Rev Geophys* 40: 2-1-2-52. doi:10.1029/2000RG000093.

Koppers AAP *et al*. (2003) High-resolution $^{40}Ar/^{39}Ar$ dating of the oldest oceanic basement basalts in the western Pacific basin. *Geochem Geophys Geosyst* 4: 8914. doi:10.1029/2003GC000574.

Koppers AAP (2011) Mantle plumes persevere. *Nature Geosci* 4: 816-817. doi:10.1038/ngeo1334.

Koppers AAP *et al*. (2012) Limited latitudinal mantle plume motion for the Louisville hotspot. *Nature Geosci* 5: 911-917. doi:10.1038/ngeo1638.

Korenaga J (2005) Why did not the Ontong Java Plateau form subaerially?. *Earth Planet Sci Lett* 234: 385-399. doi:10.1016/j.epsl.2005.03.011.

Kuo B-Y and Forsyth DW (1988) Gravity anomalies of the ridge-transform system in the South Atlantic between 31 and 34.5°S: Upwelling centers and variations in crustal thickness. *Mar Geophys Res* 10: 205-232. doi:10.1007/bf00310065.

Kuramoto S et al. (1992) Can Opal A/Opal-C/T BSR be an indicator of the thermal structure of the Yamato Basin, Japan Sea?. *Proc ODP Sci Results*, 127/128 (Pt. 2): College Station TX (ODP), 1145-1151. doi:10.2973/odp.proc.sr.127128-2.235.1992.

Kuramoto S et al. (2001) Surface observations of subduction related mud volcanoes and large thrust sheets in the Nankai subduction margin; Report on YK00-10 and YK01-04 Cruises. *JAMSTEC J Deep Sea Res* 19: 131-139. doi:10.2973/odp.proc.sr.127128-2.235.1992.

LaBrecque JL et al. (1977) Revised magnetic polarity time scale for Late Cretaceous and Cenozoic time. *Geology* 5: 330-335. doi:10.1130/0091-7613(1977)5<330:RMPTSF>2.0.CO;2.

Lacoste LJB (1967) Measurement of gravity at sea and in the air. *Rev Geophys* 5: 477-526. doi:10.1029/RG005i004p00477.

Lambert IB and Wyllie PJ (1970) Low-velocity zone of the Earth's mantle: Incipient melting caused by water. *Science* 169: 764-766. doi:10.1126/science.169.3947.764.

Langmuir CH et al. (1993) Petrological systematics of mid-ocean ridge basalts: Constraints on melt generation beneath ocean ridges. *Mantle Flow and Melt Generation at Mid-Ocean Ridges*, AGU, 183-280.

Larson RL and Chase CG (1972) Late Mesozoic evolution of the western Pacific Ocean. *Geol Soc Am Bull* 83: 3627-3644. doi:10.1130/0016-7606(1972)83[3627:LMEOTW]2.0.CO;2.

Larson RL and Pitman WC (1972) World-wide correlation of Mesozoic magnetic anomalies, and its implications. *Geol Soc Am Bull* 83: 3645-3662. doi:10.1130/0016-7606(1972)83[3645:wcomma]2.0.co;2.

Larson RL and Hilde TWC (1975) A revised time scale of magnetic reversals for the Early Cretaceous and Late Jurassic. *J Geophys Res* 80: 2586-2594. doi:10.1029/JB080i017p02586.

Larson RL (1991a) Latest pulse of Earth: Evidence for a mid-Cretaceous superplume. *Geology* 19: 547-550. doi:10.1130/0091-7613(1991)019<0547:lpoeef>2.3.co;2.

Larson RL (1991b) Geological consequences of superplumes. *Geology* 19: 963-966.

Larson RL and Olson P (1991) Mantle plumes control magnetic reversal frequency. *Earth Planet Sci Lett* 107: 437-447. doi:10.1016/0012-821X(91)90091-U.

Larson RL (1995) The Mid-Cretaceous superplume episode. *Sci Amer* 272: 82-86.

Leahy GM et al. (2010) Underplating of the Hawaiian Swell: evidence from teleseismic receiver functions. *Geophys J Int* 183: 313-329. doi:10.1111/j.1365-246X.2010.04720.x.

Leckie RM et al. (2002) Oceanic anoxic events and plankton evolution: Biotic response to tectonic forcing during the mid-Cretaceous. *Paleoceanogr* 17: 13-11-13-29. doi:10.1029/2001PA000623.

Le Pichon X (1968) Sea-floor spreading and continental drift. *J Geophys Res* 73: 3661-3697. doi:10.1029/JB073i012p03661.

Lin J and Phipps Morgan J (1992) The Spreading Rate Dependence of 3-Dimensional Midocean Ridge Gravity Structure. *Geophys Res Lett* 19: 13-16.

Lisiecki LE and Raymo ME (2005) A Pliocene-Pleistocene stack of 57 globally distributed benthic $\delta^{18}O$ records. *Paleoceanogr* 20. doi:10.1029/2004PA001071.

Lithgow-Bertelloni C and Richards MA (1995) Cenozoic plate driving forces. *Geophys Res Lett* 22: 1317-1320.

Lonsdale P (1977) Clustering of suspension-feeding macrobenthos near abyssal hydrothermal vents at oceanic spreading centers. *Deep-Sea Res* 24: 857-863.

Lowrie W (2007) *Fundamentals of Geophysics*, Cambridge University Press, Cambridge, 381 pp.

Macdonald GA and Katsura T (1964) Chemical composition of Hawaiian lavas. *J Petrol* 5: 82-133. doi:10.1093/petrology/5.1.82.

Macdonald KC (1988) Linkages between faulting, volcanism, hydrothermal activity and segmentation on fast spreading centers. *Faulting and Volcanism at Mid-Ocean Ridges*, AGU, 27-58.

Macdonald KC et al. (1991) Midocean Ridges - Discontinuities, Segments and Giant Cracks. *Science* 253: 986-994.

Macdonald KC et al. (1996) Volcanic growth faults and the origin of Pacific abyssal hills. *Nature* 380: 125-129.

MacKay ME et al. (1994) Origin of bottom-simulating reflectors: Geophysical evidence from the Cascadia accretionary prism. *Geology* 22: 459-462. doi:10.1130/0091-7613(1994)022<0459:oobsr g>2.3.co;2.

Madsen J et al. (1984) A new isostatic model for the East Pacific Rise crest. *J Geophys Res* 89(B12): 9997. doi:10.1029/JB089iB12p09997.

Madsen JK et al. (2014) Cenozoic to recent plate configurations in the Pacific Basin: ridge subduction and slab window magmatism in western North America. *Geosphere* 2: 11–34.

Maekawa H et al. (1993) Blueschist metamorphism in an active subduction zone. *Nature* 364: 520–523.

Magde LS and Detrick RS (1995) Crustal and upper mantle contribution to the axial gravity anomaly at the southern East Pacific Rise. *J Geophys Res* 100: 3747. doi:10.1029/94JB02869.

Magde LS et al. (2000) Crustal magma plumbing within a segment of the Mid-Atlantic Ridge, 35N. *Earth Planet Sci Lett* 175: 55–67.

Mahoney JJ et al. (1993) Geochemisty and geochronology of the Ontong Java Plateau. in Pringle M et al. eds, *The Mesozoic Pacific. Geology, Tectonics, and Volcanism, Geophys Monogr Ser* 77, AGU, Washington DC, 233–261. doi:10.1029/GM077p0233.

Mahoney JJ et al. (2005) Jurassic-Cretaceous boundary age and mid-ocean-ridge-type mantle source for Shatsky Rise. *Geology* 33: 185–188. doi:10.1130/G21378.1.

Martinez F et al. (2007) Back-Arc Basins. *Oceanogr* 20: 116–127. doi:10.5670/oceanog.2007.85.

Mason RG and Raff AD (1961) Magnetic survey off the west coast of North America, 32°N latitude to 42°N latitude. *Geol Soc Am Bull* 72: 1259–1265. doi:10.1130/0016-7606(1961)72[1259:MSOTWC]2.0.CO;2.

Masson DG (1991) Fault patterns at outer trench walls. *Mar Geophys Res* 13:209–225. doi:10.1007/bf00369150.

Mathews MA and von Huene R (1985) Site 570 methane hydrate zone, in von Huene R et al. eds, *Init Repts DSDP*, 84: Washington DC (US Govt Printing Office), 773–790. doi:10.2973/dsdp.proc.84.134.1985.

Matsumoto R (2005) Methane plumes over a marine gas hydrate system in the eastern margin of Japan Sea: A possible mechanism for the transportation of subsurface methane to shallow waters. *Proc the 5th Intern Conference on Gas Hydrates, Trondheim,* 749–754.

Maus S et al. (2009) EMAG2: A 2-arc min resolution Earth Magnetic Anomaly Grid compiled from satellite, airborne, and marine magnetic measurements. *Geochem Geophys Geosyst* 10: Q08005. doi:10.1029/2009GC002471.

McClain JD (2003) Ophiolites and the interpretation of marine geophysical data: How well does the ophiolite model work for the Pacific Ocean crust?. *Geol Soc Am Spec Pap* 373: 173–185. doi:10.1130/0-8137-2373-6.173.

McClain JS and Atallah CA (1986) Thickening of the oceanic crust with age. *Geology* 14: 574–576. doi:10.1130/0091-7613(1986)14<574:totocw>2.0.co;2.

McElhinny MW et al. (1996) The time-averaged paleomagnetic field 0-5 Ma. *J Geophys Res* 101: 25007–25027. doi:10.1029/96JB01911.

McKenzie DP and Parker RL (1967) The North Pacific: an Example of Tectonics on a Sphere. *Nature* 216: 1276–1280. doi:10.1038/2161276a0.

McKenzie D and Sclater JG (1971) The evolution of the Indian Ocean since the Late Cretaceous. *Geophys J Roy Astron Soc* 24: 437–528. doi:10.1111/j.1365-246X.1971.tb02190.x.

McKenzie D and Bickle MJ (1988) The volume and composition of melt generated by extension of the lithosphere. *J Petrol* 29: 625–679. doi:10.1093/petrology/29.3.625.

McNutt MK and Menard HW (1978) Lithospheric flexure and uplifted atolls. *J Geophys Res* 83: 1206–1212. doi:10.1029/JB083iB03p01206.

McNutt MK and Fischer KM (1987) The South Pacific Superswell. in Keating BH et al. eds, *Seamounts, Islands, and Atolls, Geophys Monogr Ser* 43, AGU, Washington DC, 25–34. doi: 10.1029/GM043p0025.

McNutt MK and Judge AV (1990) The superswell and mantle dynamics beneath the South Pacific. *Science* 248: 969–975. doi:10.1126/science.248.4958.969.

McNutt MK et al. (1997) Failure of plume theory to explain midplate volcanism in the southern Austral islands. *Nature* 389: 479–482. doi:10.1038/39013.

Menard HW (1964) *Marine Geology of the Pacific*, McGraw-Hill, New York, 271 pp. doi: 10.1016/0025-3227(64)90048-9.

Merrill RT et al. (1996) *The Magnetic Field of the Earth: Paleomagnetism, the Core, and the Deep Mantle*, Academic Press, San Diego, 531 pp.

Michael PJ et al. (2003) Magmatic and amagmatic seafloor generation at the ultraslow-spreading Gakkel ridge, Arctic Ocean. *Nature* 423: 956-961. doi:10.1038/nature01704.

Minshull TA et al. (2006) Crustal structure of the Southwest Indian Ridge at 66°E: seismic constraints. *Geophys J Int* 166: 135-147. doi:10.1111/j.1365-246X.2006.03001.x.

Minster JB et al. (1974) Numerical modelling of instantaneous plate tectonics. *Geophys J Int* 36: 541-576. doi:10.1111/j.1365-246X.1974.tb00613.x.

Minster JB and Jordan TH (1978) Present-day plate motions. *J Geophys Res* 83: 5331-5354.

Miura S et al. (2004) Seismological structure and implications of collision between the Ontong Java Plateau and Solomon Island Arc from ocean bottom seismometer-airgun data. *Tectonophys* 389: 191-220. doi:10.1016/j.tecto.2003.09.029.

Moerz T et al. (2005) Styles and productivity of mud diapirism along the Middle American margin, in Martinelli G and Panahi B eds, *Mud Volcanoes, Geodynamics and Seismicity: Proc of the NATO Advanced Research Workshop on Mud Volcanism, Geodynamics and Seismicity, Baku, Azerbaijan 20-22 May 2003*, Springer, Dordrecht, 35-48. doi:10.1007/1-4020-3204-8_4.

Moore GF et al. (2005) Legs 190 and 196 synthesis: deformation and fluid flow processes in the Nankai Trough accretionary prism. In Mikada H et al. eds, *Proc ODP Sci Results*, 190/196: College Station (ODP), 1-26. doi:10.2973/odp.proc.sr.190196.201.2005.

Moore GF et al. (2015) Evolution of tectono-sedimentary systems in the Kumano Basin, Nankai Trough forearc. *Marine Petrol Geol* 67: 604-616. doi:10.1016/j.marpetgeo.2015.05.032.

Morgan WJ (1968) Rises, Trenches, Great Faults, and Crustal Blocks. *J Geophys Res* 73: 1959-1982.

Morgan WJ (1972) Plate motions and deep mantle convection. *Geol Soc Am Mem* 132: 7-22. doi:10.1130/MEM132-p7.

Mottl MJ et al. (2004) Chemistry of springs across the Mariana forearc shows progressive devolatilization of the subducting plate. *Geochim Cosmochim Acta* 68: 4915-4933. doi:10.1016/j.gca.2004.05.037.

Mulder T et al. (2011) Progress in deep-sea sedimentology. in Hüneke H and Mulder T eds, *Deep-sea sediments, Developments in Sedimentology* 63: 1-24, Elsevier, Amsterdam. doi:10.1016/B978-0-444-53000-4.00001-9.

Müller RD et al. (2008) Age, spreading rates, and spreading asymmetry of the world's ocean crust. *Geochem Geophys Geosyst* 9: Q04006. doi:10.1029/2007GC001743.

Murauchi S and Ludwig WJ (1980) Crustal structure of the Japan Trench: The effect of subduction of ocean crust. *Init Rep Deep Sea*, Washington DC (US Govt Printing Office), 463-470. doi:10.2973/dsdp.proc.56.57.110.1980.

Nagihara S et al. (1996) Reheating of old oceanic lithosphere: Deductions from observations. *Earth Planet Sci Lett* 139: 91-104. doi:10.1016/0012-821X(96)00010-6.

Nakanishi M et al. (1989) Mesozoic magnetic anomaly lineations and seafloor spreading history of the northwestern Pacific. *J Geophys Res* 94: 15,437-15,462. doi:10.1029/JB094iB11p15437.

Nakanishi M et al. (1992) A new Mesozoic isochron chart of the northwestern Pacific Ocean: Paleomagnetic and tectonic implications. *Geophys Res Lett* 19: 693-696. doi:10.1029/92GL00022.

Nakanishi M and Gee JS (1995) Paleomagnetic investigations of volcanic rocks: paleolatitudes of the northwestern Pacific guyots. in Haggerty JA et al. eds, *Proc ODP Sci Results*, 144: College Station TX (ODP), 585-604. doi:10.2973/odp.proc.sr.144.022.1995.

Nakanishi M and Winterer EL (1996) Tectonic events of the Pacific Plate related to formation of Ontong Java Plateau. *Eos Trans AGU* 7746, Fall Meet Suppl, F713.

Nakanishi M and Winterer EL (1998) Tectonic history of the Pacific-Farallon-Phoenix triple junction from Late Jurassic to Early Cretaceous: An abandoned Mesozoic spreading system in the Central Pacific Basin. *J Geophys Res* 103: 12453-12468. doi:10.1029/98JB00754.

Nakanishi M et al. (1999) Magnetic lineations within Shatsky Rise, northwest Pacific Ocean: Implications for hot spot-triple junction interaction and oceanic plateau formation. *J Geophys Res* 104: 7539-7556. doi:10.1029/1999jb900002.

Nakanishi M (2011) Bending-related topographic structures of the subducting plate in the northwestern Pacific Ocean, in Ogawa Y et al. eds, *Accretionary Prisms and Convergent Margin Tectonics in the Northwest Pacific Basin*, 1-38. doi:10.1007/978-90-481-8885-7_1.

Nakanishi M and Hashimoto J (2011) A precise bathymetric map of the world's deepest seafloor, Challenger Deep in the Mariana Trench. *Mar Geophys Res* 32: 455-463. doi:10.1007/s11001-011-9134-0.

Nakanishi M et al. (2015) Reorganization of the Pacific-Izanagi-Farallon triple junction in the Late Jurassic: Tectonic events before the formation of the Shatsky Rise. in Neal CR et al. eds, *The Origin, Evolution, and Environmental Evolution of Oceanic Large Igneous Provinces*, Geol Soc Am Spec Pap 511: 85-101. doi:10.1130/2015.2511(05).

Nasu N et al. (1980) Interpretation of multichannel seismic reflection data, legs 56 and 57, Japan Trench transect, Deep Sea Drilling Project. in Scientific Party ed, *Init Repts DSDP*, 56/57: Washington DC (US Govt Printing Office), 408-504. doi:10.2973/dsdp.proc.5657.112.1980.

Natland JH (1980) The progression of volcanism in the Samoan linear volcanic chain. *Am J Sci* 280-A: 709-735.

Natland JH and Winterer EL (2005) Fissure control on volcanic action in the Pacific. *Geol Soc Am Spec Pap* 388: 687-710. doi:10.1130/0-8137-2388-4.687.

Nishimura CE and Forsyth DW (1985) Anomalous Love-wave phase velocities in the Pacific: sequential pure-path and spherical harmonic inversion. *Geophys J Roy Astron Soc* 81: 389-407. doi:10.1111/j.1365-246X.1985.tb06409.x.

Nishizawa A et al. (2011) Backarc basin oceanic crust and uppermost mantle seismic velocity structure of the Shikoku Basin, south of Japan. *Earth Planets Space* 63: 151-155. doi:10.5047/eps.2010.12.003.

O'connor JM et al. (2015) Deformation-related volcanism in the Pacific Ocean linked to the Hawaiian-Emperor bend. *Nature Geosci* 8: 393-397. doi:10.1038/ngeo2416.

Ogawa Y and Kobayashi K (1993) Mud ridge on the crest of the outer swell off Japan Trench. *Mar Geol* 111: 1-6. doi:10.1016/0025-3227(93)90184-W.

Ogawa Y et al. (1996) En echelon patterns of Calyptogena colonies in the Japan Trench. *Geology* 24: 807-810. doi:10.1130/0091-7613(1996)024<0807:eepocc>2.3.co;2.

Ogawa Y and Yanagisawa Y (2011) Boso TTT-Type triple junction: Formation of Miocene to Quaternary accretionary prisms and present-day gravitational collapse. in Ogawa Y et al. eds, *Accretionary Prisms and Convergent Margin Tectonics in the Northwest Pacific Basin*, Springer, Dordrecht, 53-73. doi:10.1007/978-90-481-8885-7_3.

Oufi O et al. (2002) Magnetic properties of variably serpentinized abyssal peridotites. *J Geophys Res* 107: EPM 3-1-EPM 3-19. doi:10.1029/2001JB000549.

Pape T et al. (2014) Hydrocarbon seepage and its sources at mud volcanoes of the Kumano forearc basin, Nankai Trough subduction zone. *Geochem Geophys Geosyst* 15: 2180-2194. doi:10.1002/2013GC005057.

Pariso JE and Johnson HP (1993) Do layer 3 rocks make a significant contribution to marine magnetic anomalies? In situ magnetization of gabbros at Ocean Drilling Program hole 735B. *J Geophys Res* 98: 16033-16052. doi:10.1029/93JB01097.

Pariso JE et al. (1996) Three-dimensional inversion of marine magnetic anomalies: Implications for crustal accretion along the Mid-Atlantic Ridge (28°-31°30′N). *Mar Geophys Res* 18: 85-101. doi:10.1007/bf00286204.

Parsons B and Sclater JG (1977) An analysis of the variation of ocean floor bathymetry and heat flow with age. *J Geophys Res* 82: 803-827. doi:10.1029/JB082i005p00803.

Phipps Morgan J et al. (1987) Mechanisms for the Origin of Mid-Ocean Ridge Axial Topography: Implications for the Thermal and Mechanical Structure of Accreting Plate Boundaries. *J Geophys Res* 92: 12823-12836.

Pinet PR (2009) *Invitation to Oceanography 5th ed*, Jones and Bartlett Publishers, Sudbury, 626

pp.
Pratt RM and McFarlin PF (1966) Manganese Pavements on the Blake Plateau. *Science* 151:1080-1082. doi:10.1126/science.151.3714.1080.
Prince RA and Forsyth DW (1988) Horizontal extent of anomalously thin crust near the Vema Fracture Zone from the three-dimensional analysis of gravity anomalies. *J Geophys Res* 93: 8051-8063. doi:10.1029/JB093iB07p08051.
Pringle MS and Duncan RA (1995) Radiometric ages of basement lavas recovered at Sites 865, 866, and 869. in Winterer EL *et al*. eds, *Proc ODP Sci Result*, 143: College Station TX (ODP), 277-283. doi:10.2973/odp.proc.sr.143.218.1995.
Prothero DR and Schwab F (2014) *Sedimentary Geology 3rd ed*, WH Freeman and Company, New York, 593 pp.
Ranero CR *et al*. (2003) Bending-related faulting and mantle serpentinization at the Middle America trench. *Nature* 425: 367-373. doi:10.1038/nature01961.
Reston TJ *et al*. (1999) The structure of Cretaceous oceanic crust of the NW Pacific: Constraints on processes at fast spreading centers. *J Geophys Res* 104: 629-644. doi:10.1029/98JB02640.
Ridley VA and Richards MA (2010) Deep crustal structure beneath large igneous provinces and the petrologic evolution of flood basalts. *Geochem Geophys Geosyst* 11: Q09006. doi:10.1029/2009GC002935.
Round FE *et al*. (1990) *The Diatoms: Biology and Morphology of the Genera*, Cambridge University Press, Cambridge, 760 pp.
Sabaka TJ *et al*. (2004) Extending comprehensive models of the Earth's magnetic field with Ørsted and CHAMP data. *Geophys J Int* 159: 521-547. doi:10.1111/j.1365-246X.2004.02421.x.
Sager WW *et al*. (1998) Geomagnetic polarity reversal model of deep-tow profiles from the Pacific Jurassic Quiet Zone. *J Geophys Res* 103: 5269-5286. doi:10.1029/97JB03404.
Sager WW (2006) Cretaceous paleomagnetic apparent polar wander path for the Pacific plate calculated from Deep Sea Drilling Project and Ocean Drilling Program basalt cores. *Phys Earth Planet Int* 156: 329-349. doi:10.1016/j.pepi.2005.09.014.
Sager WW *et al*. (2013) An immense shield volcano within the Shatsky Rise oceanic plateau, northwest Pacific Ocean. *Nature Geosci* 6: 976-981. doi:10.1038/Ngeo1934.
Sager WW *et al*. (2015) Paleomagnetism of igneous rocks from the Shatsky Rise: Implications for paleolatitude and oceanic plateau volcanism. in Neal *et al*. eds, *The Orign, Evolution, and Environmental Evolution of Oceanic Large Igneous Provinces*, *Geol Soc Am Spec Pap* 511: 147-171. doi:10.1130/2015.2511(08).
Sandwell DT *et al*. (1995) Evidence for diffuse extension of the Pacific Plate from Pukapuka ridges and cross-grain gravity lineations. *J Geophys Res* 100: 15087-15099. doi:10.1029/95JB00156.
Sandwell D and Fialko Y (2004) Warping and cracking of the Pacific plate by thermal contraction. *J Geophys Res* 109. doi:10.1029/2004JB003091.
Sandwell DT *et al*. (2014) New global marine gravity model from CryoSat-2 and Jason-1 reveals buried tectonic structure. *Science* 346: 65-67. doi:10.1126/science.1258213.
Sato M *et al*. (2011) Displacement above the hypocenter of the 2011 Tohoku-Oki earthquake. *Science* 332: 1395. doi:10.1126/science.1207401.
Sato T *et al*. (2014) Seismic constraints on the formation process on the back-arc basin in the southeastern Japan Sea. *J Geophys Res*. doi:10.1002/2013JB010643.
Schlanger SO and Jenkyns HC (1976) Cretaceous oceanic anoxic events: Causes and consequences. *Geologie en Mijnbouw* 55: 179-184.
Scholl DW and von Huene R (2010) Subduction zone recycling processes and the rock record of crustal suture zones. *Canad J Earth Sci* 47: 633-654. doi:10.1139/e09-061.
Schouten H and McCamy K (1972) Filtering marine magnetic anomalies. *J Geophys Res* 77: 7089-7099. doi:10.1029/JB077i035p07089.
Schouten H *et al*. (2008) Cracking of lithosphere north of the Galapagos triple junction. *Geology* 36: 339.
Schouten JA (1971) A fundamental analysis of magnetic anomalies over oceanic ridges. *Mar Geophys Res* 1: 111-144. doi:10.1007/bf00305291.

Segawa J and Tomoda Y (1976) Gravity measurements near Japan and study of the upper Mantle beneath the oceanic trench-marginal sea transition zones. in Sutton GH et al. eds, *The Geophysics of the Pacific Ocean Basin and Its Margin*, Geophys Monogr Ser 19, AGU, Washington DC, 35-52. doi:10.1029/GM019p0035.

Sella GF et al. (2002) REVEL: A model for Recent plate velocities from space geodesy. *J Geophys Res* 107(B4): ETG11-1-ETG11-30. doi:10.1029/2000JB000033.

Sherrod DR et al. (2007) *Geologic Map of the State of Hawai'i*, US Geological Survey Open-File Report 2007-1089, 83 pp.

Shimizu K et al. (2015) Alkalic magmatism in the Lyra Basin: A missing link in the late-stage evolution of the Ontong Java Plateau. *Geol Soc Am Spec Pap* 511: 233-249. doi:10.1130/2015.2511(13).

Shipboard Scientific Party (1971) Site 57. *Init Rep DSDP*, 6: Washington DC (US Govt Printing Office), 493-537. doi:10.2973/dsdp.proc.6.115.1971.

Shipboard Scientific Party (1993a) Site 865. in Sager WW et al. eds, *Proc ODP Init Repts*, 143: College Station TX (ODP), 111-180. doi:10.2973/odp.proc.ir.143.106.1993.

Shipboard Scientific Party (1993b) Site 878. in Premoli Silva I et al. eds, *Proc ODP Init Repts*, 144: College Station TX (ODP), 331-412. doi:10.2973/odp.proc.ir.144.111.1993.

Shipley TH et al. (1979) Seismic evidence for widespread possible gas hydrate horizons on continetal slopes and rises. *Am Assoc Petrol Geol Bull* 63: 2204-2213.

Shipley TH and Didyk BM (1982) Occurrence of methane hydrates offshore southern Mexico. in Watkins JS and Moore JC eds, *Init Rep Deep Sea*, 66: Washington DC (US Govt Printing Office), 547-555. doi:10.2973/dsdp.proc.66.120.1982.

Shipley TH et al. (1993) Late Jurassic-Early Cretaceous oceanic crust and Early Cretaceous volcanic sequences of the Nauru Basin, western Pacific. in Pringle M et al. eds, *Mesozoic Pacific, Geophys Monogr Ser* 77, AGU, Washington DC, 77-101. doi:10.1029/GM077p0103.

Sinha MC and Evans RL (2004) Gephysical Constraints upon the Thermal Regime of the Ocean Crust. *Mid-Ocean Ridges*, AGU, 19-62. doi:10.1029/148GM02.

Small C (1998) Global Systematics of Mid-Ocean Ridge Morphology. *Geophys Monograph Ser* 106: 1-25. doi:10.1029/GM106p0001.

Smith DE et al. (1999) The Global Topography of Mars and Implications for Surface Evolution. *Science* 284: 1495-1503. doi:10.1126/science.284.5419.1495.

Smith WHF and Sandwell DT (1997) Global seafloor topography from satellite altimetry and ship depth soundings. *Science* 277: 1957-1962. doi:10/1126/science.277.5334.1956.

Smith WH and Sandwell DT (2004) Conventional bathymetry, bathymetry from space, and geodetic altimetry. *Oceanogr* 17: 8-23.

Smoot NC (1991) *North Pacific Guyots, NAVOCEANO Technical Note*, 93 pp.

Staudigel H and Clague DA (2010) The Geological history of deep-sea volcanoes: Biosphere, hydrosphere, and lithosphere interactions. *Oceanogr* 23: 58-71. doi:10.5670/oceanog.2010.62.

Stein CA and Stein S (1992) A model for the global variation in oceanic depth and heat flow with lithospheric age. *Nature* 359: 123-129. doi:10.1038/359123a0.

Steinberger B et al. (2004) Prediction of Emperor-Hawaii seamount locations from a revised model of plate motion and mantle flow. *Nature* 430: 167-173. doi:10.1038/nature02660.

Stern RJ (2004) Subduction initiation: spontaneous and induced. *Earth Planet Sci Lett* 226: 275-292. doi:10.1016/j.epsl.2004.08.007.

Stern RJ (2005) Ocean Trenches. in Cocks LRM and Plimer IR eds, *Encyclopedia of Geology*, Elsevier, Oxford, 428-437. doi:10.1016/B0-12-369396-9/00141-6.

Strasser M et al. (2009) Origin and evolution of a splay fault in the Nankai accretionary wedge. *Nature Geosci* 2: 648-652. doi:10.1038/ngeo609.

Suetsugu D et al. (2009) South Pacific mantle plumes imaged by seismic observation on islands and seafloor. *Geochem Geophys Geosyst* 10: Q11014. doi:10.1029/2009GC002533.

Suyehiro K et al. (1996) Continental crust, crustal underplating, and low-Q upper mantle beneath an oceanic island arc. *Science* 272: 390-392. doi:10.1126/science.272.5260.390.

Swift SA et al. (1998) Velocity structure in upper ocean crust at Hole 504B from vertical seismic

profiles. *J Geophys Res* 103: 15361-15376. doi:10.1029/98JB00766.
Swift S *et al.* (2008) Velocity structure of upper ocean crust at Ocean Drilling Program Site 1256. *Geochem Geophys Geosyst* 9: Q10O13. doi:10.1029/2008GC002188.
Takahashi N *et al.* (2008) Structure and growth of the Izu-Bonin-Mariana arc crust: 1. Seismic constraint on crust and mantle structure of the Mariana arc–back-arc system. *J Geophys Res* 113: 1-18. doi:10.1029/2007JB005120.
Talwani M *et al.* (1971) Reykjanes Ridge crest: A detailed geophysical study. *J Geophys Res* 76: 473-517. doi:10.1029/JB076i002p00473.
Tamaki K *et al.* (1992) Tectonic synthesis and implications of Japan Sea ODP drilling. in Tamaki K *et al.* eds, *Proc ODP Sci Results*, 127/128 (Pt. 2), College Station TX (ODP), 1333-1348. doi:10.2973/odp.proc.sr.127128-2.240.1992.
Tapponnier P and Francheteau J (1978) Necking of the lithosphere and the mechanics of slowly accreting plate boundaries. *J Geophys Res* 83(B8): 3955. doi:10.1029/JB083iB08p03955.
Tarduno JA *et al.* (2003) The Emperor Seamounts: Southward motion of the Hawaiian hotspot plume in Earth's Mantle. *Science* 301: 1064-1069. doi:10.1126/science.1086442.
Taylor B (2006) The single largest oceanic plateau: Ontong Java–Manihiki–Hikurangi. *Earth Planet Sci Lett* 241: 372-380. doi:10.1016/j.epsl.2005.11.049.
Tejada MLG *et al.* (1996) Age and geochemistry of basement and alkalic rocks of Malaita and Santa Isabel, Solomon Islands, southern margin of Ontong Java plateau. *J Petrol* 37: 361-394. doi:10.1093/petrology/37.2.361.
Tejada MLG *et al.* (2002) Basement geochemistry and geochronology of central Malaita, Solomon islands, with implications for the origin and evolution of the Ontong Java Plateau. *J Petrol* 43: 449-484. doi:10.1093/petrology/43.3.449.
Tetreault JL and Buiter SJH (2014) Future accreted terranes: a compilation of island arcs, oceanic plateaus, submarine ridges, seamounts, and continental fragments. *Solid Earth* 5: 1243-1275. doi:10.5194/se-5-1243-2014.
Tharp M and Heezen C (1977) *World Ocean Floor Panorama*.
Thébault E *et al.* (2015) International Geomagnetic Reference Field: the 12th generation. *Earth Planets Space* 67: 1-19. doi:10.1186/s40623-015-0228-9.
Tivey MA *et al.* (2006) Origin of the Pacific Jurassic quiet zone. *Geology* 34: 789-792. doi:10.1130/g22894.1.
Tréhu AM *et al.* (2003) Seismic and seafloor evidence for free gas, gas hydrates, and fluid seeps on the transform margin offshore Cape Mendocino. *J Geophys Res* 108. doi:10.1029/2001JB001679.
Trujillo AP and Thurman HV (2014) *Essentials of Oceanography 11th ed*, Prentice Hall., 608 pp.
Tsuji T *et al.* (2013) Extension of continental crust by anelastic deformation during the 2011 Tohoku-oki earthquake: The role of extensional faulting in the generation of a great tsunami. *Earth Planet Sci Lett* 364: 44-58. doi:10.1016/j.epsl.2012.12.038.
Tsuru T *et al.* (2000) Tectonic features of the Japan Trench convergent margin off Sanriku, northeastern Japan, revealed by multichannel seismic reflection data. *J Geophys Res* 105: 16403-16413. doi:10.1029/2000jb900132.
Tsuru T *et al.* (2002) Along-arc structural variation of the plate boundary at the Japan Trench margin: Implication of interplate coupling. *J Geophys Res* 107: 2357. doi:10.1029/2001jb001664.
Tucholke BE and Lin J (1994) A geological model for the structure of ridge segments in slow spreading ocean crust. *J Geophys Res* 99: 11937-11958. doi:10.1029/94JB00338.
Tucholke BE (1998) Discovery of " Megamullions " Reveals Gateways Into the Ocean Crust and Upper Mantle. *Oceanus* 41: 15-19.
Turcotte DL *et al.* (1978) Structural characteristics of tectonic zones An elastic-perfectly plastic analysis of the bending of the lithosphere at a trench. *Tectonophys* 47: 193-205. doi:10.1016/0040-1951(78)90030-6.
Vallier TL *et al.* (1983) Geologic evolution of Hess Rise, central North Pacific Ocean. *Geol Soc Am Bull* 94: 1289-1307. doi:10.1130/0016-7606(1983)94<1289:geohrc>2.0.co;2.
Varga RJ *et al.* (2004) Paleomagnetic constraints on deformation models for uppermost oceanic

crust exposed at the Hess Deep Rift: Implications for axial processes at the East Pacific Rise. *J Geophys Res* 109: B2104. doi:10.1029/2003JB002486.

Vera EE et al. (1990) The structure of 0- to 0.2-m.y.-old oceanic crust at 9°N on the East Pacific Rise from expanded spread profiles. *J Geophys Res* 95: 15529-15556. doi:10.1029/JB095iB10p15529.

Vine FJ and Hess HH (1970) Sea floor spreading. in Maxwell AE ed, *The Sea* (Vol. 4, Part II), Wiley-Interscience, New York, 587-622.

von Huene R et al. (1980) Summary, Japan Trench Transect. in Scientific Party ed, *Init Repts DSDP*, 56/57: Washington DC (US Govt Printing Office), 473-488. doi:10.2973/dsdp.proc.5657.111.1980.

von Huene R and Lallemand S (1990) Tectonic erosion along the Japan and Peru convergent margins. *Geol Soc Am Bull* 102: 704-720. doi:10.1130/0016-7606(1990)102<0704:teatja>2.3.co;2.

von Huene R et al. (1994) Tectonic structure across the accretionary and erosional parts of the Japan Trench margin. *J Geophys Res* 99: 22349-22361. doi:10.1029/94JB01198.

von Huene R (2003) Subduction erosion and basal friction along the sediment-starved convergent margin off Antofagasta, Chile. *J Geophys Res* 108. doi:10.1029/2001jb001569.

von Huene R et al. (2004) Generic model of subduction erosion. *Geology* 32: 913. doi:10.1130/g20563.1.

von Huene R et al. (2009) Convergent Margin Structure in High-Quality Geophysical Images and Current Kinematic and Dynamic Models. in Lallemand S and Funiciello F eds, *Subduction Zone Geodynamics*, Springer, Berlin Heidelberg, 137-157. doi:10.1007/978-3-540-87974-9_8.

Wang Y et al. (2009) Convective upwelling in the mantle beneath the Gulf of California. *Nature* 462: 499-501. doi:10.1038/nature08552.

Watts AB and Taiwani M (1974) Gravity anomalies seaward of deep-sea trenches and their tectonic implications. *Geophys J Roy Astron Soc* 36: 57-90. doi:10.1111/j.1365-246X.1974.tb03626.x.

Watts AB and Daly SF (1981) Long wavelength gravity and topography anomalies. *Ann Rev Earth Planet Sci* 9: 415-448. doi:10.1146/annurev.ea.09.050181.002215.

Watts AB (2001) *Isostasy and Flexure of the Lithosphere*, Cambridge University Press, Cambridge, 480 pp.

Watts AB (2011) Isostasy. in Gupta HK ed, *Encyclopedia of Solid Earth Geophysics*, Springer, Dordrecht, 647-662. doi:10.1007/978-90-481-8702-7_81.

Watts AB et al. (2013) The Behavior of the lithosphere on seismic to geologic timescales. *Ann Rev Earth Planet Sci* 41: 443-468. doi:10.1146/annurev-earth-042711-105457.

Wells RE et al. (2003) Basin-centered asperities in great subduction zone earthquakes: A link between slip, subsidence, and subduction erosion?. *J Geophys Res* 108. doi:10.1029/2002JB002072.

Wessel P (1993) A reexamination of the flexural deformation beneath the Hawaiian Islands. *J Geophys Res* 98: 12177-12190. doi:10.1029/93JB00523.

Wessel P (2001) Global distribution of seamounts inferred from gridded Geosat/ERS-1 altimetry. *J Geophys Res* 106: 19431-19441. doi:10.1029/2000JB000083.

Westbrook GK et al. (1988) Cross section of an accretionary wedge: Barbados Ridge complex. *Geology* 16: 631-635. doi:10.1130/0091-7613(1988)016<0631:csoaaw>2.3.co;2.

Wheat CG et al. (2003) Oceanic phosphorus imbalance: Magnitude of the mid-ocean ridge flank hydrothermal sink. *Geophys Res Lett* 30: 17-20. doi:10.1029/2003GL017318.

White RS et al. (1990) New seismic images of oceanic crustal structure. *Geology* 18: 462-465. doi:10.1130/0091-7613(1990)018<0462:nsiooc>2.3.co;2.

White RS et al. (1992) Oceanic crustal thickness from seismic measurements and rare earth element inversions. *J Geophys Res* 97: 19683-19715. doi:10.1029/92JB01749.

White WM and Klein EM (2014) 4.13 - Composition of the oceanic crust. in Holland HD and Turekian KK eds, *Treatise on Geochemistry 2nd ed*, Elsevier, Oxford, 457-496. doi:10.1016/B978-0-08-095975-7.00315-6.

Whittaker JM et al. (2013) Global sediment thickness data set updated for the Australian-Antarc-

tic Southern Ocean. *Geochem Geophys Geosyst* 14: 3297-3305. doi:10.1002/ggge.20181.
Wilson JT (1963) A possible origin of the Hawaiian Islands. *Canad J Phys* 41: 863-870.
Wilson JT (1965) A New Class of Faults and their Bearing on Continental Drift. *Nature* 207: 343-347. doi:10.1038/207343a0.
Wilson JT (1966) Did the Atlantic Close and then Re-Open? *Nature* 211: 676-681. doi:10.1038/211676a0.
Winterer EL and Sandwell DT (1987) Evidence from en-echelon cross-grain ridges for tensional cracks in the Pacific plate. *Nature* 329: 534-537. doi:10.1038/329534a0.
Winterer EL *et al.* (1993) Cretaceous Guyots in the northwest Pacific: An overview of their geology and geophysics. in Pringle MS *et al.* eds, *The Mesozoic Pacific: Geology, Tectonics, and Volcanism, Geophys Monogr Ser* 77, AGU, Washington DC, 307-334. doi:10.1029/GM077p0307.
Worm H-U *et al.* (1996) Implications for the sources of marine magnetic anomalies derived from magnetic logging in Holes 504B and 896A. in Alt JC *et al.* eds, *Proc ODP Sci Results*, 148: College Station TX (ODP), 331-338. doi:10.2973/odp.proc.sr.148.140.1996.
Yoder HS and Tilley CE (1962) Origin of basalt magmas: An experimental study of natural and synthetic rock systems. *J Petrol* 3: 342-532. doi:10.1093/petrology/3.3.342.
Yoshii T (1972) Terrestrial heat flow and features of the upper mantle beneath the Pacific and the Sea of Japan. *J Phys Earth* 20: 271-285. doi:10.4294/jpe1952.20.271.
Yoshii T (1973) Upper mantle structure beneath the North Pacific and the marginal seas. *J Phys Earth* 21: 313-328. doi:10.4294/jpe1952.21.313.
Yoshii T (1975) Regionality of group velocities of Rayleigh waves in the Pacific and thickening of the plate. *Earth Planet Sc Lett* 25: 305-312. doi:10.1016/0012-821X(75)90246-0.
Yukutake T (1962) The westward drift of the magnetic field of the earth. *Bull Earthq Res Inst* 40: 1-65.
Zhang J *et al.* (2016) The seismic Moho structure of Shatsky Rise oceanic plateau, northwest Pacific Ocean. *Earth Planet Sci Lett* 441: 143-154. doi:10.1016/j.epsl.2016.02.042.

浅田昭（2000）日本周辺の500mメッシュ海底地形データとビジュアル編集プログラム．海洋調査技術 12：1_21-21_33．doi:10.11306/jsmst.12.1_21．
芦寿一郎ほか（2009）南海付加体の海底観察・観測．木村学・木下正高編，付加体と巨大地震発生帯，東京大学出版会，65-122．
臼井朗ほか（2015）海底マンガン鉱床の地球科学，東京大学出版会，264 pp．
小川勇二郎・久田健一郎（2005）付加体地質学，共立出版，174 pp．
沖野郷子（2015）フィリピン海の磁気異常とテクトニクス．地学雑誌 124：729-747．doi:10.5026/jgeography.124.729．
兼岡一郎（1998）年代測定概論，東京大学出版会，315 pp．
蒲生俊敬（1996）海洋の科学—深海底から探る，日本放送出版協会，pp210．
木村学（2002）プレート収束帯のテクトニクス学，東京大学出版会，288 pp．
木村学・木下正高編（2009）付加体と巨大地震発生帯—南海地震の解明に向けて，東京大学出版会，292pp．
黒田潤一郎ほか（2014）海盆の蒸発：蒸発岩の堆積学とメッシニアン期地中海塩分危機．地質学雑誌 120：181-200．doi:10.5575/geosoc.2014.0016．
小泉格（2011）珪藻古海洋学，東京大学出版会，220 pp．
小平秀一（2009）地球物理学的観測から見た南海トラフ地震発生帯．木村学・木下正高編，付加体と巨大地震発生帯，東京大学出版会，26-64．
小林和男（1977）海洋底地球科学，東京大学出版会，324 pp．
佐々木智之（2004）広域精密海底地形データに基づいた北部日本海溝の沈みこみテクトニクスに関する研究，東京大学博士論文，159 pp．
庄子仁ほか（2009）オホーツク海のメタンハイドレートとプルーム．地学雑誌 118：175-193．doi:10.5026/jgeography.118.175．
平朝彦（2001）地質学1 地球のダイナミックス，岩波書店，312 pp．
平朝彦（2004）地質学2 地層の解読，岩波書店，458 pp．
高橋秀明ほか（2001）基礎試錐「南海トラフ」におけるメタンハイドレート探鉱．石油技術協会誌

66：652-665.
玉木賢策・小林和男（1988）地磁気異常からみた日本海．海洋科学 20：705-710.
仲二郎ほか（1991）相模湾，初島沖シロウリガイ群集域における地質学的新知見．海洋科学技術センター試験研究報告，1-5.
西村祐二郎ほか（2010）基礎地球科学，朝倉書店，232 pp.
平野聡ほか（1999）三陸沖日本海溝海側斜面に発達する割れ目の変遷：「しんかい 6500」および「かいこう」による観察．JAMSTEC 深海研究 14：445-454.
古田俊夫・中西正男（1990）海洋性磁気異常と海底玄武岩中の磁性鉱物．地学雑誌 99：490-506. doi:10.5026/jgeography.99.490.
堀田宏ほか（1992）日本海溝北部海側斜面の地殻構造―「しんかい 6500」第 65, 66, 67 潜航報告．しんかいシンポジウム報告書，8：1-15.
村内必典（1972）人工地震探査による日本海の地殻構造．科学 42：367-375.
森田澄人ほか（1999）北部伊豆・小笠原弧の火山及び構造の発達史．月刊地球 号外 No. 23：79-88.
山路敦（2000）理論テクトニクス入門，朝倉書店，304 pp.

索引

ア 行

アイスランドホットスポット　161
アイソクロン　90
アイソスタシー　5, 132
アウターライズ　21
　　——地震　191
アウトオブシーケンス衝上断層　205
赤粘土　37, 46
アセノスフェア　247
アビサルヒル　135
アリソンギョー　227
アルカリ玄武岩　30, 33, 220
アルゴン-アルゴン法（Ar-Ar法）　89
伊豆・小笠原海溝　188, 196
伊豆・小笠原弧　165, 210
伊豆・小笠原・マリアナ弧（IBM弧）　171
板冷却モデル　63, 66
イライト　24, 37
インシーケンス衝上断層　205
インド洋　15, 84, 268
ウィルソンサイクル　263
内側プリズム　200
エアガン　280
衛星高度計　13
衛星航法（GNSS）　274
液相濃集元素　32, 140
エトベス補正　73, 279
襟裳海山　203
縁海　22, 62, 85
遠洋性堆積物　24, 37
オイラー極　247
沖縄トラフ　174
オーストラリア南極不連続　151, 163
音速度　11
オパールA　42

オパールCT　42
オフィオライト　143
オホーツク海　48
親潮古陸　202
音楽家海山群　231
音響測深機　10
音響測距　262
オントンジャワ海台　26, 234, 235, 238
音波探査　8

カ 行

海丘　25, 216
海溝　14, 164
　　——三重会合点　188, 196
　　——斜面ブレイク　198
　　——周縁隆起帯　21, 80, 188
　　——充填堆積物　196, 204
海山　14, 25, 77, 203, 215, 217
塊状溶岩　34, 217
海台　14, 77, 216, 232
海底擬似反射面　42, 51
海底谷　23, 198
海底地震計　282, 290
海底磁力計　291
海底扇状地　23
海底測地基準点　262
海底堆積物　34
海底熱水系　174
海洋コアコンプレックス（OCC）　34, 163
海洋酸素同位体ステージ（MIS）　54
海洋地殻　5, 28
海洋デタッチメント　163
海洋島　215
　　——玄武岩　32
海洋島弧　62
海洋プレート内海山　221
海洋無酸素事変　246

索引——313

海洋リソスフェア　28, 130, 186, 215
ガウス係数　95
カオリナイト　24, 37
化学合成細菌　176
化学合成生物群集　213
化学残留磁化　111
拡大速度　59, 136, 146
火山弧　20
カスカディア沈み込み帯　196
ガスハイドレート　48
仮想的地磁気極（VGP）　102
ガッケル海嶺　34
活動的縁辺域　19, 188
下底浸食作用　200
下部地殻　63
ガラパゴス三重会合点　34
ガラパゴスリフト　175
カリウム-アルゴン法（K-Ar法）　88
岩塩　46
岩石-水反応　177
岩脈　30, 144
かんらん岩　30, 34, 59, 137, 141, 210
かんらん石ソレアイト　30
逆磁極期　104, 109
九州・パラオ海嶺　173, 210
キュリー温度　110
ギヨー　25, 40, 216, 218, 222, 227, 235
極移動曲線　257
局所アイソスタシー　77
巨大海台　26
巨大火成岩岩石区（LIPs）　26, 232
魚卵石　45
釧路海底谷　198
掘削同時検層　288
屈折法地震探査　283
苦鉄質　30
熊野海盆　198, 206
クリアスモーカー　178, 184
クリッパートン断裂帯　61
黒鉱鉱床　185
グローバルプレートモデル　251
ケイ質堆積物　35, 41
ケイ質軟泥　25, 41
珪藻　25, 41
ケイマンライズ　132

結晶分化　141
結節盆地　156
ケーン断裂帯　163
玄武岩質　29, 57
　——マグマ　141
古緯度　256
紅海　174
洪水玄武岩　26
高速拡大海嶺　60, 136, 150
孔内検層　288
弧-海溝系　19, 249
国際標準磁場　94
ココス-ナスカ海嶺　34
コスタリカリフト　33
古地磁気極　103, 256
古島弧　22, 172
コバルトリッチクラスト　45
混濁流　23
コンチネンタルライズ　22
ゴンドワナ　264

サ 行

最終氷期最盛期（LGM）　3
サイドスキャンソナー　277
相模トラフ　188, 196
サンアンドレアス断層　267
サンゴ礁　25, 40, 215, 218
残差重力異常　73
残差マントルブーゲー異常　75
酸素同位体比　40, 52
残存堆積物　37
磁気嵐　103
磁気異常縞模様　85, 111, 251
磁気異常番号　104
磁気異常プロファイル　120, 124
磁極　96
　——期　55
軸上海山　219
四国海盆　62, 85, 117, 173
地震波速度構造　55, 225
地すべり地形　198
沈み込みチャネル　200
沈み込みの開始　270
磁性鉱物　109
自然残留磁化　110

シート状岩脈　34
シート状溶岩　57
シャツキーライズ　235, 236
蛇紋岩　143
　　──泥火山　211
ジャワ海溝　187
舟状海盆　20
重複拡大軸（OSC）　156
受動的縁辺域　19, 188
小アンティル海溝　188, 196
衝上断層　205
蒸発岩　46
上部地殻　62
上部マントル　58
深海掘削計画（DSDP）　29
深海性ソレアイト　32
深海堆積物　35, 37
深海長谷　23
深海平原　3, 14, 23
深海平坦面　198
真の極移動　258
水深異常　242
水成堆積物　43
垂直地震探査法　283
ストリーマーケーブル　282
スーパープルーム　26, 240
スメクタイト　38
スラブ　20, 269
駿河トラフ　188
スワス測深　276
正磁極期　104, 109
正断層　146
生物起源物質　39
石英ソレアイト　30
セグメント構造　153
石灰質堆積物　35, 39
石灰質軟泥　24, 39, 46
前縁浸食作用　200
前縁プリズム　200
浅海堆積物　35
前弧　20
　　──海盆　198, 209
船上重力計　279
全磁力　93, 96
造構性浸食作用　20, 199

層状含硫化鉄鉱床　185
底付け作用　204
ソナー　8
ソリダス　137
ソレアイト　30
ソロモン諸島　240

タ　行

第一鹿島海山　203
大西洋　15, 18, 22, 46, 84, 130, 267
　　──中央海嶺（MAR）　130, 152, 163
堆積残留磁化　111
太平洋　15, 18, 46, 84, 130, 264
　　──－南極海嶺　150
大陸海境界　22
大陸縁辺域　18
大陸斜面　3, 22, 188, 198
大陸棚　3, 22, 188, 198
大陸地殻　5
ダーウィンライズ　243
タービダイト　196
炭酸塩補償深度（CCD）　25, 41
弾性層厚　76
断層地形　191
断熱減圧融解　138
断裂帯　18, 61, 155, 250
地域アイソスタシー　77
地温勾配　137
地殻熱流量　69, 179
地球磁場　93
　　──逆転年表　104
地磁気極　97, 100
地磁気双極子　97
地磁気大湾曲　112
地磁気日変化　103
地磁気湾曲　112
千島海溝　188, 196
地心双極子　101
　　──仮説　101
チャート　42
チャレンジャー海淵　3, 20, 39, 186
中央インド洋海嶺　152
中央海嶺　14, 59, 84, 130, 249
　　──玄武岩（MORB）　32, 141
中間プリズム　200

中軸谷　16, 133
中生代磁気異常縞模様　113
中速拡大海嶺　151
中部太平洋海山群　235
中部地殻　63, 167, 210
超苦鉄質岩　181
超低速拡大海嶺　59, 136, 152
チリ海溝　85, 139
チリ海嶺　139, 150
底生生物　24, 39
低速拡大海嶺　60, 136, 152
テイニー海山列　220
デコルマン　201, 206
テチス海　264
鉄・マンガン酸化物　43
デューパル異常　33, 142, 244
デュープレックス構造　206
電波航法　274
伝播性拡大　161
天竜海底谷　198
東京海底谷　23
島弧　19, 210
統合国際深海掘削計画（IODP）　34
富山深海長谷　23
トランスフォーム断層　16, 153, 249
ドレッジ　28, 285
泥火山　211
泥ダイアピル　211
トンガ海溝　81
トンガ・ケルマディック海溝　85
トンガ弧　168

ナ 行

ナウル海盆　239
南海トラフ　20, 48, 188, 196, 206
南西インド洋海嶺　34, 61, 152
南西諸島海溝　188
軟泥　35
南東インド洋海嶺　151
ニアリッジ海山　146, 219
西フィリピン海盆　173
日本海　22, 42, 48, 62, 85, 116, 173
日本海溝　20, 188, 191, 196, 201
日本縞模様群　115
ネクトン　39

熱残留磁化　110
熱水鉱床　183
熱水循環　179
熱水性硫化物鉱床　→　熱水鉱床
熱水プルーム　178
熱組成プルーム　235
熱的プルーム　234
熱流量　69
　──計　283
年代スペクトラム　90
粘土　35
ノントランスフォームディスコンティニュイテイ（NTD）　156

ハ 行

背弧　20, 165
　──海盆　21, 85, 165
　──海盆玄武岩　171
　──拡大　21, 164
　──リフト　165
ハイドレート海嶺　50
白亜紀磁気静穏期　241
白亜紀スーパープルーム　240
パレスベラ海盆　172
ハワイアンアーチ　77
ハワイ縞模様群　115
ハワイ諸島　226
ハワイホットスポット　258
半遠洋性堆積物　37
パンゲア　264
半減期　86
反射法地震探査　280, 283
ハンター断裂帯　17
半無限媒質冷却モデル　63, 64
はんれい岩　30, 34, 57, 141
東太平洋海膨（EPR）　15, 34, 84, 131, 150, 175
東日本太平洋沖地震　263
東マリアナ海盆　85, 116, 239
ピガフェッタ海盆　239
引き剥がし作用　204
ヒクランギ海台　235
ピストンコア　285
歪み異常　123
歪みの度合い　120

ヒプソメトリックカーブ　3
氷河性堆積物　37
ファンデフカ海嶺　16, 111, 152, 219, 262
フィリピン海プレート　22
フェニックス縞模様群　115
プエルトリコ海溝　187
付加作用　199, 204
付加体　20, 204
プカプカ海嶺　225, 230
伏角　93, 96, 256
プチスポット火山　231
不適合元素　→　液相濃集元素
部分溶融　30, 140
　　──の度合い　141
浮遊生物　39
フラックスゲート磁力計　278
ブラックスモーカー　178, 184
プラトー年代　90
プランクトン　24, 39
フリーエア重力異常　72, 189
ブレイクスプール断裂帯　61
プレート　247
　　──境界　249
　　──絶対運動　254
　　──テクトニクス　1, 85, 130, 247, 269
　　──内火成活動　215
フレンチポリネシア　26, 82, 225, 243
プロトン磁力計　278
分化　141
分岐断層　205
平行岩脈群　30, 144
平頂海山　25
ヘスディープ　34
ヘスライズ　235
偏角　93, 96, 256
ベンチ　198
放散虫　25, 41
放射性核種　86
放射性同位体元素　86
放射年代決定　86
北米プレート　16
北海道海膨　188
ホットスポット　26, 228, 254, 258

マ　行

マーカス-ウェイク海山群　226
枕状溶岩　57, 144, 217
マゼランライズ　235
マニヒキ海台　235
マリアナ海溝　3, 14, 20, 75, 81, 186
マリアナ弧　167
マリアナトラフ　171
マルチビーム音響測深機　11, 223, 275
マンガンクラスト　43
マンガン団塊　25, 43
マントル最上部　128
マントル上昇流　157
マントル対流　139
マントルブーゲー異常　74, 157
マントルプルーム　26, 244
南サンドウィッチ海溝　187
南太平洋スーパースウェル　82, 244
メソスフェア　254
メタンハイドレート　49, 50
メディアンリッジ　17
モホ面　58
モンモリロナイト　38

ヤ　行

遊泳生物　39
有効弾性層厚　77, 82
有孔虫　24, 40, 53
　　──軟泥　39
有効伏角　120
ユーラシアプレート　16
溶岩　30, 144
翼足類軟泥　39

ラ　行

ライザー技術　288
陸弧　19
リソスフェア　247
リッジジャンプ　161
緑泥石　38
リン灰土　45
ルイビル海山列　226
レイキャネス海嶺　132
冷湧水　213

レゾリューションギヨー　227
レユニオン島　226
ローラシア　264

アルファベット

Ar-Ar法　86, 89
AUV　289
axial high　135, 161
CCD　25, 41, 46
CIPWノルム組成　30
DGPS　274
E-MORB　32, 220
EPR　131, 150
GNSS　274
GPS　260, 274
HIMU玄武岩　33
IBM弧　171
ITRF　261
K-Ar法　86, 88
LBL　274

LBM　3
LIPs　26, 232
MAR　131, 152
MIS　54
MITギヨー　227
MORB　32, 141
MORVEL　253
N-MORB　32, 220
NNR系　255
NTD　156
NUVEL-1（A）　253
NVZ　145
OCC　163
OSC　156
ROV　289
SSBL　275
T-MORB　32
VGP　102
Vine-Matthews-Morley仮説　111
VLBI　260

中西正男　千葉大学大学院理学研究科教授，理学博士
沖野郷子　東京大学大気海洋研究所教授，博士（理学）

海洋底地球科学

2016 年 5 月 25 日　初　版

［検印廃止］

著　者　中西正男・沖野郷子
発行所　一般財団法人　東京大学出版会
　　　　代表者　古田元夫
　　　　153-0041 東京都目黒区駒場 4-5-29
　　　　電話 03-6407-1069　FAX 03-6407-1991
　　　　振替 00160-6-59964
印刷所　三美印刷株式会社
製本所　牧製本印刷株式会社

©2016 Masao Nakanishi and Kyoko Okino
ISBN 978-4-13-062723-8 Printed in Japan

JCOPY 〈(社)出版者著作権管理機構　委託出版物〉

本書の無断複写は著作権法上での例外を除き禁じられています．複写される場合は，そのつど事前に，(社)出版者著作権管理機構（電話 03-3513-6969, FAX 03-3513-6979, e-mail: info@jcopy.or.jp）の許諾を得てください．

木村 学・木下正高 編
付加体と巨大地震発生帯　南海地震の解明に向けて　A5判 296頁 /4600円

臼井 朗・高橋嘉夫・伊藤 孝・丸山明彦・鈴木勝彦
海底マンガン鉱床の地球科学　A5判 256頁 /3500円

金田義行・佐藤哲也・巽 好幸・鳥海光弘
先端巨大科学で探る地球　4/6判 168頁 /2400円

藤原 治
津波堆積物の科学　A5判 296頁 /4300円

川幡穂高
海洋地球環境学　生物地球化学循環から読む　A5判 288頁 /3600円

川幡穂高
地球表層環境の進化　A5判 308頁 /3800円
先カンブリア時代から近未来まで

小泉 格
鮮新世から更新世の古海洋学　A5判 192頁 /4800円
珪藻化石から読み解く環境変動

小泉 格
珪藻古海洋学　完新世の環境変動　A5判 220頁 /3400円

佐竹健治・堀 宗朗 編
東日本大震災の科学　4/6判 272頁 /2400円

ここに表示された価格は本体価格です。ご購入の
際には消費税が加算されますのでご諒承ください。